全国一级建造师执业资格考试红宝书

建筑工程管理与实务

历年真题解析及预测

2022 版

主　编　左红军
副主编　闫力齐
主　审　李佳升　王树京

机械工业出版社

本书亮点——以一级建造师考试大纲为依据，以现行法律法规、标准规范为根基，在突出实操题型和案例题型的同时，兼顾 40 分客观试题。

本书特色——以章节为纲领，以考点为程序，通过一级建造师、二级建造师、监理工程师、造价工程师经典考试真题与考点的呼应，使考生能够极为便利地抓住应试要点，并通过经典题目将考点激活，从而解决了死记硬背的问题，真正做到 60 分靠理解，30 分靠实操，只有 6 分靠记忆。

主要内容——通用管理：各个专业实务考试的通用内容，招投标管理是起点，合同管理是全局，造价管理是重心，进度管理是难点；专业管理：质量管理重在实体项目，安全管理重在措施项目，现场管理重在文明施工；专业技术：施工的前提是设计，施工的源头是材料，施工的依据是规范。

本书适用于 2022 年参加全国一级建造师执业资格考试的考生，同时可作为二级建造师、监理工程师考试的重要参考资料。

图书在版编目（CIP）数据

建筑工程管理与实务：历年真题解析及预测：2022 版/左红军主编.
—2 版.—北京：机械工业出版社，2021.12
（全国一级建造师执业资格考试红宝书）
ISBN 978-7-111-69814-2

Ⅰ.①建… Ⅱ.①左… Ⅲ.①建筑工程－施工管理－资格考试－习题集　Ⅳ.①TU71-44

中国版本图书馆 CIP 数据核字（2021）第 251338 号

机械工业出版社（北京市百万庄大街 22 号　邮政编码 100037）
策划编辑：何月秋　王春雨　责任编辑：何月秋　王春雨
责任校对：薄萌钰　李　婷　封面设计：马精明
责任印制：张　博
中教科（保定）印刷股份有限公司印刷
2022 年 1 月第 2 版第 1 次印刷
184mm×260mm・14.25 印张・349 千字
标准书号：ISBN 978-7-111-69814-2
定价：69.00 元

电话服务　　　　　　　　网络服务
客服电话：010-88361066　机　工　官　网：www.cmpbook.com
　　　　　010-88379833　机　工　官　博：weibo.com/cmp1952
　　　　　010-68326294　金　书　网：www.golden-book.com
封底无防伪标均为盗版　机工教育服务网：www.cmpedu.com

本书编审委员会

主　　编	左红军					
副 主 编	闫力齐					
主　　审	李佳升	王树京				
编写人员	左红军	闫力齐	谢德忠	王　琴	刘云飞	赵树栋
	沈海凤	许晓霞	李吉峰	李珍波	徐艳雯	黄　尉
	尹林珠	张小林	薛　坤	余遂宁	甘以翠	李　昆
	杨志庆	蔡　亮	牟伦秋	刘清霞	苏　欣	任伟平
	黎相俭	许妙玲	李龙富	黄定邦	刘利军	李权峰
	阙玲玲	杨　晓	张　睿	罗　静	潘爱国	阳　芳
	乌　兰	刘　礼	梁　艳	米　超	丁家军	魏　薇
	王　智	李柏林	马振坡	王西坤	林淑华	陶　李
	赵凤仪	周一皓	尚瑶瑶	乌云格日乐		

前　言
——96分须知

历年真题是建筑实务考试科目命题的风向标，也是考生顺利通过96分"生命线"的依靠，在搭建框架、锁定题型、填充细节三部曲之后，把历年真题精练3遍，96分就会指日可待。所以，历年真题解析是考生应试的必备资料。

本书严格按照现行的法律、法规、部门规章和标准规范的要求，对历年真题进行了体系性的解析，从根源上解决了"会干不会考，考场得分少"的应试通病。本书的主要内容概括如下。

一、客观试题

1. 单项选择题（20分）

（1）规则：4个备选项中，只有1个最符合题意。

（2）要求：在考场上，题干读3遍，细想3秒钟，看全备选项。

（3）例外：没有复习到的考点，先放行，可能案例部分对其有提示。

2. 多项选择题（20分）

（1）程序规则：①至少有2个备选项是正确的→②至少有1个备选项是错误的→③错选，不得分→④少选，每个备选项得0.5分。

（2）依据①：如果用排除法已经确定3个备选项不符合题意，剩下的两个备选项怎么办？全选！

（3）依据②：如果用排除法确定备选项，发现每个备选项均不能排除，说明该考点没有完全掌握到位，怎么办？

（4）依据③：如果已经选定了两个正确的、第3个不能确定，或已经选定了3个正确的、第4个不能确定，怎么办？

（5）依据④：如果该考点是根本就没有复习到的专业技术知识，怎么办？

上述一系列的怎么办，请考生参照历年真题解析中的应试技巧，不同章节有不同的选定方法，但总的原则是"胆大心细规则定，无法排除AE并，两个确定不选三，完全不知C上挺"。该原则也适用于公共课的多项选择题。

二、主观试题

1. 分值分布

满分120分；前三个题，每题20分；后两个题，每题30分。

2. 前提背景

每个案例分析中的第一段称之为前提背景，一建建筑实务早些年的题目，除了招投标和危险性较大的分部分项工程外，前提背景不设问，与核心背景也没有关系，但近三年有部分题目的前提背景开始作为隐项条件在答案中必须考虑。

前 言

3. 核心背景

（1）除2017年和2016年外，以前年度案例分析题的核心背景一般均以"事件"形式出现，其后的设问也是针对每个事件提出问题；2014年以前，每年案例分析中共设置24个事件，从2015年开始事件增加到32个，题量突增导致多数考生答不完题，这也是控制通过率的一项重要措施；每个案例题中，事件与事件之间以不关联为原则，以关联为例外。

（2）事件与事件之间以不关联为原则的含义：第一问针对事件一、第二问针对事件二，事件一是招标投标的问题，事件二是施工方案的问题，相互没有任何关系。一建建筑实务是以不关联为原则的，而一建市政实务则是以关联为原则。

（3）以关联为例外的含义：在回答事件二的设问时，应当考虑前提背景和事件一对事件二的影响。网络索赔、流水施工、清单计价三大管理体系的事件可能相互关联，基础工程、主体结构、防水工程三大技术体系的事件也可能相互关联。

（4）2017年和2016年全部案例分析题的核心背景是一段、一段、又一段，这一变化给考生带来了极度的混乱，实际上，一建市政实务一直以来都是采用这种核心背景的形式。

4. 收尾背景

案例分析题可以有收尾背景，也可以罗列几个事件或几个段落后，戛然而止。如果设有收尾背景，则是工程验收要素、工程资料管理、工程档案管理、竣工备案管理或诚信行为管理五个方面中的一个方面。

三、基本题型

根据问题的设问方法和答题模板，把案例分析题型划分为六大类：找错简答三主打，计算画图填辅助。

1. 开口找错题

找错题分为两类，首先是开口找错题，即：指出不妥之处（或错误之处、违规之处、不足之处、存在的问题及类似语句），说明理由并写出正确做法。

（1）1分论：问题中只是"指出不妥之处"，没有让你说明理由并写出正确做法，你只需要找出不妥之处，无须说明理由，也无须写出正确做法，这就是有问必答、没问不答的应试准则。

（2）2分论：问题设问的是"指出不妥之处，并说明理由"，你就要按历年真题中的答题模板严格训练，但无须写出正确做法。

（3）3分论：问题设问的是"指出不妥之处，说明理由并写出正确做法"，你就必须按历年真题中3分题的答题模板严格训练。

（4）事件：84个考点中的64个考点均能够以找错题的形式出现在案例中，可以是文字找错，也可以是表格找错，或是图形找错。

（5）原则：究竟需要找几个错？有的题是很明确的，但多数题可以拆分或合并，这就涉及答题中的模板问题；再就是本来对的做法，只是语言不够规范，如果按"错误"的答题模板作答了，标答中没有这个答案，原则是不扣分的，但不能因此得出多多益善的结论，一是考虑答题时间不允许，二是找错的个数超过标准答案太多不合适，当然也不能少找，否则，会丢分。找多少个合适的问题，考生可反复研读历年真题解析，务必掌握分值分配原则。

2. 闭口找错题

找错题的另一类是闭口找错题，即：是否妥当（或是否正确、是否违规、是否齐全及类似语句)？说明理由（或不妥当的，说明理由）。闭口找错题与开口找错题的答题模板基本相同，其差异在于开口找错题具有一定的柔性，而闭口找错题则是刚性答案。

（1）是否妥当？说明理由。这类设问的答题模板：妥当与不妥当均需说明理由，考生在答题时，不妥当的，说明理由较为简单，而妥当的，说明理由则无从下手，这就需要按题型对历年真题进行百问训练。对一建建筑实务考生而言，这类题目是主打题目，是力求多拿分的题目，必须达到无意识作答的程度。

（2）是否妥当？不妥当的，说明理由。如果是这种问法，妥当的，就无须再回答理由了。考生对历年真题训练时，应精准掌握闭口找错题两种设问的差异。

（3）考生在考场认定不了某种行为或做法是否妥当时，说明平时对该考点没有精准掌握，或是该考点"超纲"，或是该考点语言不规范。如何处理？没有万全之策，需要考生结合事件中的上下文背景和已经找出的妥当与不妥当的个数，在考场综合判定。特别需要注意的是"惯性思维分数低"，命题人一定会揣摩考生的惯性思维。

（4）不论开口题还是闭口题，都必须进行 7 天的专题训练，这是一建建筑实务考试的主打题型，要通过历年真题的反复研读，形成建筑专业的第一个定式。

（5）找错题针对的对象是事件中某方主体的行为、做法、观点，或专业技术中的流程、构造，或通用管理中的依据、内容、程序等。

3. 简答题

简答题是一建建筑实务考试的主打题型，其范围包括 84 个考点中的 69 个考点，每个考点中又有几个可能作为简答题的命题点，考虑到公共课的可能性，合计约 320 个左右。全部掌握，这是绝大多数考生无能为力的，所以，迫切需要在整个学习过程中，通过历年真题的演练、演变和延伸，掌握 30 个左右的简答题，更重要的是根据历年真题的答案和上下文背景，固定简答题的思维方式。

（1）纯粹简答题：一建考试的早些年，每年均有 3 个纯粹简答题，比如钢筋隐蔽工程验收的内容、质量验收不合格的处理等，教材中写了几条，你就必须回答出几条，因为写 1 条得 1 分。很多考生最害怕这类题，实际上通过历年真题的演练，这类题有着极强的规律性。

（2）补齐简答题：在考场上，绝大多数考生对这类题型无从下手，教材某个章节中写了 10 条，试卷上给了 7 条，让你补齐剩下的 3 条。这种题从 2010 年至今每年均设 3 问左右，仔细分析历年真题，就会发现回答这类问题的技巧。

（3）补不齐的简答题：教材中超过 10 条以上的命题点，定义为补不齐的简答题，需要在平时通过较长时间的揣摩，找出该类多条款命题点的内在规律，比如从时空角度、主体角度、模块角度。对于没有掌握到位的考点，在考场上就必须根据已经给出的条款进行不确定性的推定。

（4）程序性的简答题：这类问题是管理考点的常见题型，比如项目管理实施规划的编制程序，项目部施工成本管理的程序，质量、安全、环保、合同、风险等的管理程序。这类题目要找出前、中、后的规律，有很强的逻辑性，当然，也有一些异类程序需要在平时学习中归类总结，比如噪声扰民后的项目经理处理程序、基坑验槽时发现软弱下卧层的处理程序、隐蔽工程完成后的验收程序等。

（5）工艺流程简答题：这类题目在 2018 年考试中很突出，这是一建市政实务考试的主打考题，建筑实务通过模仿市政实务的题型控制通过率已是大趋势，诸如坑底钎探工艺流程、桩基施工工艺流程、各类装修子分部的工艺流程等。

(6) 施工现场简答题：这类题目也是一建市政实务的主打考题，没有标准答案，需要对若干知识点进行整合，是施工现场应知应会的内容，这类题目称之为作文题，要靠平时积累。

4. 填空题

这是工艺流程简答题简化后演变出的一类题型，背景中给出了一个较大的工艺流程，其中有几个步骤以①、②、③、④表示，然后问你①、②、③、④分别是什么？比如泥浆护壁成孔灌注桩的工艺流程、有黏结预应力施工的工艺流程等。

5. 计算题

一建建筑实务考试的计算题背景主要依附着四大管理体系：清单计价规范、施工成本管理、现场流水施工、网络进度计划。体系性的计算题需要参照历年真题投入一定的精力，因为体系知识的逻辑性极强，要么放弃，要么学精。

计算题是能否顺利通过考试的瓶颈题目，历年真题具有很强的借鉴意义。建议考生按框架体系整理历年真题中的计算题，带着系列问题去学习每个体系中的每个考点。

6. 画图题

进度控制中的横道图和网络图是必须掌握的图形题目，通过历年真题的归类，总结出画图题的经典题目，然后用7天时间深入研究进度计划的基本理论，这样不仅解决了实务中的6分题目，同时为项目管理试卷中的12分客观试题奠定了基础。

四、考生注意

1. 背书肯定考不过

在整个应试学习过程中，背书是肯定考不过的，理解是前提、记忆是辅助，特别是非专业考生，必须借助历年真题解析中的大量图表去理解每一个模块的知识体系。

2. 勾画教材考不过

从2009年开始，通过勾画教材进行押题通过考试已经成为"历史上的传说"，一建考题的显著特点是以知识体系为基础的"海阔天空"，试题本身的难度并不大，但涉及的面太广。考生必须首先搭建起属于自己的知识体系框架，然后通过真题的反复演练，在知识体系框架中填充题型。

3. 只听不练难通过

听课不是考试过关的唯一条件，但听了一个好老师的讲课对你搭建体系框架和突破体系难点会有很大帮助，特别是非专业考生。听完课后要配合历年真题进行精练，至少三遍，反复矫正答题模板，形成定式。

4. 区别对待不同体系

在历年真题总结归纳的基础上，区别对待不同的知识体系：费用控制和进度控制应当在知识体系的基础上固定题型，质量控制和安全管理则应当在熟悉题型的基础上按照一定的程序精读体系条款，招标投标的关键是程序，合同管理的核心在索赔，信息管理是偶然，综合管理是意外。

5. 细节决定考试成败

一方面我们强调前期知识体系和历年真题的重要性，另一方面更要聚焦细节，因为最终要用32个事件和72个考点量化你的考试分数。

6. 先实务课后公共课

建筑工程管理与实务考题最大的特点是融合了三门公共课：《建筑工程项目管理》的整个课程体系是实务教材的宏观框架；《建设工程经济》中的第三章是造价计算的基础；《建设工程法规及相关知识》中的三法两条例是采购管理、合同管理、质量管理、安全管理的法定依据，但公共课的授课方式完全是从本科角度堆砌单项选择题和多项选择题，而不是知识体系的精讲，这就需要以实务为龙头形成体系框架，在此基础上跟进公共课的选择题，从而达到实务课与公共课相互融合的目的。

7. 有问必答自建序号

一定要知道：你在应试，不是在写论文，固定的答题模板就像乒乓球训练一样：答题——校正——重答题——再校正。不同知识体系的题型，要形成不同的答题模板：计算题要有过程，找错题一二三步，补齐题四五六条等，通过历年真题的训练，完整地形成六大题型的答题定式，同时兼顾公共课的选择题，因公共课的选择题实际上就是实务课中的找错题。

8. 真题答案的说明

纵观历年真题的命题规律，重复一次的事件占到82%，重复两次的事件占到68%，索赔、总分包、违法分包几乎年年出现，但问题的答案差异很大，这称之为真题答案的动态性，本书力求在言简意赅的基础上，按现行的标准规范，给出不丢分的答案。

五、超值服务

凡购买本书的考生，可免费享受：

（1）备考纯净学习群：群内会定期分享核心备考所需资料，全国考友齐聚此群交流分享学习心得。QQ群：536275184。

（2）20节配套视频课程：由左红军师资团队根据本书内容及最新考试方向精心录制，实时根据备考进度更新。

（3）2022最新备考资料：电子版备考指导书、2022备考指导免费公开课。

（4）1对1专属顾问：给您持续发送最新备考资料、监督学习进度、提供最新考情通报。

本书编写过程中得到了业内多位专家的启发和帮助，在此深表感谢！由于时间和水平有限，书中难免有疏漏和不当之处，敬请广大读者批评指正。

编　者

目 录

前言
第一章　通用管理 / 1
第一节　招标投标管理 / 1
一、案例及参考答案 / 1
二、2022 考点预测 / 7
第二节　施工合同管理 / 7
一、案例及参考答案 / 7
二、2022 考点预测 / 15
第三节　工程造价管理 / 15
一、案例及参考答案 / 15
二、2022 考点预测 / 25
第四节　横道计划管理 / 25
一、案例及参考答案 / 25
二、选择题及答案解析 / 36
三、2022 考点预测 / 40
第五节　网络计划管理 / 40
一、案例及参考答案 / 40
二、选择题及答案解析 / 50
三、2022 考点预测 / 58
第二章　专业管理 / 59
第一节　质量管理 / 59
一、案例及参考答案 / 59
二、2022 考点预测 / 66
第二节　安全管理 / 66

一、案例及参考答案 / 66
二、2022 考点预测 / 78
第三节　现场管理 / 78
一、案例及参考答案 / 78
二、2022 考点预测 / 93
第三章　专业技术 / 94
第一节　工程材料 / 94
一、案例及参考答案 / 94
二、选择题及答案解析 / 95
三、2022 考点预测 / 104
第二节　工程设计 / 105
一、选择题及答案解析 / 105
二、2022 考点预测 / 113
第三节　工程施工 / 113
一、案例及参考答案 / 113
二、选择题及答案解析 / 135
三、2022 考点预测 / 168
附录　2022 年全国一级建造师执业资格考试"建筑工程管理与实务"预测模拟试卷 / 169
附录 A　预测模拟试卷（一） / 169
附录 B　预测模拟试卷（二） / 186
附录 C　预测模拟试卷（三） / 202

第一章 通用管理

第一节 招标投标管理

考点一：招标准备阶段
考点二：招标投标阶段
考点三：决标成交阶段

一、案例及参考答案

案 例 一

【2020 年一建建筑】

某建设单位编制的招标文件部分内容为：投标人为本省一级资质证书的企业，投标保证金为 500 万元，投标有效期从 2019 年 3 月 1 日到 4 月 15 日。招标人对投标人提出的疑问，以书面形式回复对应的投标人，工程质量为合格。建设单位于 5 月 28 日确定甲公司最终中标，并与其签订了合同，合同价款为 2.1 亿元，工程质量为优良。

问题：
招投标过程中的不妥之处？并说明理由。

【参考答案】（本小题 7.5 分）

(1) 不妥之一：投标人为本省一级资质证书的企业。　　　　　　　　　(0.5 分)
理由：招标人不得以不合理的条件限制、排斥潜在投标人。　　　　　(1.0 分)
(2) 不妥之二：投标保证金 500 万元。　　　　　　　　　　　　　　(0.5 分)
理由：不得超过招标项目估算价格的 2%，且不得超过 80 万元（或 50 万元）。
　　　　　　　　　　　　　　　　　　　　　　　　　　　　　　　(1.0 分)
(3) 不妥之三：以书面形式回复对应的投标人。　　　　　　　　　　(0.5 分)
理由：招标人应当通知所有招标文件收受人。　　　　　　　　　　　(1.0 分)
(4) 不妥之四：5 月 28 日确定中标人。　　　　　　　　　　　　　　(0.5 分)
理由：应在投标有效期内确定中标人，并签订合同。　　　　　　　　(1.0 分)
(5) 不妥之五：工程质量标准为优良。　　　　　　　　　　　　　　(0.5 分)
理由：应依据招标文件和中标人的投标文件签订合同。　　　　　　　(1.0 分)

案 例 二

【2016 年一建建筑】

某工程总承包单位按市场价格计算的报价为 25200 万元，为确保中标最终以 23500 万元作为投标价，经公开招标，该总承包单位中标，双方签订了工程施工总承包合同 A，并上报建设行政主管部门。建设单位因资金紧张提出工程款支付比例修改为按每月完成工作量的70%支付，并提出今后在同等条件下该施工总承包单位可以优先中标的条件。施工总承包单位同意了建设单位这一要求，双方据此重新签订了施工总承包合同 B，约定照此执行。

问题：双方签订合同的行为是否违法？双方签订的哪份合同有效？施工单位遇到此类现象时，需要把握哪些关键点？

【参考答案】（本小题 4 分）
（1）双方签订合同的行为违法。 (1分)
（2）双方签订的合同 A 有效。 (1分)
（3）需要把握的关键点：工期、造价、质量要求、承包范围、合同内容、计价方式等实质性内容不得改变。 (2分)

案 例 三

【经典案例】
某市政府投资一建设项目，法人单位委托招标代理机构采用公开招标方式代理招标，并委托有资质的工程造价咨询企业编制了招标控制价。

招投标过程中发生了如下事件：

事件一：招标信息在招标信息网上发布后，招标人考虑到该项目建设工期紧，为缩短招标时间，而改为邀请招标方式，并要求在当地承包商中选择中标人。

事件二：资格预审时，招标代理机构审查了各潜在投标人的专业技术资格和技术能力。

事件三：招标代理机构确定招标文件出售时间为 3 日；要求投标保证金为招标项目估算价的 5%。

事件四：开标后，招标代理机构组建了评标委员会，由技术专家 2 人、经济专家 3 人、招标人代表 1 人、该项目主管部门主要负责人 1 人组成。

事件五：招标人向中标人发出中标通知书后，向其提出降价要求，双方经多次谈判，签订了书面合同，合同价比中标价降低 2%。招标人在与中标人签订合同 3 周后，退还了未中标的其他投标人的投标保证金。

问题：
1. 说明编制招标控制价的主要依据。
2. 指出事件一中招标人行为的不妥之处，说明理由。
3. 事件二中还应审查哪些内容？
4. 指出事件三、事件四中招标代理机构行为的不妥之处，说明理由。
5. 指出事件五中招标人行为的不妥之处，说明理由。

【参考答案】
1.（本小题 3.0 分）
（1）工程量清单计价规范、计量规范。 (0.5 分)
（2）技术标准、技术文件。 (0.5 分)
（3）设计文件、相关资料。 (0.5 分)

（4）拟定的招标文件。 (0.5分)
（5）国家、行业发布的定额。 (0.5分)
（6）造价管理机构发布的造价信息。 (0.5分)

2.（本小题3.0分）
（1）不妥之一："改为邀请招标方式"。 (0.5分)
理由：政府投资的建设项目应当公开招标。 (1.0分)
（2）不妥之二："要求在当地承包商中选择中标人"。 (0.5分)
理由：招标人不得限制或排斥外地区、外系统的投标人或潜在投标人。 (1.0分)

3.（本小题2.0分）
（1）营业执照、资质证书、安全生产许可。 (0.5分)
（2）经营业绩、施工经历、人员构成、财务状况、机械装备。 (0.5分)
（3）投标资格、财产状况、银行账户。 (0.5分)
（4）近三年是否发生过重大安全、质量事故；是否发生过重大违约事件。 (0.5分)

4.（本小题7.5分）
（1）不妥之一："招标文件出售期为3日"。 (0.5分)
理由：招标文件自出售之日至停止出售之日不得少于5日。 (1.0分)
（2）不妥之二："要求投标保证金为5%"。 (0.5分)
理由：投标保证金不得超过项目估算价的2%，且不得超过80万元。 (1.0分)
（3）不妥之三："开标后组建评标委员会"。 (0.5分)
理由：评标委员会应于开标前组建。 (1.0分)
（4）不妥之四："招标代理机构组建评标委员会"。 (0.5分)
理由：评标委员会应由招标人负责组建。 (1.0分)
（5）不妥之五："该项目主管部门主要负责人1人"。 (0.5分)
理由：项目主管部门的监督人员不得担任评委。 (1.0分)

5.（本小题4.5分）
（1）不妥之一："向其提出降价要求"。 (0.5分)
理由：确定中标人后，不得变更报价、工期等实质性内容。 (1.0分)
（2）不妥之二："合同价比中标价降低2%"。 (0.5分)
理由：中标通知书发出后的30日内，招标人与中标人依据招标文件与中标人的投标文件签订合同，且不得再订立背离合同实质内容的其他协议。 (1.0分)
（3）不妥之三："签订合同3周后，退还未中标的其他投标人的投标保证金"。 (0.5分)
理由：应在签订合同后的5日内，退还中标人和未中标人的投标保证金以及银行同期存款利息。 (1.0分)

案 例 四

【经典案例】
事件一：《招标投标法》规定，必须进行招标的项目包括哪些？
（1）大型基础设施、公用事业等关系社会公共利益、公共安全的项目。

(2) 技术复杂、专业性强或有其他特殊要求的项目。
(3) 使用国有资金投资或国家融资的项目。
(4) 使用国际组织或者外国政府贷款、援助资金的项目。
(5) 采用特定专利或专有技术的项目。

【参考答案】（本小题 3 分）

(1)（3）（4） (3 分)

【解析】

"(2)"不属于依法必须招标的范畴，严格来讲也不属于依法可不招标的范畴。"(5)"属于依法可不招标的范畴。根据《招标投标法》及《招标投标法实施条例》的规定，满足"安全抢险扶贫金、专利两建中标人"的项目，可不进行招标。

事件二：指出关于工程建设项目必须招标的下列说法的不妥之处，说明理由。
(1) 使用国有企业事业单位自有资金的工程建设项目必须进行招标。
(2) 施工单项合同估算价为人民币 100 万元，但项目总投资额为人民币 2000 万元的工程建设项目必须进行招标。
(3) 利用扶贫资金实行以工代赈、需要使用农民工的建设工程项目可以不进行招标。
(4) 需要采用专利或者专有技术的建设工程项目可以不进行招标。

【参考答案】（本小题 6 分）

(1) 不妥之一："使用国有企业事业单位自有资金的工程建设项目必须进行招标"。(1 分)

理由：建设项目未达法定规模标准的，可不进行招标。(1 分)

(2) 不妥之二："施工单项合同估算价为人民币 100 万元，但项目总投资额为人民币 2000 万元的工程建设项目必须进行招标"。(1 分)

理由：单项合同估算价人民币 100 万元的施工合同可不招标，且不受总投资额的限制。(1 分)

(3) 不妥之三："采用专利或者专有技术的建设工程项目可以不进行招标"。(1 分)

理由：采用"不可替代"的专利或专有技术时，才可以不进行招标。(1 分)

事件三：下列哪些施工项目经批准可以采用邀请招标方式发包？
(1) 受自然地域环境限制，仅有几家投标人满足条件的。
(2) 涉及国家安全、国家秘密的项目而不适宜招标的。
(3) 施工主要技术需要使用某项特定专利的。
(4) 技术复杂，仅有几家投标人满足条件的。
(5) 公开招标费用与项目的价值相比不值得的。

【参考答案】（本小题 3 分）

(1)（4）（5） (3 分)

【解析】

根据《招标投标法实施条例》《七部委 30 号令》的规定，依法应当公开招标的项目，满足"人少钱多不适宜"三种情况，依法经有关行政监督主管、项目审批部门认定后，可以采用邀请招标。

"(2)(3)"均属于可以不招标的范围。

案 例 五

【经典案例】

事件一：指出投标保证金的说法的不妥之处，写出正确做法。

（1）投标保证金有效期应当与投标有效期一致。

（2）招标人最迟应当在书面合同签订后的5日内，向中标人退还投标保证金。

（3）投标截止时间后，投标人撤销投标文件的，招标人应当没收其投标保证金。

（4）依法必须进行招标的项目的境内投标单位，以现金形式提交投标保证金的，可以从其任一账户转出。

【参考答案】（本小题6分）

（1）不妥之一："向中标人退还投标保证金"。 (1分)

正确做法：应向中标人及未中标的投标人退还投标保证金及银行同期存款利息。(1分)

（2）不妥之二："投标截止时间后，投标人撤销投标文件的，招标人应当没收其投标保证金"。 (1分)

正确做法：是否没收投标保证金是招标人的权利，不得强制招标人没收。(1分)

（3）不妥之三："依法必须进行招标的项目的境内投标单位，以现金形式提交投标保证金的，可以从其任一账户转出"。 (1分)

正确做法：以现金形式提交投标保证金的，应从企业的基本账户转出。 (1分)

【解析】

（1）无论是中标人还是未中标人均按要求提交了投标保函，期间也未发生"撤标拒签拒提交"三类情形，因此招标人应依法退还其投标保证金以及合理的资金时间价值补偿。

（2）基本账户是办理日常转账结算和现金存取的主办账户。公司开业之前要在商业银行开办基本账户，且一家公司只能开设一个基本账户。

一般账户是存款人的辅助结算账户，且没有开设数量限制；可办理存款，但不能支取现金，属于"只存不取"性质的账户。

由此得到，以现金或者支票形式提交的投标保证金应当从其基本账户转出。

事件二：指出投标保证金说法不妥之处，并写出正确做法。

（1）投标保证金有效期应当与投标有效期一致；

（2）实行两阶段招标的，招标人要求投标人提交投标保证金的，应当在第一阶段提出。

【参考答案】（本小题2分）

不妥之处："实行两阶段招标的，招标人要求投标人提交投标保证金的，应当在第一阶段提出"。 (1分)

正确做法：实行两阶段招标，招标人要求提交投标保证金的，应当在第二阶段提出。

(1分)

【解析】

两阶段招标——对应技术复杂、招标人无法准确拟定技术规格的项目。因此在第一阶段，招标人需要投标人提交不带报价的技术建议，并据此编制招标文件。这样既向投标人征求了技术参考，同时也筛选出了真正有能力胜任该工程的投标人。

第二阶段，招标人只对第一阶段提交过技术建议（能胜任本项工程）的投标人提供招标文件，投标人据此提出最终技术方案和投标文件——投标保证金是在本阶段提交的。

案 例 六

【经典案例】
事件一：指出下列联合体共同承包的不妥之处，并写出正确做法。
（1）联合体中标的，联合体各方就中标项目向招标人承担连带责任。
（2）联合体共同承包适用范围为大型且结构复杂的建筑工程。
（3）联合体中标的，联合体各方应分别与招标人签订合同。
（4）联合体属于非法人组织。
（5）联合体的成员可以对同一工程单独投标。

【参考答案】（本小题2分）
（1）不妥之一："（3）联合体中标的，联合体各方应分别与招标人签订合同"。
正确做法：联合体各方应共同与招标人签订合同，承担连带责任。（1分）
（2）不妥之二："（5）联合体的成员可以对同一工程单独投标"。
正确做法：组成联合体投标人，不得组成其他联合体，也不得再单独投标；否则相关投标均无效。（1分）

【解析】
联合体承担的连带责任，是指联合体一旦违约，招标人既可以追究联合体中某个或某些投标人的责任，也可以将联合体"打包"追究其整体责任。

事件二：指出下列电子招标投标说法的不妥之处，并写出正确做法。
（1）投标人在投标截止时间前可以撤回投标文件。
（2）数据电文形式与纸质形式的招标投标活动具有同等法律效力。
（3）投标截止时间后送达的投标文件，电子招标投标平台不得拒收。
（4）依法必须进行公开招标项目的招标公告，应当在电子招标投标交易平台和国家指定的招标公告媒介同步发布。
（5）投标人应当在投标截止时间前完成投标文件的传输递交，但不可修改投标文件。

【参考答案】（本小题2分）
（1）不妥之一："（3）投标截止时间后送达的投标文件，电子招标投标平台不得拒收"。
正确做法：投标截止时间后送达的投标文件，电子招标投标平台应当拒收。（1分）
（2）不妥之二："（5）投标人应当在投标截止时间前完成投标文件的传输递交，但不可修改投标文件"。
正确做法：投标人在投标截止时间前，均可补充、修改或者撤回投标文件。（1分）

【解析】
"（1）（2）"电子招标投标与传统招标投标只是形式上的区别，两者均应遵守以招标投标法为首的相关法律法规。
"（3）"招标人拒收招标文件的三大类情形——"逾期送错、装订不符、加密不符"。
逾期送错：①投标文件逾期送达；②未送达指定地点。
装订不符：①投标文件未按要求包装和封口；②投标文件正、副本未分开包装；③投标文件未加贴封条；④封口处未加盖公章。

加密不符：是针对电子招标投标的，具体是指投标人未按规定加密招标文件。

出现上述情形中的任意一种，招标人应当拒收其投标文件。

事件三：根据《招标投标法》，指出下列关于投标和开标说法的不妥之处，写出正确做法。

（1）投标人如准备中标后将部分工程分包的，应在中标后通知招标人。
（2）开标应当在公证机构的主持下，在招标人通知的地点公开进行。
（3）开标时，可以由投标人或者其推荐的代表检查投标文件的密封情况。

【**参考答案**】（本小题1分）

不妥之处："（1）投标人如准备中标后将部分工程分包的，应在中标后通知招标人"。

正确做法：投标人应按招标文件要求，在投标文件中编制分包工程项目一览表。（1分）

【**解析**】

招标投标阶段：招标文件明确不接受工程分包，投标文件中载明工程分包，评标委员会可否决其投标。履约阶段：未经发包人同意，承包人擅自分包工程属于违法分包。

工程分包实行"三权分置"。①发包人拥有决策权，决定是否接受工程分包；②承包人拥有选择权和管理权；③监理单位拥有确认权，即确认分包单位资格条件的权利。

二、2022考点预测

1. 投标文件的初审废标和详评选优。
2. 投标保证金的四要素和定标的五个期限。

第二节 施工合同管理

考点一：合同构成
考点二：三方责任
考点三：质量责任
考点四：安环责任
考点五：进度责任
考点六：工程价款
考点七：工程风险
考点八：工程索赔
考点九：工程分包
考点十：11个附件

一、案例及参考答案

案 例 一

【**2021年一建建筑**】

某新建住宅楼工程，建筑面积25000m^2，装配式钢筋混凝土结构。建设单位编制了招标工程量清单等招标文件，其中部分条款内容为：本工程实行施工总承包模式，承包范围为土建、电气等全部工程内容，质量标准为合格，开工前业主向承包商支付合同工程造价的25%作为预付备料款，保修金为总价的3%。经公开招投标，某施工总承包单位以12500万元中标。其中：工地总成本9200万元，公司管理费按10%计，利润按5%计，暂列金额1000万元。主要材料及构配件金额占合同额70%。双方签订了工程施工总承包合同。

项目经理部按照包括统一管理、资金集中等内容的资金管理原则编制年、季、月度资金收支计划，认真做好项目资金管理工作。施工单位按照建设单位要求，通过专家论证，采用了一种新型预制钢筋混凝土剪力墙结构体系，致使实际工地总成本增加到9500万元。施工单位在工程结算时，对增加费用进行了索赔。

项目经理部按照单位工程量使用成本费用（包括可变费用和固定费用，如大修费、小修费等）较低的原则对主要施工设备进行了选择，其中施工塔式起重机供应渠道为企业自有设备。

项目检验试验由建设单位委托具有相应资质的检测机构负责，施工单位支付了相关费用，并向建设单位提出以下索赔事项：

（1）现场自建试验室费用超过预算费用3.5万元；
（2）新型预制钢筋混凝土剪力墙结构验证试验费25万元；
（3）新型预制钢筋混凝土剪力墙构件抽样检测费12万元；
（4）预制钢筋混凝土剪力墙破坏性试验费8万元；
（5）施工企业采购的钢筋连接套筒抽检不合格增加的检测费1.5万元。

问题：

1. 施工总承包通常包括哪些工程内容？（如土建、电气）
2. 项目施工机械设备的供应渠道有哪些？机械设备使用成本费用中固定费用有哪些？
3. 分别判断检测试验索赔事项的各项费用是否成立？

【参考答案】

1.（本小题4.0分）

施工总承包通常包括：装饰装修工程，节能工程，智能化建筑，电梯工程，给排水工程，采暖与通风工程，消防工程，管道安装工程，厂区绿化工程。　　　　　　（4.0分）

2.（本小题9.0分）

（1）供应渠道：

① 企业自有设备调配；　　　　　　　　　　　　　　　　　　　　　　　　（1.0分）
② 市场租赁设备；　　　　　　　　　　　　　　　　　　　　　　　　　　（1.0分）
③ 专门购置机械设备；　　　　　　　　　　　　　　　　　　　　　　　　（1.0分）
④ 专业分包队伍自带设备。　　　　　　　　　　　　　　　　　　　　　　（1.0分）

（2）固定费用包括：①折旧费；②大修费；③机械管理费；④投资应付利息；⑤固定资产占用费。　　　　　　　　　　　　　　　　　　　　　　　　　　　　（5.0分）

3.（本小题5.0分）

（1）不成立。　　　　　　　　　　　　　　　　　　　　　　　　　　　　（1.0分）
（2）成立。　　　　　　　　　　　　　　　　　　　　　　　　　　　　　（1.0分）
（3）成立。　　　　　　　　　　　　　　　　　　　　　　　　　　　　　（1.0分）

（4）成立。　　　　　　　　　　　　　　　　　　　　　　　　　　　　（1.0 分）
（5）不成立。　　　　　　　　　　　　　　　　　　　　　　　　　　　（1.0 分）

案 例 二

【2020 年一建建筑】

发包人负责采购的装配式混凝土构件，提前一个月运抵合同约定的施工现场，监理会同施工验收合格。为了节约场地，承包人将构件集中堆放，由于堆放层数过多，导致下层部分构件出现裂缝。两个月后，发包人在承包人准备安装此构件时知悉此事。发包人要求施工方检验并赔偿损失，施工方以材料提早到场为由，拒绝赔偿。

问题：施工方拒绝赔偿的做法是否合理？并说明理由。施工方可获得赔偿几个月的材料保管费？

【参考答案】（本小题 3.5 分）

（1）不合理。　　　　　　　　　　　　　　　　　　　　　　　　　　（0.5 分）

承包人将构件集中堆放，由于堆放层数过多，导致下层部分构件出现裂缝，是承包人的责任，应予赔偿。　　　　　　　　　　　　　　　　　　　　　　　　（2.0 分）

（2）可获得赔偿一个月的材料保管费。　　　　　　　　　　　　　　　（1.0 分）

案 例 三

【2019 年一建建筑】

某施工单位通过竞标承建一工程项目，甲乙双方通过协商对工程合同协议书（编号 HT—TY—201909001），以及专用合同条款（编号 HT—ZY—201909001）和通用合同条款（编号 HT—ZY—201909001）修改意见达成一致，签订了施工合同。确认包括投标函、中标通知书等合同文件按照《建设工程施工合同（示范文本）》（GF—2017—0201）规定的优先顺序进行解释。

建设单位对一关键线路上的工序内容提出修改，由设计单位发出设计变更通知。为此造成工程停工 10 天，施工单位对此提出索赔事项如下：

（1）按当地造价部门发布的工资标准计算停工窝工人工费 8.5 万元；
（2）塔吊等机械停工窝工台班费 5.1 万元；
（3）索赔工期 10 天。

问题：

1. 指出合同签订中的不妥之处，写出背景资料中 5 个合同文件解释的优先顺序。
2. 办理设计变更的步骤有哪些？施工单位的索赔事项是否成立？并说明理由。

【参考答案】

1.（本小题 3.0 分）

（1）不妥之处：

①专用合同条款与通用合同条款编号不一致。　　　　　　　　　　　　（0.5 分）
②甲乙双方通过协商修改了通用条款。　　　　　　　　　　　　　　　（0.5 分）

（2）优先顺序：协议书、中标通知书、投标函、专用合同条款、通用合同条款。（2.0 分）

2.（本小题 11.5 分）

（1）办理设计变更的步骤：

① 有关单位提出设计变更； (1.0分)
② 建设单位、设计单位、施工单位和监理单位共同协商； (1.0分)
③ 经设计单位确认后，编制设计变更图纸和说明； (1.0分)
④ 经监理单位签发工程变更手续后实施； (1.0分)
⑤ 组织实施。 (1.0分)
（2）索赔：
"（1）" 8.5万元索赔不成立。 (0.5分)
理由：窝工人工费应按合同约定的窝工补偿标准计算。 (1.0分)
"（2）" 5.1万元索赔不成立。 (0.5分)
理由：自有机械停工窝工应按折旧费计算，租赁机械应按租赁费计算。 (2.0分)
"（3）" 10天工期索赔成立。 (0.5分)
理由：建设单位原因造成的停工，且关键工序停工10天，使工期延长10天。 (2.0分)

案 例 四

【2018年一建建筑】

某开发商拟建一城市综合体项目，预计总投资15亿元。发包方式采用施工总承包，施工单位承担部分垫资，按月度实际完成工作量的75%支付工程款，工程质量为合格，保修金为3%，合同总工期为32个月。

某总包单位对该开发商社会信誉、偿债备付率、利息备付率等偿债能力及其他情况进行了尽职调查。中标后，双方依据《建设工程工程量清单计价规范》GB 50500—2013，对工程量清单编制方法等强制性规定进行了确认，对工程造价进行了全面审核。最终确定有关费用如下：分部分项工程费82000.00万元，措施费20500.00万元，其他项目费12800.00万元，暂列金额8200.00万元，规费2470.00万元，税金3750.00万元。双方依据《建设工程施工合同（示范文本）》GF—2017—0201签订了工程施工总承包合同。

竣工结算时，总包单位提出索赔事项如下：

1. 特大暴雨造成停工7天，开发商要求总包单位安排20人留守现场照管工地，发生费用5.60万元。

2. 本工程设计采用了某种新材料，总包单位为此支付给检测单位检验试验费4.60万元，要求开发商承担。

3. 工程主体完工3个月后，总包单位为配合开发商自行发包的燃气等专业工程施工，脚手架留置比计划延长2个月拆除。为此要求开发商支付2个月脚手架租赁费68.00万元。

4. 总包单位要求开发商按照银行同期同类贷款利率，支付垫资利息1142.00万元。

问题：总包单位提出的索赔是否成立？并说明理由。

【参考答案】（本小题8分）

"1" 工期索赔和费用索赔均成立。 (1.0分)
理由：特大暴雨属于不可抗力，由此引发的工期损失、工地照管费的增加，均应由发包人承担。 (1.0分)
"2" 费用索赔成立。 (1.0分)

理由：新材料检验试验费未包含在建设工程合同价中，应当由发包人另行支付。（1.0分）
"3"费用索赔成立。（1.0分）
理由：脚手架比计划延长2个月拆除，是业主应承担的责任事件。（1.0分）
"4"利息索赔不成立。（1.0分）
理由：发承包双方未在合同中约定垫资利息的，视为不计利息。（1.0分）

案 例 五

【2017年一建建筑】

某建设单位投资兴建一办公楼，投资概算25000.00万元，建筑面积21000m²；钢筋混凝土框架-剪力墙结构，地下2层，层高4.5m，地上18层，层高3.6m；采取工程总承包交钥匙方式对外公开招标，招标范围为工程至交付使用全过程。经公开招标投标，A工程总承包单位中标。A单位对工程施工等工程内容进行了招标。

B施工单位中标后第8天，双方签订了项目工程施工承包合同，规定了双方的权利、义务和责任。部分条款如下：工程质量为合格；除钢材及混凝土材料价格浮动超出±10%（含10%）工程设计变更允许调整以外，其他一律不允许调整；工程预付款比例为10%；合同工期为485日历天，于2014年2月1日起至2015年5月31日止。

A工程总承包单位审查结算资料时，发现B施工单位提供的部分索赔资料不完整，如：原图纸设计室外回填土为2∶8灰土，实际施工时变更为级配砂石，B施工单位仅仅提供了一份设计变更单，A工程总承包单位要求B施工单位补充相关资料。

问题：

1. 与B施工单位签订的工程施工承包合同中，A工程总承包单位应承担哪些主要义务？
2. A工程总承包单位的费用变更控制程序有哪些？B施工单位还需补充哪些索赔资料？

【参考答案】

1. （本小题8分）
（1）支付分包工程价款。（1.0分）
（2）办理分包工程的相关证件。（1.0分）
（3）提供分包工程施工所需的施工现场。（1.0分）
（4）提供分包工程施工所需的交通道路。（1.0分）
（5）提供勘察报告、设计文件及相关基础资料。（1.0分）
（6）组织分包人参加发包人组织的设计交底。（1.0分）
（7）审核分包人提交的施工组织设计，并对施工过程进行监督。（1.0分）
（8）参加发包人组织的竣工验收，审核分包人提交的竣工结算报告。（1.0分）

2. （本小题8分）
（1）费用变更控制程序：
① 总承包单位自收到变更指令后14天内，向监理人提交变更价款估价报告，逾期未提交的，视为该变更工程不涉及价款增加。（1.0分）
② 监理单位自收到报告后的7天内审核完毕，并及时报发包人审批。（1.0分）

③ 建设单位自监理单位收到报告后的 14 天内完成审批，逾期未答复视为认可。 (1.0 分)
④ 变更款随当期进度款同期调整支付。 (1.0 分)
（2）还需补充如下索赔资料
① 索赔意向通知书。 (1.0 分)
② 索赔报告。 (1.0 分)
③ 索赔证据。 (1.0 分)
④ 现场签证单。 (1.0 分)

案 例 六

【2016 年一建建筑】
某综合楼工程，地下 3 层，地上 20 层，总建筑面积 68000m²，地基基础设计等级为甲级，灌注桩筏形基础，现浇钢筋混凝土框架-剪力墙结构。

建设单位采购的材料进场复检结果不合格，监理工程师要求清退出场；因停工待料导致窝工。施工单位提出 8 万元费用索赔。材料重新进场施工完毕后，监理验收通过。由于该部位的特殊性，建设单位要求进行剥离检验。检验结果符合要求；剥离检验及恢复共发生费用 4 万元，施工单位提出 4 万元费用索赔。上述索赔均在要求时限内提出，数据经监理工程师核实无误。

问题：分别判断施工单位提出的两项费用索赔是否成立，并写出相应的理由。

【参考答案】（本小题 4 分）
（1）"停工待料造成窝工 8 万元"索赔成立。 (1.0 分)
理由：建设单位采购材料，停工待料是建设单位应承担的责任事件。 (1.0 分)
（2）"剥离检验及恢复费用 4 万元"索赔成立。 (1.0 分)
理由：监理验收通过，建设单位要求进行剥离检验，属于重新检验。检验结果符合要求时，由此发生的费用由建设单位承担。 (1.0 分)

案 例 七

【2012 年一建建筑】
某大学城工程，包括结构形式与建筑规模一致的四栋单体建筑，每栋建筑面积为 21000m²，地下 2 层，地上 18 层，层高 4.2m，钢筋混凝土框架-剪力墙结构。

A 施工单位与建设单位签订了施工总承包合同，合同约定：除主体结构外的其他分部分项工程施工，总承包单位可以自行依法分包，建设单位负责供应油漆等部分材料。

合同履行过程中，发生了下列事件：

事件一：由于工期较紧，A 施工单位将其中两栋单体建筑的室内精装修和幕墙工程分包给具备相应资质的 B 施工单位。B 施工单位经 A 施工单位同意后，将其承包范围内的幕墙工程分包给具备相应资质的 C 施工单位组织施工，油漆劳务作业分包给具备相应资质的 D 施工单位组织施工。

事件二：油漆作业完成后，发现油漆成膜存在质量问题，经鉴定，原因是油漆材质不合格。B 施工单位就由此造成的返工损失向 A 施工单位提出索赔。A 施工单位以油漆是建设单位供应为由，认为 B 施工单位应直接向建设单位提出索赔。

B 施工单位直接向建设单位提出索赔，建设单位认为油漆在进场时已由 A 施工单位进行了质量验证并办理接收手续,其对油漆材料的质量责任已经完成,因油漆不合格而返工的损失应由 A 施工单位承担,建设单位拒绝受理该索赔事件。

问题:

1. 分别判定事件一中 A 施工单位、B 施工单位、C 施工单位、D 施工单位之间的分包行为是否合法?并逐一说明理由。
2. 分别指出事件二中的错误之处,并说明理由。

【参考答案】

1.(本小题6分)

(1) A 施工单位与 B 施工单位之间的分包行为合法。　　　　　　　　　　(1.0 分)

理由:室内精装修和幕墙工程不属于主体工程,且 B 施工单位具备相应资质。(1.0 分)

(2) B 施工单位与 C 施工单位之间的分包行为不合法。　　　　　　　　　(1.0 分)

理由:分包单位将分包工程再分包属于违法分包。　　　　　　　　　　　(1.0 分)

(3) B 施工单位与 D 施工单位之间的分包行为合法。　　　　　　　　　　(1.0 分)

理由:分包单位可以将其劳务作业分包给具备相应资质的劳务分包单位。　(1.0 分)

2.(本小题6分)

(1) 错误之一:"A 施工单位认为 B 施工单位应直接向建设单位提出索赔"。(1.0 分)

理由:B 分包单位与建设单位无合同关系,故只能向 A 施工单位提出索赔。(1.0 分)

(2) 错误之二:"B 施工单位直接向建设单位提出索赔"。　　　　　　　　(1.0 分)

理由:B 施工单位与建设单位没有合同关系,只能向 A 施工单位提出索赔。(1.0 分)

(3) 错误之三:"因油漆不合格而返工的损失应由 A 施工单位承担"。　　　(1.0 分)

理由:甲供油漆,建设单位应对油漆的质量负责,因油漆不合格而返工的损失应由建设单位承担。　　　　　　　　　　　　　　　　　　　　　　　　　　　　　(1.0 分)

案 例 八

【2009 年一建建筑】

某政府机关在城市繁华地段建一幢办公楼。为了不影响按期开工,建设单位要求施工总承包单位按照设计单位修改后的草图先行开工。施工中发生了以下事件:

事件一:施工总承包单位的项目经理在开工后又担任了另一个工程的项目经理,于是项目经理委托执行经理代替其负责本工程的日常管理工作,建设单位为此提出异议。

事件二:施工总承包单位以包工包料的形式将全部结构工程分包给劳务公司。

事件三:在底板结构混凝土浇筑过程中,为了不影响工期,施工总承包单位在连夜施工的同时,向当地行政主管部门报送了夜间施工许可申请,并对附近居民进行公告。

为了分解垫资压力,施工总承包单位与劳务公司的分包合同中写明:建设单位向总承包单位支付工程款后,总承包单位才向分包单位付款,分包单位不得以此要求总承包单位承担逾期付款的违约责任。

为了强化分包单位的质量安全责任,总、分包双方还在补充协议中约定,分包单位出现质量安全问题,总承包单位不承担任何法律责任,全部由分包单位自己承担。

问题:

1. 施工总承包单位开工是否妥当?说明理由。

2. 事件一至事件三中施工总承包单位的做法是否妥当？说明理由。
3. 分包合同条款能否规避施工总承包单位的付款责任？说明理由。
4. 补充协议的约定是否合法？说明理由。

【参考答案】

1. （本小题4分）

不妥当。 (1.0分)

理由：施工图设计文件未经审批不得使用，建设行政主管部门不得颁发施工许可证；未取得施工许可证，施工单位不得开工。 (3.0分)

2. （本小题6分）

（1）事件一中，施工总承包单位的做法不妥。 (1.0分)

理由：一个项目经理不应担任两个项目的项目经理。 (1.0分)

（2）事件二中，施工总承包单位的做法不妥。 (1.0分)

理由：以包工包料的形式将全部结构工程分包给劳务公司，属于违法分包。 (1.0分)

（3）事件三中，施工总承包单位的做法不妥。 (1.0分)

理由：在城市市区范围内从事建筑工程施工，施工总承包单位应取得夜间施工许可证，并对附近居民进行公告后，方可进行夜间施工。 (1.0分)

3. （本小题4分）

分包合同条款不能规避施工总承包单位的付款责任。 (1.0分)

理由：施工总承包合同和劳务分包合同是两个独立的合同；总承包单位不能以建设单位未付工程款为由拒付分包单位的工程款。 (3.0分)

4. （本小题4分）

补充协议的约定不合法。 (1.0分)

理由：总承包单位依法将部分工程分包的，不解除总承包单位的任何责任义务；总承包单位与分包单位对分包工程的质量安全承担连带责任。 (3.0分)

案 例 九

【2006年一建建筑】

某工程项目难度较大，技术含量较高，经有关招投标主管部门批准采用邀请招标方式招标。业主于2001年4月30日向B承包商发出了中标通知书。之后由于工期紧，业主口头指令B承包商先做开工准备，再签订工程承包合同。B承包商按照业主要求进行了施工场地平整等一系列准备工作，但业主迟迟不同意签订工程承包合同。2001年6月1日，业主又书面函告B承包商，称双方尚未签订合同，将另行确定他人承担本项目施工任务。B承包商拒绝了业主的决定。后经过双方多次协商，才于2001年9月30日正式签订了工程承包合同。合同总价为6240万元，工期12个月，竣工日期2002年10月30日。

本工程按期竣工，验收合格后交付使用。在正常使用条件下，2006年3月30日，使用单位发现屋面局部漏水，需要维修，B承包商认为此时工程竣工验收交付使用已超过3年，拒绝派人返修。业主被迫另请其他专业防水施工单位修理，修理费为5万元。

问题：

1. 在业主以尚未签订合同为由另行确定他人承担本项目施工任务时，B承包商可采取哪些保护自身合法权益的措施?

2. B 承包商是否仍应对该屋面漏水承担质量保修责任? 说明理由。屋面漏水修理费应由谁承担?

【参考答案】
1. (本小题 4 分)
(1) 与业主协商,继续要求签订合同。 (1.0 分)
(2) 请第三方调解,要求继续签订合同。 (1.0 分)
(3) 向招标监督管理机构投诉。 (1.0 分)
(4) 向法院起诉。 (1.0 分)
2. (本小题 4 分)
(1) 应承担保修责任。 (1.0 分)
理由:在正常使用条件下,屋面防水工程的最低保修期为 5 年。 (1.0 分)
(2) 施工质量问题引起的漏水,施工单位承担修理费;非施工单位原因,应由责任方承担。 (2.0 分)

二、2022 考点预测

1. 合同管理内容及管理流程。
2. 合同双方的权利及义务。
3. 工程索赔与进度计划。
4. 工程变更及不可抗力。

第三节 工程造价管理

考点一:清单计价
考点二:成本管理

一、案例及参考答案

案 例 一

【2021 年一建建筑】
某新建住宅楼工程,建筑面积 25000m²,装配式钢筋混凝土结构。建设单位编制了招标工程量清单等招标文件,其中部分条款内容为:本工程实行施工总承包模式,承包范围为土建、电气等全部工程内容,质量标准为合格,开工前业主向承包商支付合同工程造价的 25% 作为预付备料款,保修金为总价的 3%。经公开招投标,某施工总承包单位以 12500 万元中标。其中:工地总成本 9200 万元,公司管理费按 10% 计,利润按 5% 计,暂列金额 1000 万元。主要材料及构配件金额占合同额 70%。双方签订了工程施工总承包合同。

项目经理部按照包括统一管理、资金集中等内容的资金管理原则编制年、季、月度资金收支计划,认真做好项目资金管理工作。施工单位按照建设单位要求,通过专家论证,采用了一种新型预制钢筋混凝土剪力墙结构体系，致使实际工地总成本增加到9500万元。施工单位在工程结算时，对增加费用进行了索赔。

项目经理部按照单位工程量使用成本费用（包括可变费用和固定费用，如大修费、小修费等）较低的原则对主要施工设备进行了选择，其中施工塔式起重机供应渠道为企业自有设备。

项目检验试验由建设单位委托具有相应资质的检测机构负责，施工单位支付了相关费用，并向建设单位提出以下索赔事项：

（1）现场自建试验室费用超过预算费用3.5万元；
（2）新型预制钢筋混凝土剪力墙结构验证试验费25万元；
（3）新型预制钢筋混凝土剪力墙构件抽样检测费12万元；
（4）预制钢筋混凝土剪力墙破坏性试验费8万元；
（5）施工企业采购的钢筋连接套筒抽检不合格增加的检测费1.5万元。

问题：

1. 该工程预付备料款和起扣点分别是多少万元？（精确到小数点后两位）
2. 项目资金管理原则有哪些内容？
3. 施工单位工地总成本增加，用总费用法分步计算索赔值是多少万元？（精确到小数点后两位）

【参考答案】

1. （本小题4.0分）

预付备料款：(12500 − 1000) × 25% = 2875.00（万元）。　　　　　　　　　　　　　（2.0分）

起扣点：(12500 − 1000) − 2875/70% = 7392.86（万元）。　　　　　　　　　　　　　（2.0分）

2. （本小题4.0分）

① 统一管理、分级负责。　　　　　　　　　　　　　　　　　　　　　　　　　　　（1.0分）

② 归口协调、流程管控。　　　　　　　　　　　　　　　　　　　　　　　　　　　（1.0分）

③ 资金集中、预算控制。　　　　　　　　　　　　　　　　　　　　　　　　　　　（1.0分）

④ 以收定支、集中调剂。　　　　　　　　　　　　　　　　　　　　　　　　　　　（1.0分）

3. （本小题4.0分）

（1）总成本增加：9500 − 9200 = 300.00（万元）。　　　　　　　　　　　　　　　　（1.0分）

（2）公司管理费增加：300 × 10% = 30.00（万元）。　　　　　　　　　　　　　　　（1.0分）

（3）利润增加：(300 + 30) × 5% = 16.50（万元）。　　　　　　　　　　　　　　　　（1.0分）

（4）索赔值：300 + 30 + 16.5 = 346.50（万元）。　　　　　　　　　　　　　　　　　（1.0分）

案 例 二

【2020年一建建筑】

某工程，双方约定合同履行期间发生的签证按实结算。土方挖运的综合单价为25元/m³，基坑开挖过程中发现一段废弃的混凝土泄洪沟，外围尺寸25m×4m×4m，壁厚均为400mm，拆除综合单价为520元/m³，计日工单价为270元/工日，增值税及附加税率11.5%。

主体砌筑工程计划成本与实际成本对比见表1-1。

表 1-1

项目	计划	实际
单价/(元/m³)	310	332
产量/m³	970	985
损耗率(%)	1.5	2.0
成本/元	305210.50	333560.40

发包人负责采购的装配式混凝土构件，提前一个月运抵合同约定的施工现场，监理单位会同施工单位验收合格。为了节约场地，承包人将构件集中堆放，由于堆放层数过多，导致下层部分构件出现裂缝。两个月后，发包人在承包人准备安装此构件时知悉此事。发包人要求施工方检验并赔偿损失，施工方以材料早到场为由，拒绝赔偿。

招标工程量清单中钢筋分项工程的综合单价是4443.84元/t，钢筋材料暂估价为2500元/t，工程量为260t。结算时钢筋实际使用250t，业主签字确认的钢筋材料单价是3500元/t，施工单位根据已确认的钢筋材料单价重新提交了钢筋分项工程的综合单价是6206.2元/t。钢筋损耗率2%。增值税及附加税率11.5%。

问题：
1. 计算土方工程的签证工程款。
2. 通过列式计算，分析各个因素对成本的影响。
3. 施工单位拒绝赔偿的做法是否合理？说明理由。施工单位可以要求建设单位支付几个月的材料保管费？
4. 施工单位对钢筋分项工程的综合单价调整方法是否正确？说明理由。结算时钢筋的综合单价是多少？钢筋分项工程的结算价款是多少？

【参考答案】
1. (本小题3.5分)
(1) 土方减少：$25 \times 4 \times 4 = 400.00 (m^3)$ （1.0分）
(2) 拆除量为：$400 - 3.2 \times 3.2 \times 25 = 144.00 (m^3)$ （1.0分）
(3) 签证工程款：$(144 \times 520 + 400 \times 25) \times 1.115 = 72341.20(元)$ （1.5分）

2. (本小题6.0分)
基准：$970 \times 310 \times 1.015 = 305210.50(元)$
(1) 量变替代：$985 \times 310 \times 1.015 = 309930.25(元)$ （1.0分）
工程量增加使成本增加 $309930.25 - 305210.50 = 4719.75(元)$ （1.0分）
(2) 单价替代：$985 \times 332 \times 1.015 = 331925.30(元)$ （1.0分）
单价增加使成本增加 $331925.30 - 309930.25 = 21995.05(元)$ （1.0分）
(3) 损耗替代：$985 \times 332 \times 1.02 = 333560.40(元)$ （1.0分）
损耗率增加使成本增加 $333560.40 - 331925.30 = 1635.10(元)$ （1.0分）

3. (本小题4.0分)
(1) 不正确。 （1.0分）

理由：材料设备使用前，施工单位应进行检验。由于施工单位责任保管不善导致的损失，应由施工单位承担。(2.0分)

（2）施工单位可获得1个月的保管费。(1.0分)

4．（本小题9.0分）

（1）综合单价调整方法不正确。(1.0分)

理由：钢材的差价应直接在该综合单价上增减材料价差调整，不应当调整综合单价中的人工费、机械费、管理费和利润。(3.0分)

（2）结算综合单价：$4443.84 + (3500 - 2500) \times 1.02 = 5463.84$（元/t）(2.0分)

（3）钢筋结算工程量：$250/1.02 = 245.10$（t）(1.0分)

（4）结算价款为：$5463.84 \times 245.10 \times 1.115 = 1493193.71$（元）(2.0分)

案 例 三

【2019年一建建筑】

某施工单位通过竞标承建一工程项目，甲乙双方通过协商对工程合同协议书（编号HT—TY—201909001），以及专用合同条款（编号HT—ZY—201909001）和通用合同条款（编号HT—ZY—201909001）修改意见达成一致，签订了施工合同。

施工合同中包含以下工程价款主要内容：

（1）工程中标价为5800万元，暂列金额为580万元，主要材料所占比例为60%。

（2）工程预付款为工程造价的20%。

（3）工程进度款逐月计算。

（4）工程质量保修金3%，在每月工程进度款中扣除，质保期满后返还。

工程1～5月份完成产值见表1-2。

表1-2 工程1～5月份完成产值

月份	1月	2月	3月	4月	5月
完成产值/万元	180	500	750	1000	1400

问题：计算工程的预付款、起扣点是多少？分别计算3月份、4月份、5月份应付进度款和累计支付进度款是多少？（计算精确到小数点后两位，单位：万元）

【参考答案】（本小题8分）

（1）预付及扣回

① 预付款：$(5800 - 580) \times 20\% = 1044.00$（万元）(1.0分)

② 起扣点：$(5800 - 580) - 1044/60\% = 3480.00$（万元）(2.0分)

（2）各月付款情况

3月份：

累计已完工程款：$180 + 500 + 750 = 1430$（万元）< 3480万元，不扣预付款。(0.5分)

① 应付：$750 \times (1 - 3\%) = 727.50$（万元）(0.5分)

② 累计：$1430 \times (1 - 3\%) = 1387.10$（万元）(0.5分)

4 月份：

累计已完工程款：1430 + 1000 = 2430（万元）< 3480 万元，不扣预付款。 (0.5 分)

应付：1000 × (1 - 3%) = 970.00（万元） (0.5 分)

累计：1387.10 + 970.00 = 2357.10（万元） (0.5 分)

5 月份：

累计已完工程款：2430 + 1400 = 3830（万元）> 3480 万元 (0.5 分)

应扣预付款：(3830 - 3480) × 60% = 210.00（万元） (0.5 分)

应付：1400 × (1 - 3%) - 210 = 1148.00（万元） (0.5 分)

累计：2357.1 + 1148 = 3505.10（万元） (0.5 分)

案 例 四

【2018 年一建建筑】

某开发商拟建一城市综合体项目，预计总投资 15 亿元。发包方式采用施工总承包，施工单位承担部分垫资，按月度实际完成工作量的 75% 支付工程款，工程质量为合格，保修金为 3%，合同总工期为 32 个月。

某总包单位对该开发商社会信誉，偿债备付率、利息备付率等偿债能力及其他情况进行了尽职调查。中标后，双方依据《建设工程工程量清单计价规范》GB 50500—2013，对工程量清单编制方法等强制性规定进行了确认，对工程造价进行了全面审核。最终确定有关费用如下：分部分项工程费 82000.00 万元，措施项目费 20500.00 万元，其他项目费 12800.00 万元，暂列金额 8200.00 万元，规费 2470.00 万元，税金 3750.00 万元。双方依据《建设工程施工合同（示范文本）》GF—2017—0201 签订了工程施工总承包合同。

问题：

1. 偿债能力评价还包括哪些指标？

2. 计算本工程签约合同价（单位：万元，保留两位小数）。双方在工程量清单计价管理中应遵守的强制性规定还有哪些？

【参考答案】

1. （本小题 4 分）

(1) 借款偿还期； (1 分)

(2) 资产负债率； (1 分)

(3) 流动比率； (1 分)

(4) 速动比率。 (1 分)

2. （本小题 7 分）

(1) 签约合同价：

82000 + 20500 + 12800 + 2470 + 3750 = 121520.00（万元） (2 分)

(2) 应遵守的强制性规定还有：

① 工程量清单的使用范围； (1 分)

② 工程量计算规则； (1 分)

③ 计价方式； (1 分)

④ 风险处理； (1分)
⑤ 竞争费用。 (1分)

案 例 五

【2017年一建建筑】

某建设单位投资兴建一办公楼，投资概算25000万元，建筑面积21000m²；钢筋混凝土框架-剪力墙结构，地下2层，层高4.5m，地上18层，层高3.6m。采取工程总承包交钥匙方式对外公开招标，招标范围为工程开始至交付使用全过程。经公开招投标，A工程总承包单位中标。A单位对工程施工等工程内容进行了招标。

B施工单位中标了本工程施工标段，中标价为18060万元。部分费用如下：安全文明施工费340万元，其中按照施工计划2014年度安全文明施工费为226万元；夜间施工增加费22万元；特殊地区施工增加费36万元；大型机械进出场及安拆费86万元；脚手架费用220万元；模板费用105万元；施工总包管理费54万元；暂列金额300万元。

B施工单位中标后第8天，双方签订了项目工程施工承包合同，规定了双方的权利、义务和责任。部分条款如下：工程质量为合格；除钢材及混凝土材料价格浮动超出±10%（含10%），工程设计变更允许调整以外，其他一律不允许调整；工程预付款比例为10%；合同工期为485日历天，于2014年2月1日起至2015年5月31日止。

问题：

A工程总承包单位与B施工单位签订的施工承包合同属于哪类合同？列式计算措施项目费、预付款各为多少万元？

【参考答案】（本小题6分）

（1）按合同主体的法律关系属于工程分包合同，按计价方式属于总价合同。 (2分)
（2）措施项目费：① $340+22+36+86+220+105=809$（万元）；
　　　　　　　　② $340+22+36+86+220=704$（万元） (2分)
（3）预付款：$(18060-300)\times 10\% = 1776$（万元） (2分)

案 例 六

【2016年一建建筑】

某新建住宅工程，建筑面积43200m²，砖混结构，投资额25910万元。建设单位自行编制了招标工程量清单等招标文件，其中部分条款内容为：本工程实行施工总承包模式；招标控制价为25000万元；工期自2013年7月1日起至2014年9月30日止，工期为15个月；园林景观由建设单位指定专业分包单位施工。

某工程总承包单位按市场价格计算为25200万元，为确保中标最终以23500万元作为投标价。

内装修施工前，施工总承包单位的项目经理部发现建设单位提供的工程量清单中未包括一层公共区域楼地面面层子目，铺贴面积1200m²。因招标工程量清单中没有类似子目，于是项目经理部按照市场价格信息重新组价，综合单价1200元/m²，经现场专业监理工程师审核后上报建设单位。

问题：依据本合同原则计算一层公共区域楼地面面层的综合单价（单位：元/m²）及总价（单位：万元，保留小数点后两位）分别是多少？

【参考答案】（本小题 3 分）

(1) 报价浮动率 $(1-23500/25000) \times 100\% = 6\%$ （1分）

综合单价 $1200 \times (1-6\%) = 1128(元/m^2)$ （1分）

(2) 总价为 $1200 \times 1128 = 135.36(万元)$ （1分）

案 例 七

【2015 年一建建筑】

某新建办公楼工程，建筑面积 48000m²，地下 2 层，地上 6 层，钢筋混凝土框架结构。经公开招标，总承包单位以 31922.13 万元中标，其中暂列金额 1000 万元。双方依据《建设工程施工合同（示范文本）》（GF—2013—0201）签订了施工总承包合同，合同工期为 2013 年 7 月 1 日起至 2015 年 5 月 30 日止，并约定在项目开工前 7 天支付工程预付款。预付比例为 15%，从未完施工工程尚需的主要材料的价值相当于工程预付款数额时开始扣回，主要材料所占比例为 65%。

问题：列式计算工程预付款、工程预付款起扣点（单位：万元，保留两位小数）。

【参考答案】（本小题 4 分）

(1) 工程预付款：$(31922.13-1000) \times 15\% = 4638.32(万元)$ （2分）

(2) 工程预付款起扣点：$(31922.13-1000) - 4638.32/65\% = 23786.25(万元)$ （2分）

案 例 八

【2014 年一建建筑】

某大型综合商场工程，建筑面积 49500m²，地下 1 层，地上 3 层，现浇钢筋混凝土框架结构。建筑安装工程投资额为 22000 万元，采用清单计价模式，报价执行《建设工程工程量清单计价规范》（GB 50500—2013），工期自 2013 年 8 月 1 日至 2014 年 3 月 31 日，面向国内公开招标，有 6 家施工单位通过了资格预审，并进行了投标。

从工程招投标至竣工结算的过程中，发生了下列事件：

事件一：E 单位的投标报价构成如下：分部分项工程费为 16100.00 万元，措施项目费为 1800.00 万元，安全文明施工费为 322.00 万元，其他项目费为 1200.00 万元，暂列金额为 1000.00 万元，管理费 10%，利润 5%，规费 1%，增值税为 9%。

事件二：建设单位按照合同约定支付了工程预付款，但合同中未约定安全文明施工费预支付比例，双方协商按国家相关部门规定的最低预支付比例进行支付。

事件三：2014 年 3 月 30 日工程竣工验收，5 月 1 日双方完成竣工结算，双方书面签字确认，于 2014 年 5 月 20 日前由建设单位支付未付工程款 560 万元（不含 5% 的保修金）给 E 施工单位。此后，E 施工单位 3 次书面要求建设单位支付所欠款项，但是截至 8 月 30 日建设单位仍未支付 560 万元的工程款。随即 E 施工单位以行使工程款优先受偿权为由，向法院提起诉讼，要求建设单位支付欠款 560 万元，以及拖欠利息 5.2 万元，违约金 10 万元。

问题：

1. 列式计算事件一中 E 单位的中标造价是多少万元（保留两位小数）？根据工程项目不

同建设阶段,建设工程造价可划分为哪几类?该中标造价属于其中的哪一类?

2. 事件二中,建设单位预支付的安全文明施工费最低是多少万元(保留两位小数)?并说明理由。安全文明施工费包括哪些费用?

3. 事件三中,工程款优先受偿权自竣工之日起共计多少个月?E 单位诉讼是否成立?其可以行使的工程款优先受偿权是多少万元?

【参考答案】

1. (本小题 9 分)

(1) 中标造价:$(16100+1800+1200) \times 1.01 \times 1.09 = 21027.19$(万元)。　　(2 分)

(2) 建设工程造价可划分为:

① 投资估算;　　(1 分)

② 设计概算;　　(1 分)

③ 施工图预算;　　(1 分)

④ 合同价;　　(1 分)

⑤ 竣工结算;　　(1 分)

⑥ 竣工决算。　　(1 分)

(3) 中标造价属于合同价。　　(1 分)

2. (本小题 8 分)

(1) 安全文明施工费最低为:$322 \times 60\% = 193.20$(万元)　　(2 分)

$$193.2 \times 1.01 \times 1.09 = 212.69(万元)$$

理由:根据清单计价规范的规定,发包人应在开工后的 28 天内预付不低于当年施工进度计划安全文明施工费总额的 60%,剩余部分随进度款按比例支付。　　(2 分)

所谓当年,指一整年(12 个月)。

(2) 安全文明施工费包括:

① 安全施工措施费;　　(1 分)

② 文明施工措施费;　　(1 分)

③ 环境保护措施费;　　(1 分)

④ 施工单位的临时设施费。　　(1 分)

3. (本小题 3 分)

(1) 工程款优先受偿权自竣工之日起共计 6 个月。　　(1 分)

(2) E 单位诉讼成立。　　(1 分)

(3) 可以行使的工程款优先受偿权是 560 万元。　　(1 分)

案 例 九

【2013 年一建建筑】

某新建图书馆工程,采用公开招标的方式,确定某施工单位中标。双方按《建设工程施工合同(示范文本)》(GF—2013—0201)签订了施工总承包合同。合同约定总造价 14250 万元,预付备料款 2800 万元,每月底按月支付施工进度款。竣工结算时,结算款按调值公式进行调整。在招标和施工过程中,发生了如下事件:

事件一: 合同约定主要材料按占总造价比例为 55%,预付备料款在起扣点之后的五个月度支付中扣回。

事件二：某分项工程由于设计变更导致分项工程量变化幅度达20%，合同专用条款未对变更价款进行约定。施工单位按变更指令施工，在施工结束后的下一个月上报支付申请的同时，还上报了该设计变更的变更价款申请，监理工程师不予批准变更价款。

事件三：合同中约定，根据人工费和四项材料的价格指数对总造价按调值公式法进行调整。各调值因素的比例、基期和现行价格指数见表1-3：

表 1-3

可调项目	人工费	材料一	材料二	材料三	材料四
因素比例	0.15	0.30	0.12	0.15	0.08
基期价格指数	0.99	1.01	0.99	0.96	0.78
现行价格指数	1.12	1.16	0.85	0.80	1.05

问题：

1. 事件一中，列式计算预付备料款的起扣点是多少万元？（精确到小数点后两位）

2. 事件二中，监理工程师不批准变更价款申请是否合理？并说明理由。合同中未约定变更价款的情况下，变更价款应如何处理？

3. 事件三中，列式计算经调整后的实际结算款应为多少万元？（精确到小数点后两位）

【参考答案】

1. （本小题2分）

起扣点：$14250 - 2800/55\% = 9159.09$（万元） (2分)

2. （本小题7分）

（1）合理。 (1分)

理由：施工单位在收到变更指令后的14天内，未向监理工程师提交变更价款申请，视为该变更工程不涉及价款变更。 (1分)

（2）应按《建设工程施工合同（示范文本）》（GF—2013—0201）的通用条款确定：

① 已标价工程量清单或预算书有相同项目的，按照相同项目单价认定。 (1分)

② 已标价工程量清单或预算书中无相同项目，但有类似项目的，参照类似项目的单价认定。 (1分)

③ 变更导致实际完成的变更工程量与已标价工程量清单或预算书中列明的该项目工程量的变化幅度超过15%的，或已标价工程量清单或预算书中无相同项目及类似项目单价的，按照合理成本加利润构成的原则，由合同当事人协商确定变更工程的单价。 (3分)

3. （本小题3分）

调整后的实际结算款为：

$14250 \times (0.2 + 0.15 \times 1.12/0.99 + 0.3 \times 1.16/1.01 + 0.12 \times 0.85/0.99 + 0.15 \times 0.8/0.96 + 0.08 \times 1.05/0.78)$ (2分)

$= 14962.13$（万元） (1分)

案 例 十

【2012年一建建筑】

某酒店建设工程,建筑面积28700m²,地下1层,地上15层,现浇钢筋混凝土框架结构。甲施工单位按照《建设工程施工合同(示范文本)》(GF—99—0201)签订了施工总承包合同。合同部分条款约定如下:

(1) 本工程合同工期549天;
(2) 本工程采用综合单价计价模式;
(3) 包括安全文明施工费的措施费包干使用;
(4) 因建设单位责任引起的工程实体设计变更发生的费用予以调整;
(5) 工程预付款的比例为10%。

甲施工单位投标报价书的情况是:土方工程量650m³,定额单价中人工费为8.40元/m³、材料费为12.00元/m³、机械费为1.60元/m³。分部分项工程量清单合价为8200万元,措施项目清单合价为360万元,暂列金额为50万元,其他项目清单合价为120万元,总包服务费为30万元,企业管理费费率为15%,利润率为5%,规费为225.68万元,增值税税率为9%。

问题:

1. 哪些费用为不可竞争费用?
2. 甲施工单位所报土石方分项工程的综合单价是多少元/m³?中标造价是多少万元?工程预付款是多少万元?(均需列式计算,结果保留两位小数)

【参考答案】

1. (本小题3分)

不可竞争的费用:

(1) 安全文明施工费; (1分)
(2) 规费; (1分)
(3) 税金。 (1分)

2. (本小题5分)

(1) 综合单价:$(8.40+12.00+1.60) \times 1.15 \times 1.05 = 26.57(元/m^3)$ (2分)
(2) 中标造价:$(8200+360+120+225.68) \times 1.09 = 9707.19(万元)$ (2分)
(3) 工程预付款:$(9707.19-50) \times 10\% = 965.72(万元)$ (1分)

案 例 十一

【2011年一建建筑】

某写字楼工程,建筑面积120000m²,地下2层,地上22层,钢筋混凝土框架-剪力墙结构。某施工总承包单位按照建设单位提供的工程量清单及其他招标文件参加了该工程的投标,并以34263.29万元的报价中标。双方依据《建设工程施工合同(示范文本)》签订了工程施工总承包合同。

合同约定:本工程采用固定单价合同计价模式;当实际工程量增加或减少超过清单工程量5%时,合同单价予以调整,调整系数为0.95或1.05;投标报价中的钢筋、土方的全费用综合单价分别为5800元/t、32元/m³。

施工总承包单位项目部对合同造价进行了分析。各项费用为：直接费26168.22万元，管理费4710.28万元，利润1308.41万元，规费945.58万元，税金1130.80万元。

施工总承包单位项目部对清单工程量进行了复核。其中：钢筋实际工程量为9600t，钢筋清单工程量为10176t；土方实际工程量为30240m³，土方清单工程量为28000m³。施工总承包单位向建设单位提交了工程价款调整报告。

问题：

施工总承包单位的钢筋和土方工程价款是否可以调整？为什么？列式计算调整后的价款分别是多少万元？

【参考答案】（本小题7分）

(1) 钢筋可以调整；因为 (10176-9600)/10176=5.66%>5%。 （1分）
$9600×5800×1.05=5846.40$（万元） （2分）

(2) 土方工程可以调价；因为 (30240-28000)/28000=8%>5%。 （1分）
$28000×1.05×32+(30240-28000×1.05)×32×0.95=96.63$（万元） （2分）

(3) 钢筋工程与土方工程价款合计5846.4+96.63=5943.03（万元）。 （1分）

二、2022考点预测

1. 建安工程款的组成部分及计算方法。
2. 工料单价、综合单价的计算方法。
3. 工程量的调整原则及调整方法。
4. 材料价格波动引起的价款调整。
5. 竣工调值后的调价款及结算款。
6. 成本管理三方法（价值工程、挣值法、因素分析法）。
7. 工料机定额的计算方法及确定原则。

第四节 横道计划管理

考点一：四个概念
考点二：四个参数
考点三：四类流水
考点四：四类题型

一、案例及参考答案

案 例 一

【2016年一建建筑】

某综合楼工程，地下3层，地上20层，总建筑面积68000m²，地基基础设计等级为甲级，灌注桩筏形基础，现浇钢筋混凝土框架-剪力墙结构。

装修施工单位将地上标准层（F6~F20）划分为三个施工段组织流水施工，各施工段上均包含三道施工工序,其流水节拍见表1-4。

表 1-4 (单位:周)

流水节拍		施工过程		
		工序1	工序2	工序3
施工段	F6~F10	4	3	3
	F11~F15	3	4	6
	F16~F20	5	4	3

问题:

参照图1-1,在答题卡上相应位置绘制标准层装修的流水施工横道图。

施工过程	施工进度/周										
	1	2	3	4	5	6	7	8	9	10	…
工序1											
工序2											
工序3											

图 1-1

【参考答案】(本小题6分)

(1)①工序1与工序2之间的步距

$$\begin{array}{cccc} & 4 & 7 & 12 \\ -) & 3 & 7 & 11 \\ \hline & 4 & 4 & 5 & -11 \end{array}$$ 取 $K_{1\sim2}=5$ 周 (1分)

② 工序2与工序3之间的步距

$$\begin{array}{cccc} & 3 & 7 & 11 \\ -) & 3 & 9 & 12 \\ \hline & 3 & 4 & 2 & -12 \end{array}$$ 取 $K_{2\sim3}=4$ 周 (1分)

(2)流水工期

$T=(5+4)+12=21(周)$ (1分)

(3)画图 (3分)

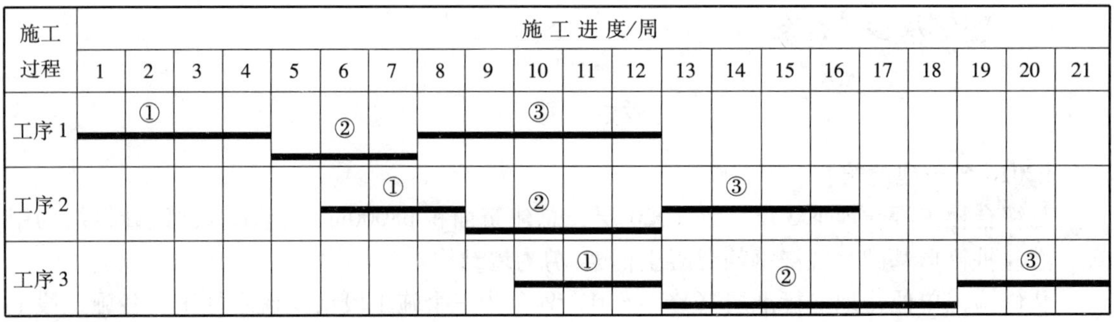

施工过程	施工进度/周																				
	1	2	3	4	5	6	7	8	9	10	11	12	13	14	15	16	17	18	19	20	21
工序1	—①—			—②—			—③——													
工序2					—①—			—②—				—③—							
工序3								—①—					—②—				—③—		

【评分准则：没有计算过程，但图形正确的，即得 6 分】

案 例 二

【2013 年一建建筑】

某工程基础底板施工，合同约定工期 50 天，项目经理部根据业主提供的电子版图纸编制了施工进度计划（见图 1-2）。编制底板施工进度计划时，暂未考虑流水施工。

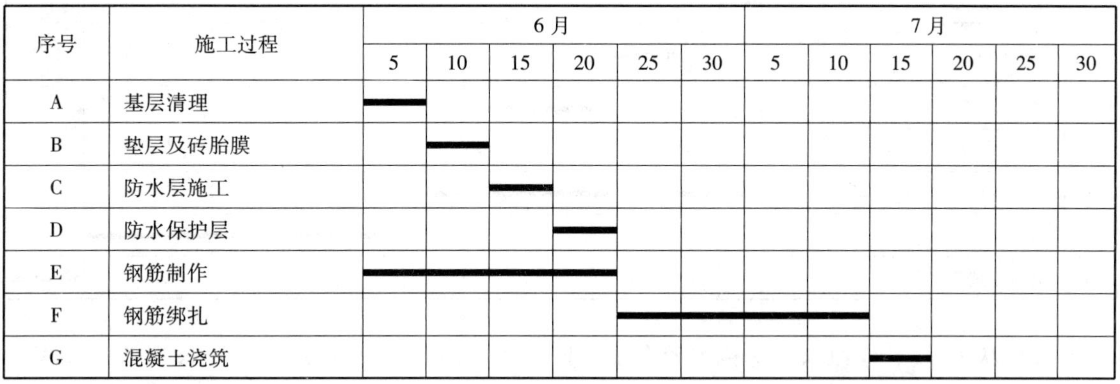

序号	施工过程	6月						7月					
		5	10	15	20	25	30	5	10	15	20	25	30
A	基层清理	■											
B	垫层及砖胎膜		■										
C	防水层施工			■									
D	防水保护层				■								
E	钢筋制作	■■■■											
F	钢筋绑扎						■■■■						
G	混凝土浇筑								■				

图 1-2 施工进度计划图

在施工准备及施工过程中，发生了如下事件：

事件一：公司在审批该施工进度计划横道图时提出，计划未考虑工序 B 与 C，工序 D 与 F 之间的技术间歇（养护）时间，要求项目经理部修改。两处工序技术间歇（养护）均为 2 天，项目经理部按要求调整了进度计划，经监理批准后实施。

事件二：施工单位采购的防水材料进场抽样复试不合格，致使工序 C 比调整后的计划开始时间拖后 3 天；因业主未按时提供正式的图纸，致使工序 E 在 6 月 11 日才开始。

问题：

1. 在答题卡上绘制事件一中调整后的施工进度计划网络图（双代号），并用双线表示出关键线路。

2. 考虑事件一、二的影响，计算总工期（假定各工序持续时间不变）。如果钢筋制作、钢筋绑扎、混凝土浇筑按两个流水段组织等节拍流水施工，其总工期将变为多少天？是否满足原合同约定的工期？

【参考答案】

1. （本小题 3 分）

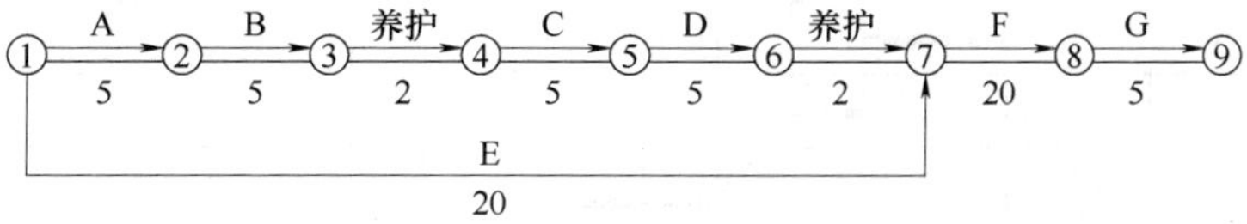

①—A(5)—②—B(5)—③—养护(2)—④—C(5)—⑤—D(5)—⑥—养护(2)—⑦—F(20)—⑧—G(5)—⑨

E(20)

2. （本小题 6 分）

（1）总工期：事件一、二发生后，关键线路为 E→F→G，(20+10)+20+5=55（天）。

（1 分）

或通过横道图分析。

代号	施工过程	6月							7月					
		5	10	15	20	25	30		35	40	45	50		55
		5	5	2	3	3	2	5	2	3	2	3	2	3	2	3	2	3	2	3
A	基底清理													
B	垫层与砖胎膜													
	养护（2天）													
C	防水施工			拖延3天										
D	防水保护层													
	养护（2天）													
E	钢筋制作			业主延误10天										
F	钢筋绑扎													
G	混凝土浇筑													

（2）从E、F、G组织流水施工的角度，F工作第21天上班时刻即可开始施工，但从网络计划的整体角度考虑，F工作第28天上班时刻才能开始。（1分）

F、G组织等节拍流水施工的流水节拍为F（10、10）和G（2.5、2.5），其流水步距：

$$\begin{array}{r}10\quad 20\\-)\quad\quad 2.5\quad 5\\\hline 10\quad 17.5\quad -5\end{array}$$ 取 $K = 17.5$ 天。（1分）

F、G两项工作组织等节拍流水施工的流水工期：$17.5 + 5 = 22.5$（天）。（1分）
总工期：$27 + 22.5 = 49.5$（天）。（1分）
满足原合同约定的工期；（1分）
或通过横道图分析。

代号	施工过程	6月						7月				
		5	5	5	5	5	5	5	5	5	5
		5	5	2	3	3	2	5	2	3	2	3	2	3	2	3	2	3	2	2.5
A	基底清理										
B	垫层与砖胎膜										
	养护（2天）										
C	防水施工			拖延3天							
D	防水保护层										
	养护（2天）										

（续）

代号	施工过程	6月						7月								
		5/5	5/5	5/2	5/3	5/3	5/2	5/5	5/2	5/3	5/2	5/3	5/2	5/3	5/2	5/2.5
E	钢筋制作	业主延误10天		10天				10天								
F	钢筋绑扎									10天				10天		
G	混凝土浇筑														2.5天	2.5天

案 例 三

【2012年一建建筑】

某大学城工程，包括结构形式与建筑规模一致的四栋单体建筑，每栋建筑面积为21000m²，地下2层，地上18层，层高4.2m，钢筋混凝土框架-剪力墙结构。

A施工单位与建设单位签订了施工总承包合同，合同约定：除主体结构外的其他分部分项工程施工，总承包单位可以自行依法分包，建设单位负责供应油漆等部分材料。

合同履行过程中，发生了下列事件：

A施工单位拟对四栋单体建筑的某分项工程组织流水施工，其流水施工参数见表1-5。

表 1-5

施工过程	流水节拍/周			
	单体建筑一	单体建筑二	单体建筑三	单体建筑四
Ⅰ	2	2	2	2
Ⅱ	2	2	2	2
Ⅲ	2	2	2	2

其中：施工过程Ⅱ与施工过程Ⅲ之间存在工艺间隔时间1周。

问题：

1. 最适宜采用何种流水施工组织形式？除此之外，流水施工通常还有哪些基本组织形式？

2. 绘制事件中的流水施工进度计划横道图，并计算其流水施工工期。

【参考答案】

1.（本小题3分）

（1）最适宜等节奏流水施工组织形式；　　　　　　　　　　　　　　　　　　（1分）

（2）还包括的基本形式：无节奏流水施工、异节奏流水施工，其中异节奏流水施工又

细分为加快的成倍节拍流水施工和非加快的成倍节拍流水施工。　　　　　　　(2分)

2.（本小题5分）

（1）绘图：　　　　　　　　　　　　　　　　　　　　　　　　　　　　　　(3分)

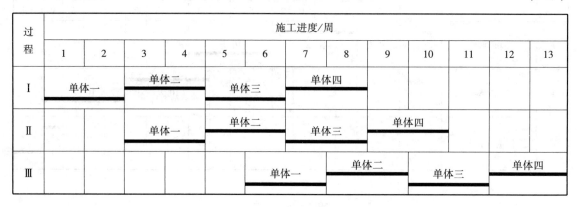

【评分准则：施工过程Ⅰ、Ⅱ、Ⅲ的横道线与时间的对应关系，每错一处扣1分；横道线上方未标出施工段名称，但对应关系正确的，本小题得2分。】

（2）流水工期：$(3-1) \times 2 + 4 \times 2 + 1 = 13$（周）。　　　　　　　　　　(2分)

案 例 四

【2010年一建建筑】

某办公楼工程，地下一层，地上十层，现浇钢筋混凝土框架结构，预应力管桩基础。建设单位与施工总承包单位签订了施工总承包合同，合同工期为29个月。按合同约定，施工总承包单位将预应力管桩工程分包给了符合资质要求的专业分包单位。施工总承包单位提交的施工总进度计划如图1-3所示（时间单位：月），该计划通过了监理工程师的审查和确认。

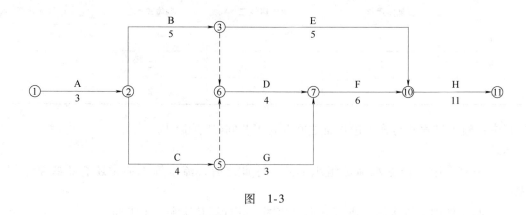

图 1-3

合同履行过程中，为了缩短工期，施工总承包单位将原施工方案中H工作的异节奏流水施工调整为成倍节拍流水施工。原施工方案中H工作异节奏流水施工横道图如图1-3所示（时间单位：月）。

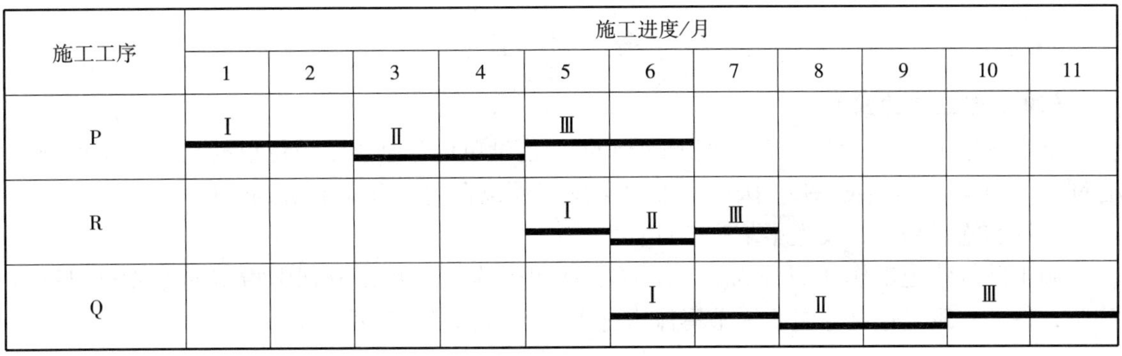

施工工序	施工进度/月										
	1	2	3	4	5	6	7	8	9	10	11
P	Ⅰ		Ⅱ		Ⅲ						
R					Ⅰ	Ⅱ	Ⅲ				
Q						Ⅰ		Ⅱ		Ⅲ	

图 1-4

问题：

1. 施工总承包单位计划工期能否满足合同工期要求？为保证工程进度目标，施工总承包单位应重点控制哪条施工线路？

2. 调整流水施工后，H 工作相邻工序的流水步距为多少个月？工期可缩短多少个月？按照图 1-4 格式绘制出调整后 H 工作的施工横道图。

【参考答案】

1. (本小题 5 分)

（1）计算工期：$3+5+4+6+11=29$（月），合同工期也为 29 个月，所以计划工期能够满足合同工期的要求。 (3 分)

（2）应重点控制关键线路：A→B→D→F→H (2 分)

2. (本小题 8 分)

（1）流水步距：取各流水节拍的最大公约数，$K=1$ 月。 (1 分)

（2）工期缩短：

① $K=1$ 月； (1 分)

② $n'=2/1+1/1+2/1=5$ 个专业队； (1 分)

③ $T=(n'-1+m)\times K+\sum j-\sum C=(5-1+3)\times 1=7$（月）； (1 分)

工期缩短：$11-7=4$（月）。 (1 分)

（3）绘图： (3 分)

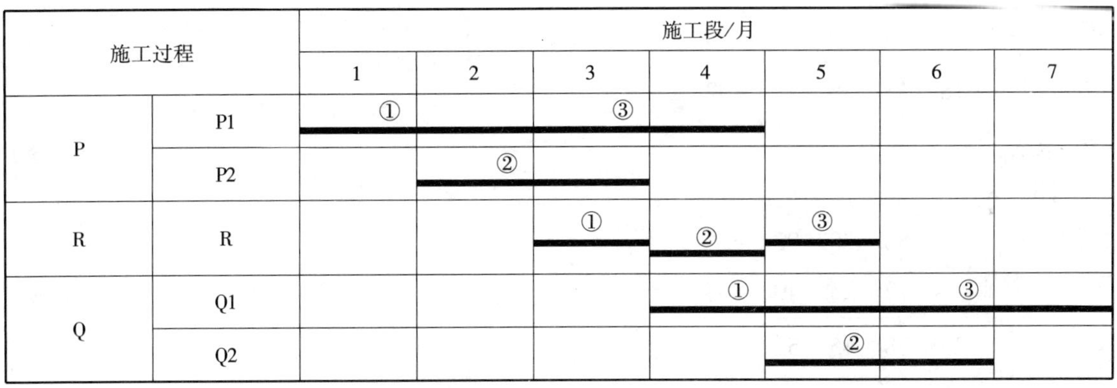

施工过程		施工段/月						
		1	2	3	4	5	6	7
P	P1	①		③				
	P2		②					
R	R			①	②	③		
Q	Q1				①		③	
	Q2					②		

案 例 五

【2011 年二建建筑】

某广场地下车库工程,建筑面积 $18000m^2$。建设单位和某施工单位根据《建设工程施工合同(示范文本)》(GF—99—0201)签订了施工承包合同,合同工期 140 天。

工程实施过程中,发生了下列事件:

施工单位将施工作业划分为 A、B、C、D 四个施工过程,分别由指定的专业班组进行施工,每天一班工作制,组织无节奏流水施工,流水施工参数见表 1-6:

表 1-6

施工过程		A	B	C	D
施工段	I	12	18	25	12
	II	12	20	25	13
	III	19	18	20	15
	IV	13	22	22	14

问题:
1. 列式计算 A、B、C、D 四个施工过程之间的流水步距分别是多少天?
2. 列式计算流水施工的计划工期是多少天?能否满足合同工期的要求?

【参考答案】

1.(本小题 6 分)

(1) $K_{A,B}$

```
     12  24  43  56
  -) 18  38  56  78
  ─────────────────── (1分)
     12   6   5   0  -78
```

取 $K_{A,B} = 12$ 天。 (1分)

(2) $K_{B,C}$

```
     18  38  56  78
  -) 25  50  70  92
  ─────────────────── (1分)
     18  13   6   8  -92
```

取 $K_{B,C} = 18$ 天。 (1分)

(3) $K_{C,D}$

```
     25  50  70  92
  -) 12  25  40  54
  ─────────────────── (1分)
     25  38  45  52  -54
```

取 $K_{C,D} = 52$ 天。 (1分)

2.（本小题 2 分）

（1）流水工期：$T = (12+18+52)+(12+13+15+14) = 136(天)$。 （1 分）

（2）流水工期为 136 天，合同工期 140 天，流水工期满足合同工期的要求。 （1 分）

案 例 六

【2009 年二建建筑】

某办公楼工程，建筑面积 $5500m^2$，框架结构，独立柱基础，上设承台梁，独立柱基础埋深为 1.5m，地质勘察报告中地基基础持力层为中砂层，基础施工钢材由建设单位供应。基础工程分为两个施工段，组织流水施工，根据工期要求编制了工程基础项目的施工进度计划，并绘制施工双代号网络计划图，如图 1-5 所示。

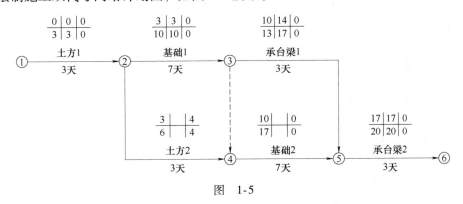

图 1-5

在工程施工中发生如下事件：

事件一：土方 2 施工中，开挖后发现局部地基持力层为软弱层需处理，工期延误 6 天。

事件二：承台梁 1 施工中，因施工用钢材未按时进场，工期延误 3 天。

事件三：基础 2 施工时，因施工总承包单位原因造成工程质量事故，返工致使工期延期 5 天。

问题：

1. 指出基础工程网络计划的关键线路，写出该基础工程计划工期。

2. 针对本案例上述各事件，施工总承包单位是否可以提出工期索赔，并分别说明理由。

3. 对索赔成立的事件，总工期可以顺延几天？实际工期是多少天？

4. 上述事件发生后，本工程网络计划的关键线路是否发生改变，如有改变，请指出新的关键线路，并在答题卡上绘制施工实际进度横道图。

基础工程施工实际进度横道图

序号	分项工程名称	天 数												
		2	4	6	8	10	12	14	16	18	20	22	24	26	28
1	土方工程														
2	基础工程														
3	承台梁工程														

【参考答案】
1. (本小题2分)
(1) 关键路线为:①→②→③→④→⑤→⑥。 (1分)
(2) 计划工期为:(3+7+7+3)=20(天)。 (1分)
2. (本小题9分)
(1) 事件一:可以提出工期索赔。 (1分)
理由:发现局部地基持力层为软弱层是建设单位应承担的责任事件,土方2的总时差为4天,工期延误6天超过了其总时差,对工期造成了影响。 (2分)
(2) 事件二:不可以提出工期索赔。 (1分)
理由:尽管钢材未按时进场是建设单位应承担的责任,但承台梁1为非关键工作,延误3天未超出其总时差,对工期没有影响。 (2分)
(3) 事件三:不可提出工程索赔。 (1分)
理由:施工单位原因造成工程质量事故是施工单位应承担的责任。 (2分)
3. (本小题3分)
(1) 总工期可以顺延6-4=2(天)。 (1分)
(2) 实际工期=3+(3+6)+(7+5)+3=27(天)。 (2分)
4. (本小题6分)
(1) 关键路线发生了改变。 (1分)
(2) 新的关键路线为:①→②→④→⑤→⑥。 (2分)
(3) 基础工程施工实际进度横道图 (3分)

序号	分项工程名称	天 数												
		2	4	6	8	10	12	14	16	18	20	22	24	26	28
1	土方工程	━━	━												
2	基础工程			━━	━━	━		━━	━━	━━	━━	━			
3	承台梁工程						━━	━━	━━	━━	━			━━	━

案 例 七

【经典案例】

某施工总承包单位承接了一座4×20m简支梁桥工程。桥梁采用扩大基础,墩身平均高10m。项目为单价合同,且全部钢筋由业主提供,其余材料由施工单位自采或自购。

项目部拟就1~3号排架组织流水施工,各段流水节拍见表1-7。

表 1-7

工程名称	1号排架	2号排架	3号排架
A 基础施工	10	12	15
B 墩身施工	15	20	15
C 盖梁施工	10	10	10

注:表中排架由基础、墩身和盖梁三部分组成。

根据施工组织和技术要求,基础施工完成后至少 10 天才能施工墩身。

施工期间,施工单位准备开始墩身施工时,由于供应商的失误,将一批不合格的钢筋运到施工现场,致使墩身施工推迟了 10 天开始,承包商拟就此向业主提出工期和费用索赔。

问题:
1. 列式计算流水工期。
2. 绘制流水施工横道图。
3. 针对上述事件,承包商是否可以提出工期和费用索赔?说明理由。

【参考答案】

1. (本小题 8 分)

(1) A 和 B 的流水步距

```
      10   22   37
  -)       15   35   50
  ─────────────────────
      10    7    2  -50
```
(2 分)

名义 $K_{A、B} = \max\{10, 7, 2, -50\} = 10$(天) (1 分)

实际 $K_{A、B} = 10 + 10 = 20$(天)

(2) B 和 C 的流水步距

```
      15   35   50
  -)       10   20   30
  ─────────────────────
      15   25   30  -30
```
(2 分)

名义 $K_{B、C} = \max\{15, 25, 30, -30\} = 30$(天) (1 分)

实际 $K_{B、C} = 30$ 天

(3) $T = \sum K + \sum t_n + \sum j - \sum C = (10+30)+(10+10+10)+10 = 80$(天) (2 分)

2. (本小题 5 分)

施工工序	工 期/天							
	10	20	30	40	50	60	70	80
A	A1	A2	A3					
B			B1		B2		B3	
C						C1	C2	C3

流水施工横道图

3. (本小题 3 分)

可以提出工期和费用索赔。 (1 分)

理由:因为全部钢筋由业主提供,钢筋不合格是业主应承担的责任,并且墩身施工没有

机动时间，停工10天影响工期10天。 （2分）

二、选择题及答案解析

1. 流水施工的主要特点是（   ）。
   A. 实行了专业化作业，生产率高
   B. 便于利用机动时间优化资源供应强度
   C. 可随时根据施工情况调整施工进度
   D. 有效利用了工作面和有利于缩短工期
   E. 便于专业化施工队连续作业

【解析】

流水施工的特点："低耗高效工期短"。

（1）理解流水施工，要先理解"依次施工和平行施工"。流水施工的特点（优点）其实是与依次施工、平行施工相较之下的结果。

（2）依次施工：即"前一个施工过程结束，后一个施工过程开始"。这种既不分段也不搭接的施工方式导致施工效率低下、进度缓慢，极大地浪费工作面，不利于进度控制。

（3）平行施工：即"同一时间，不同作业面上同时施工"。如4幢楼同时绑钢筋、支模板、浇混凝土。相比依次施工，平行施工有利于缩短工期；但资源供给压力较大，不利于成本控制。

（4）上述两种方式均无法同时兼顾效率与成本。

（5）流水施工：连续搭接地完成某个程序性任务。流水施工"组织专业队"并"分段搭接施工"。前者保障了工程质量；而后者则意味着"较小的投入和较高的效率"。

2. 下列流水施工参数中，用来表达流水施工在空间布置上开展状态的参数有（   ）。
   A. 流水能力   B. 施工段
   C. 流水强度   D. 工作面
   E. 施工过程

【解析】

（1）"空间参数"简单讲就是与"空间个数"有关的概念。主要包括：施工段、工作面。

（2）"流水能力 = 流水强度"，同"单位时间内的产量"。产量越高，能力（强度）越高。

（3）"施工过程"即工艺流程，指"若干个带有程序性的施工任务"。包括："大工艺"（地基基础、主体结构、装饰装修）以及"小工艺"（支模板、绑钢筋、浇混凝土）。

（4）流水强度和施工过程均属工艺参数。

3. 下列流水施工参数中，属于工艺参数的是（   ）。
   A. 施工过程   B. 施工段
   C. 流水步距   D. 流水节拍

【解析】

施工过程是一建案例考试中唯一涉及的工艺参数。

4. 下列流水施工参数中，属于时间参数的是（   ）。
   A. 施工过程和流水步距   B. 流水步距和流水节拍
   C. 施工段和流水强度   D. 流水强度和工作面

【解析】

流水施工中涉及的时间参数包括："主参和辅参"两大类。主参：流水节拍、流水节奏、流水步距、流水工期；辅参：间歇（J）、提前（Q）。

（1）流水节拍和流水节奏是两个相辅相成的概念。"流水、节拍、节奏"均为类比概念：

① 流水节拍（t）：完成单个施工段上的单项工作所需的持续时间。

② 流水节奏：多个流水节拍呈现的组合规律。

（2）流水步距（K）：相邻两个专业队相继开工的最小时间间隔；其核心为"时间差"。

（3）流水工期（T）：第一个专业队进场到最后一个专业队完成所经历的整个持续时间。

5. 组织建设工程流水施工时，划分施工段的原则有（　　）。

A. 同一专业工作队在各个施工段上的劳动量应大致相等

B. 施工段的数量应尽可能多

C. 每个施工段内要有足够的工作面

D. 施工段的界限应尽可能与结构界限相吻合

E. 多层建筑物应既分施工段又分施工层

【解析】

划分施工段考虑：数量原则、产量原则、空间原则、整体原则和二分原则。

（1）数量原则：施工段数量只需满足合理施工要求，段数过多，降低施工速度；太少又无法形成有效搭接，浪费工作面。

（2）产量原则：各施工段劳动量应大致相等；其工程量偏差一般不超过15%。

（3）空间原则：每个施工段内要有足够的工作面。这样才能确保施工资源的有效投入。

（4）整体原则：施工段宜设在对结构影响较小的部位。考虑到结构整体性，施工段应尽量与沉降缝、伸缩缝结合划分。

（5）二分原则：即"纵横"两个划分维度。需要分层施工的建筑，应"既分段又分层"。

6. 固定节拍流水施工的特点有（　　）。

A. 各施工段上的流水节拍均相等　　　B. 相邻施工过程的流水步距均相等

C. 专业工作队数等于施工过程数　　　D. 施工段之间可能有空闲时间

E. 有的专业工作队不能连续作业

【解析】

四种流水施工形式：等节奏、无节奏、异步距异节奏和等步距异节奏。

（1）固定节拍流水即"等节奏流水"。核心特征是所有施工段上流水节拍均相等。

（2）由于节拍相等，因此通过计算得到的流水步距（K）也相同。

（3）各专业队之间没有也不可能有空闲时间，因为施工段持续时间都一样，即所有线路均为关键线路。

（4）一个施工过程只配一个专业队，即 $N = N'$

7. 工程项目组织非节奏流水施工的特点是（　　）。

A. 相邻施工过程的流水步距相等　　　B. 各施工段上的流水节拍相等

C. 施工段之间没有空闲时间　　　　　D. 专业工作队数等于施工过程数

【解析】

（1）非节奏流水即"无节奏流水"。出题人喜欢在基础概念上"搞创新"，以此迷惑对概念掌握不到位的考生。

(2) 切忌望文生义！判断流水组织形式的唯一标准是"流水节拍"：

① 同一施工过程、不同施工过程"流水节拍"均相等的，为等节奏流水；

② 同一施工过程节拍相等，不同施工过程流水节拍不尽相同的，为异节奏流水；

③ 同一施工过程、不同施工过程"流水节拍均不尽相同"的，为无节奏流水。

(3) 一个施工过程配一个专业队（$N = N'$）

(4) 各专业队之间可能存在空闲时间。

8. 关于建设工程等步距异节奏流水施工特点的说法，正确的是（　　）。

A. 施工过程数大于施工段数　　　　B. 流水步距等于流水节拍

C. 施工段之间可能有空闲时间　　　D. 专业工作队数大于施工过程数

【解析】

(1) 等步距异节奏流水，也叫加快的成倍节拍流水施工。即通过"成倍"增加专业队数；（$N' > N$）实现"同一施工过程之间的搭接"。相较之下，其他三类流水只能实现不同施工过程之间的搭接施工。因此等步距异节奏能显著加快进度，缩短工期。

(2) 等步距异节奏与异步距异节奏的区别：①异步距异节奏为"同等节拍，步距不等"；②等步距异节奏："同等节拍，步距相等"。

(3) 等步距异节奏的流水步距（K）为流水节拍的最大公约数。

(4) 等步距异节奏的"专业队（N'）数 = 流水节拍/流水步距"。

(5) 等步距异节奏各个专业队之间没有空闲时间；而异步距异节奏各专业队之间可能有空闲时间。

9. 浇筑混凝土后需要保证一定的养护时间，这就可能产生流水施工的（　　）。

A. 流水步距　　　　　　　　　　　B. 流水节拍

C. 技术间歇　　　　　　　　　　　D. 组织间歇

【解析】

(1) 间歇（J）分为：工艺间歇、技术间歇、组织间歇。

(2) 所谓间歇，即"辅助性工作"。在横道图中体现为两项主要工作之间的"步距"。如钢筋绑扎与混凝土浇筑之间的"钢筋验收"（组织间歇），又如楼垫层混凝土与基础钢筋之间的"混凝土养护"（工艺间歇或技术间歇）。

(3) 在"流水施工与索赔管理"题型中，切记不可将流水步距当作空闲时间，即"前完后始是空闲，空闲不得含间歇"。

(4) 提前即"提前插入"。指上下相邻的紧前工作还未完成，紧后工作就开始施工。

10. 对确定流水步距的大小没有影响的是（　　）。

A. 技术间歇　　　　　　　　　　　B. 组织间歇

C. 流水节拍　　　　　　　　　　　D. 施工过程数

【解析】

施工过程数对流水步距的"个数"有影响，其余要素是对流水步距的大小有影响。

11. 某 3 跨工业厂房安装预制钢筋混凝土屋架，分吊装就位、矫直、焊接加固 3 个工艺流水作业，各工艺作业时间分别为 10 天、4 天、6 天，其中矫直后需稳定观察 3 天才可焊接加固，则按异节奏组织流水施工的工期应为（　　）。

A. 20 天   B. 27 天   C. 30 天   D. 44 天

【解析】

本题无正确答案。能发现这一问题，说明对"流水施工"有很深入的理解。

(1) 本题组织异步距异节奏流水，其流水工期应为 47 天，而非 44 天。

(2) 第一个施工过程的 $N'=5>4$（施工段数），故无法组织等步距异节奏流水施工。

12. 某建筑物的主体工程采用等节奏流水施工，共分六个独立的工艺过程，每一过程划分为四部分依次施工，计划各部分持续时间各为 108 天，实际施工时第二个工艺过程在第一部分缩短了 10 天。第三个工艺过程在第二部分延误了 10 天，实际总工期为（　　）。

A. 432 天   B. 972 天   C. 982 天   D. 1188 天

【解析】

施工过程	施工进度/天									
	108	216	324	432	540	648	756	864	972	1080
A	A₁	A₂	A₃	A₄						
B		B₁	B₂	B₃	B₄					
C			C₁	C₂	C₃	C₄				
D				D₁	D₂	D₃	D₄			
E					E₁	E₂	E₃	E₄		
F						F₁	F₂	F₃	F₄	

$T = 982$ 天

13. 某工程按全等节拍流水组织施工，共分 4 道施工工序，3 个施工段，估计工期为 72 天，则其流水节拍应为（　　）。

A. 6 天   B. 9 天   C. 12 天   D. 18 天

【解析】

根据等节奏"节拍步距均相同"的特点可得：

$T = (M + N' - 1)K = (M + N' - 1)t$

$T = (3 + 4 - 1)t = 72(天)$；$t = 72 \div 6 = 12(天)$。

14. 某项目组成了甲、乙、丙、丁共 4 个专业队进行等节奏流水施工，流水节拍为 6 周，最后一个专业队（丁队）从进场到完成各施工段的施工计划共需 30 周。根据分析，乙与甲、丙与乙之间各需 2 周技术间歇，而经过合理组织，丁对丙可插入 3 周进场，则该项目计划总工期为（　　）周。

A. 49   B. 51   C. 55   D. 56

【解析】

已知：$N' = N = 4$ 个；$Dh = 30$ 周；$\Sigma J = 2 + 2 = 4$（周）；$\Sigma Q = 3$ 周。

可得：$M = 30 \div 6 = 5$（个）；$T = (5 + 4 - 1) \times 6 + 4 - 3 = 49$（周）。

【参考答案】

1. ADE	2. BD	3. A	4. B	5. ACDE	6. ABC	7. D	8. D	9. C	10. D
11. B	12. C	13. C	14. A						

三、2022 考点预测

1. 四类流水形式的计算及绘制。
2. 依次施工与流水施工。
3. 流水施工与网络计划。
4. 流水施工与索赔管理。
5. 流水施工与挣值法。

第五节　网络计划管理

考点一：四组概念
考点二：秒定参数
考点三：四类参数
考点四：八类题型

一、案例及参考答案

案 例 一

【2021 年一建建筑】

某工程项目、地上 15～18 层，地下 2 层，钢筋混凝土剪力墙结构，总建筑面积 57000m²。施工单位中标后成立项目经理部组织施工。

项目经理部计划施工组织方式采用流水施工，根据劳动力储备和工程结构特点确定流水施工的工艺参数、时间参数和空间参数，如空间参数中的施工段、施工层划分等，合理配置了劳动组织和资源，编制项目双代号网络计划，如图 1-6 所示。

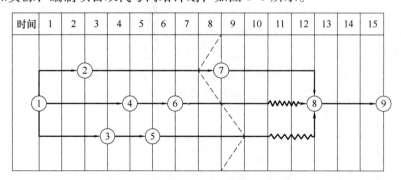

图 1-6　项目双代号网络计划（一）

项目经理部在工程施工到第 8 个月底时，对施工进度进行了检查，工程进展状态如图 1-6 中前锋线所示。工程部门根据检查分析情况，调整措施后重新绘制了从第 9 个月开始到工程结束的双代号网络计划，部分内容如图 1-7 所示。

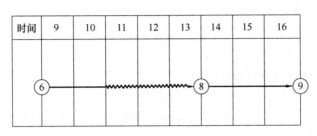

图 1-7 项目双代号网络计划（二）

问题：

1. 工程施工组织方式有哪些？组织流水施工时应考虑的工艺参数和时间参数分别包括哪些内容？
2. 根据图 1-6 中进度前锋线分析第 8 个月底工程的实际进展情况。
3. 在答题纸上绘制（可以手绘）正确的从第 9 个月开始到工程结束的双代号网络计划图（见图 1-7）。

【参考答案】

1.（本小题 4.0 分）
（1）组织形式包括：依次施工、平行施工、流水施工。　　　　　　　　　　（1.5 分）
（2）工艺参数：施工过程、流水强度。　　　　　　　　　　　　　　　　　（1.0 分）
（3）时间参数：流水节拍、流水步距、施工工期。　　　　　　　　　　　　（1.5 分）

2.（本小题 4.0 分）
②→⑦进度拖后 1 个月；　　　　　　　　　　　　　　　　　　　　　　　（1.0 分）
⑥→⑧进度正常；　　　　　　　　　　　　　　　　　　　　　　　　　　　（1.0 分）
⑤→⑧进度提前 1 个月。　　　　　　　　　　　　　　　　　　　　　　　（1.0 分）
第 8 个月底工程的实际进展拖后 1 个月。　　　　　　　　　　　　　　　　（1.0 分）

3.（本小题 3.0 分）

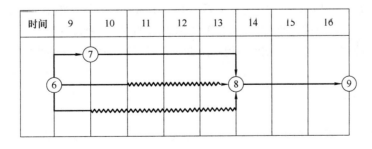

案 例 二

【2020 年一建建筑】

某新建住宅群体工程，包含 10 栋装配式高层住宅，5 栋现浇框架小高层公寓，1 栋社区活动中心及地下车库,总建筑面积31.5万 m²。开发商通过邀请招标确定甲公司为总承包施工单位。

开工前,项目部综合工程设计、合同条件、现场场地分区移交、陆续开工等因素编制本工程施工组织总设计,其中施工进度总计划在项目经理领导下编制,编制过程中项目经理发现该计划编制说明中仅有编制的依据,未体现计划编制应考虑的其他要素,要求编制人员补充。

社区活动中心开工后由项目技术负责人组织,专业工程师根据施工进度总计划编制社区活动中心施工进度计划,内部评审中项目经理提出C、G、J工作由于特殊工艺共同租赁一台施工机具,在工作B、E按计划完成的前提下,考虑该机具租赁费用较高,尽量连续施工,要求对进度计划进行调整。经调整,最终形成既满足工期要求又经济可行的进度计划。社区活动中心调整后的部分施工进度计划如图1-8所示。

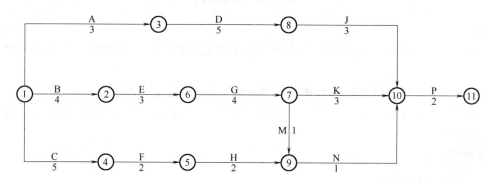

图1-8 社区活动中心施工进度计划(部分)

公司对项目部进行月度生产检查时发现,因连续小雨影响,D工作实际进度较计划进度滞后2天,要求项目部在分析原因的基础上制定进度事后控制措施。本工程完成全部结构施工内容后,在主体结构验收前,项目部制定了结构实体检验专项方案,委托具有相应资质的检测单位在监理单位见证下对涉及混凝土结构安全的有代表性的部位进行钢筋保护层厚度等检测,检测项目全部合格。

问题:

1. 指出背景资料中施工进度计划编制中的不妥之处,施工进度总计划编制说明还包含哪些内容?
2. 列出图1-8调整后有变化的逻辑关系(以工作节点表示,如:①→②或②→③)。计算调整后的总工期,列出关键线路(以工作名称表示如:A→D)。
3. 按照施工进度事后控制要求,社区活动中心应采取的措施有哪些?

【参考答案】

1.(本小题8分)

(1)不妥之处:

① 施工进度总计划应在项目经理领导下编制。 (1.0分)

【解析】 应在总承包企业总工程师领导下进行编制。

② 社区活动中心开工后,由项目技术负责人组织,专业工程师根据施工进度总计划编制社区活动中心进度计划。 (2.0分)

【解析】 应由项目经理组织,在项目技术负责人领导下进行编制。

(2) 包括：
① 假设条件； (1.0分)
② 指标说明； (1.0分)
③ 实施重点和难点； (1.0分)
④ 风险估计； (1.0分)
⑤ 应对措施。 (1.0分)

2. （本小题2.5分）
(1) 逻辑关系变化：④→⑥和⑦→⑧。 (1.0分)
(2) 调整后总工期：4+3+4+3+2=16（天）。 (0.5分)
(3) 关键线路：①B→E→G→K→P；②B→E→G→J→P。 (1.0分)

3. （本小题2分）
D工作总时差为3天，拖后2天，不影响总工期。故制定措施如下：
(1) 制定保证总工期不突破的对策措施。 (1.0分)
(2) 调整相应的施工计划，并组织协调相应的配套设施和保障措施。 (1.0分)

案 例 三

【2019年一建建筑】

某新建办公楼工程，地下2层，地上20层，框架-剪力墙结构，建筑高度87m。建设单位通过公开招标选定了施工总承包单位并签订了工程施工合同，基坑深7.6m，基础底板施工计划网络图（见图1-9）。

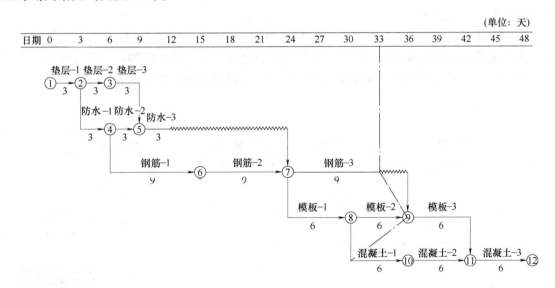

图1-9 基础底板施工计划网络图

项目部在施工至第33天时，对施工进度进行了检查，实际施工进度如网络图中实际进度前锋线所示，对进度有延误的工作采取了改进措施。

问题：
(1) 指出网络图中各施工工作的流水节拍。(2) 如采用成倍节拍流水施工，计算各施工工作专业队数量。

【参考答案】

(1) 各施工过程的流水节拍（本小题 2.5 分）

① 垫层：3 天； (0.5 分)

② 防水：3 天； (0.5 分)

③ 钢筋：9 天； (0.5 分)

④ 模板：6 天； (0.5 分)

⑤ 混凝土：6 天。 (0.5 分)

(2) 各专业队数量（本小题 3 分）

流水步距流水节拍的最大公约数，即：3 天。 (0.5 分)

① 垫层专业队数：3/3 = 1 个； (0.5 分)

② 防水专业队数：3/3 = 1 个； (0.5 分)

③ 钢筋专业队数：9/3 = 3 个； (0.5 分)

④ 模板专业队数：6/3 = 2 个； (0.5 分)

⑤ 混凝土专业队数：6/3 = 2 个。 (0.5 分)

案 例 四

【2018 年一建建筑】

某高校图书馆工程，地下 2 层，地上 5 层，建筑面积约 35000m²，现浇钢筋混凝土框架结构，部分屋面为正向抽空四角锥网架结构。施工单位与建设单位签订了施工总承包合同，合同工期为 21 个月。

在工程开工前，施工单位按照收集依据、划分施工过程（段）计算劳动量、优化并绘制正式进度计划图等步骤编制了施工进度计划，并通过了总监理工程师的审查与确认。项目部在开工后进行了进度检查，发现施工进度拖延，其部分检查结果如图 1-10 所示。

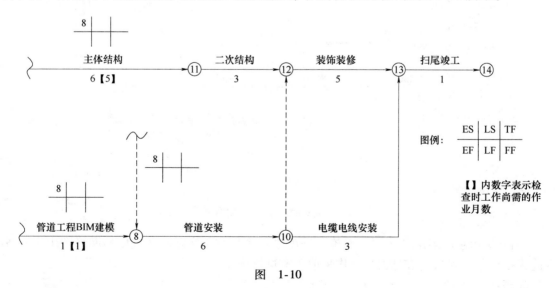

图 1-10

项目部为优化工期，通过改进装饰装修施工工艺，使其作业时间缩短为 4 个月，据此调整的进度计划通过了总监理工程师的确认。

项目部计划采用高空散装法施工屋面网架，监理工程师审查时认为高空散装法施工高空作业多、安全隐患大，建议修改为采用分条安装法施工。

管道安装按照计划进度完成后，因甲供电缆电线未按计划进场，导致电缆电线安装工程最早开始时间推迟了1个月，施工单位按规定提出索赔工期1个月。

问题：

1. 单位工程进度计划编制步骤还应包括哪些内容？
2. 图1-10中，工程总工期是多少？管道安装的总时差和自由时差分别是多少？除工期优化外，进度网络计划的优化目标还有哪些？
3. 施工单位提出的工期索赔是否成立？并说明理由。

【参考答案】

1. （本小题3分）
   (1) 确定施工顺序。（1分）
   (2) 计算工程量。（1分）
   (3) 计算机械台班需用量。（1分）
   (4) 确定持续时间。（1分）
   (5) 绘制可行的施工进度计划图。（1分）

【评分说明：写出3项正确的，即得3分】

2. （本小题6分）
   (1) 总工期：8+5+3+5+1=22（月）。（2分）
   (2) 管道安装的总时差为1个月，自由时差为0。（2分）
   (3) 资源优化、费用优化。（2分）

3. （本小题4分）
   (1) 工期索赔不成立。（1分）
   (2) 理由：尽管甲供电缆电线未及时进场是甲方应承担的责任，但电缆电线安装工程的总时差为2个月，拖后1个月未超出其总时差，不影响总工期。（3分）

案 例 五

【2015年一建建筑】

某群体工程，主楼地下2层，地上8层，总建筑面积26800m^2，现浇钢筋混凝土框架-剪力墙结构。建设单位分别与施工单位、监理单位按照《建设工程施工合同（示范文本）》（GF—2013—0201）、《建设工程监理合同（示范文本）》（GF—2012—0202）签订了施工合同和监理合同。

合同履行过程中，发生了下列事件：

事件一： 监理工程师在审查施工组织总设计时，发现其总进度计划部分仅有网络图和编制说明。监理工程师认为该部分内容不全，要求补充完善。

事件二： 某单体工程的施工进度计划网络图（见图1-11）。因工艺设计采用某专利技术，工作F需要在工作B和工作C均完成后才能开始施工。监理工程师要求施工单位对进度计划网络图进行调整。

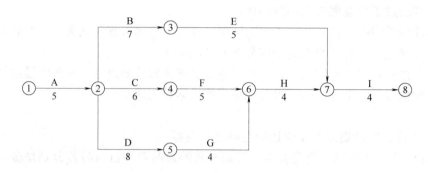

图 1-11 施工进度计划网络图

事件三： 施工过程中发生索赔事件如下：

（1）由于项目功能调整，发生变更设计，导致工作 C 中途出现停歇，持续时间比原计划超出 2 个月，造成施工人员窝工损失 13.6 万元/月×2 月 = 27.2 万元。

（2）当地发生百年一遇大暴雨引发泥石流，导致工作 E 停工、清理恢复施工共用时 3 个月，造成施工设备损失费用 8.2 万元、清理和修复工程费用 24.5 万元。

针对上述（1）（2）事件，施工单位在有效时限内分别向建设单位提出 2 个月、3 个月的工期索赔，27.2 万元、32.7 万元的费用索赔（所有事项均与实际相符）。

问题：

1. 事件一中，施工单位对施工总进度计划还需补充哪些内容？
2. 事件二中，绘制调整后的施工进度双代号网络计划。指出其关键线路（用工作表示），并计算其总工期（单位：月）。
3. 事件三中，分别指出施工单位提出的两项工期索赔和两项费用索赔是否成立，并说明理由。

【参考答案】

1. （本小题 2 分）

施工总进度计划还需补充：

（1）分期、分批实施工程的开、竣工日期及工期一览表。   （1 分）

（2）资源需要量及供应平衡表。   （1 分）

2. （本小题 4 分）

（1）绘制图形   （1 分）

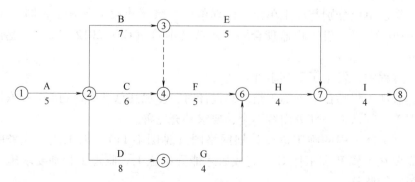

(2) 关键线路：
① A→B→F→H→I （1分）
② A→D→G→H→I （1分）
(3) 总工期 5+7+5+4+4＝25（月） （1分）

3．（本小题11分）
(1) "(1)"的工期索赔2个月不成立。 （1分）
理由：设计变更是建设单位应承担的责任，但C工作为非关键工作，其总时差为1个月，停工2个月只影响工期1个月，所有只能索赔1个月的工期。 （2分）
(2) "(1)"的费用索赔成立。 （1分）
理由：设计变更导致造成27.2万元的损失是建设单位应承担的责任。 （1分）
(3) "(2)"的工期索赔不成立。 （1分）
理由：百年一遇大暴雨引发泥石流属于不可抗力事件，原则上建设单位承担工期损失，但E工作停工3个月未超出其总时差，对工期没有影响。 （2分）
(4) "(2)"的费用索赔32.7万元不成立。 （1分）
理由：发生不可抗力事件后，根据风险分担的原则，施工设备损失费用8.2万元应由施工单位承担，清理和修复工程费用24.5万元应由建设单位承担，所以只能提出24.5万元的费用索赔要求。 （2分）

案 例 六

【2014年一建建筑】

某办公楼工程，地下2层，地上10层，总建筑面积27000m²，钢筋混凝土框架结构。建设单位与施工单位签订了施工总承包合同，合同工期为20个月，建设单位供应部分主要材料。在合同履行过程中，发生了下列事件：

事件一：施工总承包单位按规定向监理工程师提交了施工总进度网络计划，如图1-12所示，该计划通过了监理工程师的审查和确认。

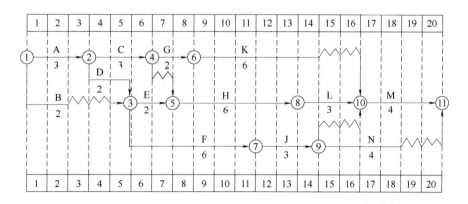

图1-12 施工总进度网络计划图

事件二：在施工过程中，由于建设单位供应的主材未能按时交付给施工总承包单位，致使工作K的实际进度在第11月底时拖后三个月；部分施工机械由于施工总承包单位原因未能按时进场，致使工作 H 的实际进度在第 11 月底时拖后一个月；在工作 F 进行过程中，由于施工工艺不符合施工规范的要求导致发生质量问题，被监理工程师责令整改，致使工作 F 的实际进度在第 11 月底时拖后一个月。施工总承包单位就工作 K、H、F 工期拖后分别提出了工期索赔。

问题：

1. 事件一中，施工总承包单位应重点控制哪条线路（以节点表示）？

2. 事件二中，分别分析工作 K、H、F 的总时差，并判断其进度偏差对施工总工期的影响。分别判断施工总承包单位就工作 K、H、F 工期拖后提出的工期索赔是否成立？

【参考答案】

1.（本小题 2 分）

重点控制：①→②→③→⑤→⑧→⑩→⑪ (2分)

2.（本小题 9 分）

（1）总时差及其对工期的影响：

① K 工作的总时差为 2 个月；拖后 3 个月可能影响总工期 1 个月。 (2分)

② H 工作的总时差为 0；拖后 1 个月可能影响总工期 1 个月。 (2分)

③ F 工作的总时差为 2 个月；拖后 1 个月不影响总工期。 (2分)

（2）索赔：

① K 工作提出的工期索赔成立。 (1分)

② H 工作提出的工期索赔不成立。 (1分)

③ F 工作提出的工期索赔不成立。 (1分)

案 例 七

【2009 年一建建筑】

某建筑工程施工进度计划网络图如图 1-13 所示：

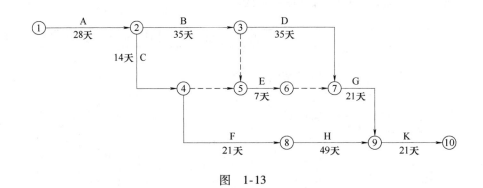

图 1-13

施工中发生了以下事件：

事件一： A 工作因设计变更停工 10 天。

事件二： B 工作因施工质量问题返工，延长工期 7 天。

事件三： E 工作因建设单位供料延期，推迟 3 天施工。

问题：
1. 本工程计划总工期和实际总工期各为多少天？
2. 施工总承包单位可否就事件一至事件三获得工期索赔？分别说明理由。

【参考答案】
1. （本小题4分）
（1）计划总工期 = 28 + 35 + 35 + 21 + 21 = 140（天）。 (2分)
（2）实际总工期 = (28 + 10) + (35 + 7) + 35 + 21 + 21 = 157（天）。 (2分)
2. （本小题9分）
（1）事件一能够获得工期索赔。 (1分)
理由：设计变更是业主应承担的责任事件，并且A工作是关键工作。 (2分)
（2）事件二不能获得工期索赔。 (1分)
理由：因施工质量问题返工是施工单位应承担的责任事件。 (2分)
（3）事件三不能获得工期索赔。 (1分)
理由：尽管建设单位供料延期是业主应承担的责任事件，但E工作是非关键工作，其总时差为28天，推迟3天施工未超过其总时差，对工期没有影响。 (2分)

案 例 八

【2009年一建矿山】

某施工单位承担了一项矿井工程的地面土建施工任务。工程开工前，项目经理部编制了项目管理实施规划并报监理单位审批，监理工程师审查后，建议施工单位通过调整个别工序作业时间的方法，将选矿厂的施工进度计划（见图1-14）工期控制在210天。

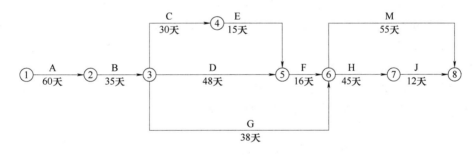

图 1-14

施工单位通过工序和成本分析，得出C、D、H三个工序的作业时间可通过增加投入的方法予以压缩，其余工序作业时间基本无压缩空间或赶工成本太高。其中C工序作业时间最多可缩短4天，每缩短1天增加施工成本6000元；D工序最多可缩短6天，每缩短1天增加施工成本4000元；H工序最多可缩短8天，每缩短1天，增加施工成本5000元。经调整，选矿厂房的施工进度计划满足了监理单位的工期要求。

施工过程中，由于建设单位负责采购的设备不到位，使G工序比原计划推迟了25天才开始施工。

工程进行到第160天时，监理单位根据建设单位的要求下达了赶工指令，要求施工单位将后续工期缩短 5 天。施工单位改变了 M 工序的施工方案，使其作业时间压缩了 5 天，由此增加施工成本 80000 元。

工程按监理单位要求工期完工。

问题：

1. 指出选矿厂房的初始进度计划的关键工序，并计算工期。
2. 根据工期－成本优化原理，施工单位应如何调整进度计划使工期控制在 210 天？调整工期所增加的最低成本为多少元？
3. 对于 G 工序的延误，施工单位可提出多长时间的工期索赔？说明理由。
4. 监理单位下达赶工指令后，施工单位应如何调整后续三个工序的作业时间？
5. 针对监理单位的赶工指令，施工单位可提出多少费用索赔？

【参考答案】

1. （本小题 5 分）

（1）关键工作：A—B—D—F—H—J。 (3 分)

（2）计算工期：60 + 35 + 48 + 16 + 45 + 12 = 216（天）。 (2 分)

2. （本小题 13 分）

（1）调整目标：216 - 210 = 6（天）。 (1 分)

（2）压缩 D 工作 3 天，工期缩短 3 天，增加用费最少 4000 × 3 = 12000（元）。 (2 分)

（3）在压缩 D 工作 3 天的基础上，压缩 H 工作 2 天，工期缩短 2 天，增加费用最少 5000 × 2 = 10000（元）。 (2 分)

（4）在压缩 D 工作 3 天、压缩 H 工作 2 天的基础上，同时压缩 D 工作和 C 工作各 1 天，工期缩短 1 天，增加费用最少 4000 + 6000 = 10000（元）。 (4 分)

调整方案：压缩 D 工作 4 天，压缩 C 工作 1 天，压缩 H 工作 2 天。 (2 分)

调整工期所增加的最低成本：12000 + 10000 + 10000 = 32000（元）。 (2 分)

3. （本小题 5 分）

（1）可以提出 3 天工期索赔； (1 分)

（2）因为建设单位负责采购的设备不到位是建设单位应承担的责任，且 G 的总时差为 22 天，推迟 25 天超过了其总时差，影响工期 25 - 22 = 3（天）。 (4 分)

4. （本小题 5 分）

（1）M 工作压缩 5 天，增费最少 80000 元； (2 分)

（2）H 工作压缩 5 天，增费最少 5000 × 5 = 25000（元）； (2 分)

（3）J 工作无须压缩。 (1 分)

5. （本小题 2 分）

费用索赔：80000 + 25000 = 105000（元）。 (2 分)

二、选择题及答案解析

1. 根据《工程网络计划技术规程》JQJ/T 121—2015，网络图存在的绘图（见图 1-15）错误有（　　）。

   A. 编号相同的工作　　　　　　　　B. 多个起点节点
   C. 相同的节点编号　　　　　　　　D. 无箭尾节点的箭线

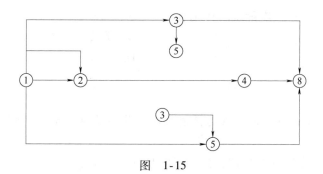

图 1-15

【解析】

（1）A 符合题意；"①→②"（假设 A、B 两项工作）既表示 A 工作也表示 B 工作。

（2）"③→⑤"用的是"指向法"，没有问题。

2. 某双代号网络图如图 1-16 所示，存在的错误是（   ）。

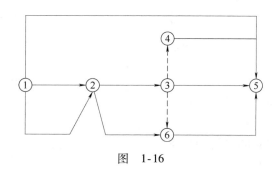

图 1-16

A. 工作代号相同　　　　　　　　　　B. 出现无箭头连接
C. 出现无箭头节点箭线　　　　　　　D. 出现多个起点节点

【解析】

（1）A 符合题意；根据《工程网络计划技术规程》的规定，双代号网络中的工作，应用"两个节点、一条箭线表示"。可以采用母线法，如"④→⑤"。

（2）图中"①→②"即表示的是同一项工作；故出现了相同的工作代号。

3. 在工程网络计划中，关键工作是指（   ）的工作。

A. 最迟完成时间与最早完成时间之差最小

B. 自由时差为零

C. 总时差最小

D. 持续时间最长

E. 时标网络计划中没有波形线

【解析】

"关键工作"是指：①关键线路上的工作；②总时差最小的工作；③最迟完成与最早完成差值最小的工作；④最迟开始与最早开始差值最小的工作。

时标网络计划中没有波形线的工作未必是关键工作，还得满足总时差最小的条件，当默认前提为 $T_c=T_p$ 时，也可以说总时差 =0 的工作为关键工作。

4. 在双代号网络图中，虚箭线的作用有（   ）。
A. 指向
B. 联系
C. 区分
D. 过桥
E. 断路

【解析】
虚箭线的作用总体来讲就是"表达紧前紧后工作的逻辑关系"，细说就是"联系、区分和断路"三个作用。

5. 某工作间逻辑关系如图1-17，则正确的是（   ）。

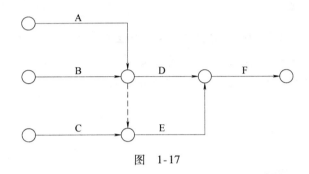

图 1-17

A. A、B均完成后同时进行C、D
B. A、B均完成后进行D
C. A、B、C均完成后同时进行D、E
D. B、C完成后进行E

【解析】
（1）A错误：工作A、B、C为三项相互关联的平行工作，D为A、B的紧后工作。
（2）C错误：D是A、B的紧后工作，E是A、B、C的紧后工作；故应为：A、B完成后开始D工作，A、B、C均完成后，开始E工作。
（3）D错误：丢了一个A，应该是A、B、C工作均完成后，开始E工作。

6. 某双代号网络计划中（以天为单位），工作K的最早开始时间为6，工作持续时间为4；工作M的最迟完成时间为22，工作持续时间为10；工作N的最迟完成时间为20，工作持续时间为5。已知工作K只有M、N两项紧后工作，则工作K的总时差为（   ）天。
A. 2
B. 3
C. 5
D. 6

【解析】

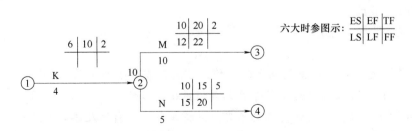

7. 关于双代号工程网络计划说法正确的有（   ）。
A. 总时差最小的工作为关键工作
B. 网络计划中以终点节点为完成节点的工作，其自由时差和总时差相等
C. 关键线路上允许有虚箭线和波形线的存在
D. 某项工作的自由时差为零，其总时差必为零
E. 除了以网络计划终点为完成节点的工作，其他工作的最迟完成时间应等于其紧后工作最迟开始时间的最小值

【解析】

（1）A 正确；总时差最小的工作为关键工作——关键工作的万能定义。

（2）B 正确；进入终点节点的工作，其自由时差＝总时差。

（3）C 错误；如下图所示，只有 $T_p > T_c$ 时，关键线路上才允许有波形线。

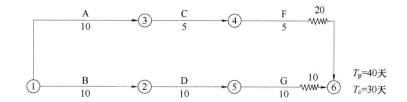

8. 关于关键工作和关键线路的说法正确的是（   ）。
A. 关键线路上的工作全部是关键工作
B. 关键工作不能在非关键线路上
C. 关键线路上不允许出现虚工作
D. 关键线路上的工作总时差均为零

【解析】

A 正确；关键线路上的工作一定是关键工作；反过来说就未必正确。

（1）B 错误；关键工作可以在非关键线路上，只要有一条进入关键线路就行。

（2）C 错误；关键线路与虚工作无关。

（3）D 错误；少了"$T_c = T_p$"这个前提条件。

9. 关于判别网络计划关键线路的说法，正确的有（   ）。
A. 相邻工作间的间隔时间均为零的线路
B. 总持续时间最长的线路
C. 双代号网络计划中无虚箭线的线路
D. 时标网络计划中无波形线的线路
E. 双代号网络计划由关键节点组成的线路

【解析】

（1）A 错误；如下图所示：B→C 间隔时间为 0，但显然不是关键线路。

（2）C 错误；虚箭线是用来表达逻辑关系的，与是否为关键线路无关。

（3）E 错误；关键节点组成的线路不一定是关键线路。图中，2-4 节点为关键节点，但 1-2-4-7 不是关键线路。

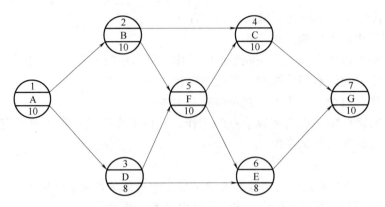

10. 某双代号网络计划中,假设计划工期等于计算工期,且工作 M 的开始节点和完成节点均为关键节点。关于工作 M 的说法,正确的是(   )。

A. 工作 M 的总时差等于自由时差
B. 工作 M 是关键工作
C. 工作 M 的自由时差为零
D. 工作 M 的总时差大于自由时差

【解析】
如下图所示,FFC = TFC。

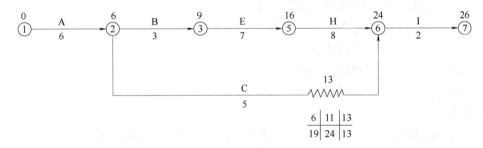

11. 某双代号网络计划如图 1-18,关键线路为①→③→⑤→⑧,若计划工期等于计算工期,则自由时差一定等于总时差且不为零的工作有(   )。

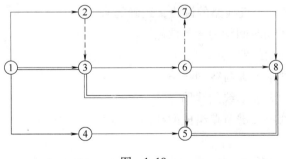

图 1-18

A. 1-2　　　　　B. 3-6　　　　　C. 2-7
D. 4-5　　　　　E. 6-8

【解析】

本题考核：对关键线路及"进入关键线路工作"的时间参数理解。

（1）关键线路为①→③→⑤→⑧，表示"直接"进入关键线路的非关键工作其自由差一定大于0，且由于进入关键线路，所以后续线路的波形线之和为零。

（2）如此一来，本工作的自由时差＝本工作的总时差且大于0。

（3）⑦→⑧也符合上述条件。原因是两项工作均属于进入终点节点的非关键工作，其本身的波形线既是自由时差也是总时差。

12. 某工程双代号网络计划如图 1-19 所示（时间单位：天），图中已标出各项工作的最早开始时间 ES 和最迟开始时间 LS。该计划表明（　　）。

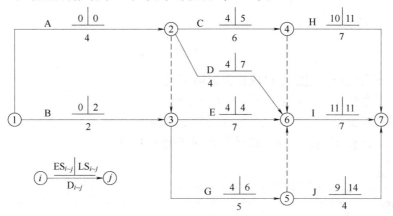

图 1-19

A. 工作 1-3 的总时差和自由时差相等
B. 工作 2-6 的总时差和自由时差相等
C. 工作 2-4 和工作 3-6 均为关键工作
D. 工作 3-5 的总时差和自由时差分别为 2 天和 0 天
E. 工作 5-7 的总时差和自由时差相等

【解析】

C 错误：②→④为 C 工作，C 工作为非关键工作。其余选项详见图解：

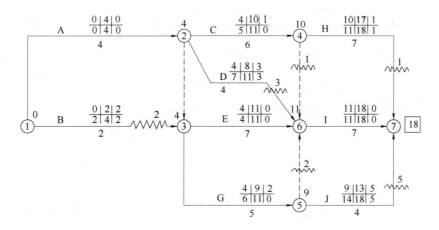

13. 某双代号网络计划如图 1-20，如 B、D、I 工作共用一台施工机械且按 B→D→I 顺序施工，则对网络计划可能造成的影响是（　　）。

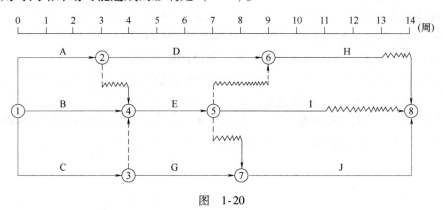

图 1-20

A. 总工期不会延长，但施工机械会在现场闲置 1 周
B. 总工期不会延长，且施工机械在现场不会闲置
C. 总工期会延长 1 周，但施工机械在现场不会闲置
D. 总工期会延长 1 周，且施工机械会在现场闲置 1 周

【解析】

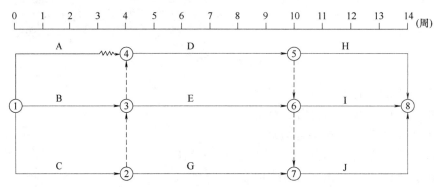

14. 某工程项目的双代号时标网络计划，当计划执行到第 4 周末及第 10 周末时，检查得出实际进度前锋线如图 1-21 所示，检查结果表明（　　）。

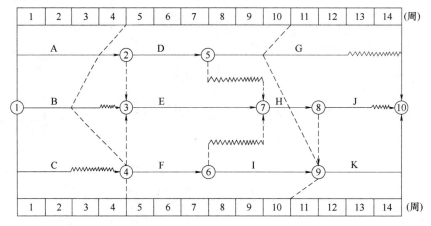

图 1-21

A. 第 4 周末检查时工作 B 拖后 1 周，但不影响总工期
B. 第 4 周末检查时工作 A 拖后 1 周，影响总工期 1 周
C. 第 10 周末检查时工作 G 拖后 1 周，但不影响总工期
D. 第 10 周末检查时工作 I 提前 1 周，可使总工期提前 1 周
E. 在第 5 到第 10 周内，工作 F 和工作 I 的实际进度正常

【解析】
关键线路为：A→E→H→K 或①→②→③→⑦→⑧→⑨→⑩。
（1）A 错误；如图所示，TFB = 1 周，拖后 2 周，影响工期 2 − 1 = 1（周）。
（2）D 错误；①I 为非关键工作，提前 1 周，不能使工期提前；
②K 有 I 和 H 两项紧前，仅仅 I 工作提前，并不能使工期提前。
（3）E 错误；F 工作实际进度与计划进度一致，I 工作提前 1 周。

15. 某工程双代号时标网络计划，在第 5 天末进行检查得到的实际进度前锋线如图 1-22 所示，正确的有（   ）。

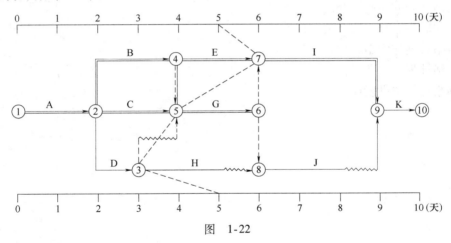

图 1-22

A. H 工作还剩 1 天机动时间
B. 总工期缩短 1 天
C. H 工作影响总工期 1 天
D. E 工作提前 1 天完成
E. G 工作进度落后 1 天

【解析】
本题核心：关键线路与非关键线路之间的转化。
(1) 关键线路：A→B→E→I→K 或①→②→④→⑦→⑨→⑩；
A→C→G→I→K 或①→②→⑤→⑥→⑦→⑨→⑩；
A→B→G→I→K 或①→②→④→⑤→⑥→⑦→⑨→⑩。

(2) A、C 错误；TFH = 2 周，拖后 2 周，再无机动时间；但拖后 2 周也不影响总工期。

(3) B 错误；应当为工期拖后一天。I 有 E 和 G 两项紧前，E 提前 1 周、G 工作拖后 1 周；此时的 E 为非关键工作，关键线路为：A→C→G→I→K 和 A→B→G→I→K；工期为 11 天，比计划工期拖后 1 天。

16. 某道路工程在进行基层和面层施工时，为了给面层铺设提供工作面和工作条件，需待基层开始铺设一定时间后才能进行面层摊铺，这种时间间隔是（   ）时距。

A. STS   B. FTF   C. STF   D. FTS

【解析】

四种时距表示方法：

（1）STS：基层开始→面层开始；

（2）STF：基层开始→面层完成；

（3）FTS：基层完成→面层完成；

（4）FTF：基层完成→面层完成。

【参考答案】

1. A	2. A	3. AC	4. BCE	5. B	6. A	7. ABE	8. A	9. BD	10. A
11. DE	12. ABDE	13. B	14. BC	15. DE	16. A				

三、2022 考点预测

1. 网络计划的绘制与补足。

2. 六大时参、总工期及关键线路。

3. 网络计划与索赔管理。

4. 网络计划与工期优化。

5. 网络计划与进度检查。

第二章 专业管理

第一节 质量管理

考点一：质量管理总则
考点二：工程材料设备管理
考点三：实体工程质量管理
考点四：资料及档案管理
考点五：质量事故管理

一、案例及参考答案

案 例 一

【2021年一建建筑】

某工程项目、地上15～18层，地下2层，钢筋混凝土剪力墙结构，总建筑面积57000m^2。施工单位中标后成立项目经理部组织施工。主体结构完成后，项目部为结构验收做了以下准备工作：

（1）将所有模板拆除并清理干净。
（2）工程技术资料整理、整改完成。
（3）完成了合同图纸和洽商所有内容。
（4）各类管道预埋完成，位置尺寸准确，相应测试完成。
（5）各类整改通知已完成，并形成整改报告。

项目部认为达到了验收条件，向监理单位申请组织结构验收，并决定由项目技术负责人、相关部门经理和工长参加。监理工程师认为存在验收条件不具备、参与验收人员不全等问题，要求完善验收条件。

问题：

主体结构验收工程实体还应具备哪些条件？施工单位应参与结构验收的人员还有哪些？

【参考答案】（本小题6.0分）

（1）主体结构验收实体还需具备的条件：
① 墙面上的施工孔洞按规定镶堵密实，并做隐蔽工程验收记录；　　　　　　　（1.0分）
② 楼层标高控线应清楚弹出墨线，并做醒目标志；　　　　　　　　　　　　　（1.0分）
③ 主体分部工程验收前，可完成样板间或样板单元的室内粉刷。　　　　　　　（1.0分）
（2）施工方项目负责人、施工单位技术、质量部门负责人参加。　　　　　　　（3.0分）

案 例 二

【2021年一建建筑】

某住宅工程由7栋单体组成,地下2层,地上10~13层,总建筑面积1.5万 m²。施工总承包单位中标后成立项目经理部组织施工。

项目部在工程质量策划中,制定了分项工程过程质量检测试验计划,部分内容见表2-1。施工质量检测试验抽检频次依据质量控制需要等条件确定。

表2-1 部分施工过程质量检测试验主要内容

类别	检测试验项目	主要检测试验参数
地基与基础	桩基	
钢筋连接	机械连接现场检验	
混凝土	混凝土性能	同条件转标养强度
建筑节能	围护结构现场实体检验	外窗气密性能

对建筑节能工程围护结构子分部工程检查时,抽查了墙体节能分项工程中保温隔热材料复验报告。复验报告表明该批次酚醛泡沫塑料板的导热系数(热阻)等各项性能指标合格。

问题:

1. 写出表2-1相关检测试验项目对应主要检测试验参数的名称(如混凝土性能:同条件转标养强度)。确定抽检频次条件还有哪些?

2. 建筑节能工程中的围护结构子分部工程包含哪些分项工程?墙体保温隔热材料进场时需要复验的性能指标有哪些?

【参考答案】

1. (本小题5.0分)

(1) 检测参数名称:

① 地基与基础的桩基检测试验:承载力,桩身完整性。 (1.0分)
② 钢筋连接的机械连接现场检验:抗拉强度。 (1.0分)
③ 混凝土性能参数:标准养护试件强度、同条件试件强度、抗渗性能。 (1.0分)
④ 建筑节能的围护结构现场实体检验:外墙节能构造。 (1.0分)

(2) 确定抽检频次条件还有:施工流水段划分、工程量、施工环境。 (1.0分)

2. (本小题9.0分)

(1) 围护结构子分部工程:墙体节能工程;幕墙节能工程;门窗节能工程;屋面节能工程;地面节能工程。 (5.0分)

(2) 复验的性能指标:密度;导热系数或热阻;压缩强度或抗压强度;垂直于板面方向的抗拉强度;吸水率;燃烧性能。 (4.0分)

案 例 三

【2020年一建建筑】

某新建住宅群体工程,包含10栋装配式高层住宅,5栋现浇框架小高层公寓,1栋社区活动中心及地下车库,总建筑面积31.5万 m^2。开发商通过邀请招标确定甲公司为总承包施工单位。

公司对项目部进行月度生产检查时发现,因连续小雨影响,D工作实际进度较计划进度滞后2天,要求项目部在分析原因的基础上制定进度事后控制措施。本工程完成全部结构施工内容后,在主体结构验收前,项目部制定了结构实体检验专项方案,委托具有相应资质的检测单位在监理单位见证下对涉及混凝土结构安全的有代表性的部位进行钢筋保护层厚度等检测,检测项目全部合格。

幕墙工程属于专业分包,幕墙工程完成并经检查验收合格后,分包单位将幕墙分包资料移交给建设单位。整个工程完工后监理单位、建设单位、施工单位分别向城建档案馆移交了相关资料。

问题:

1. 主体结构混凝土子分部包含哪些分项工程?结构实体检验还应包含哪些检测项目?
2. 幕墙工程资料移交程序是否正确?各相关单位工程资料移交的程序是什么?

【参考答案】

1.(本小题7.5分)

(1)主体结构混凝土子分部包括:

① 模板; (1.0分)
② 钢筋; (1.0分)
③ 混凝土; (1.0分)
④ 预应力; (1.0分)
⑤ 现浇结构; (1.0分)
⑥ 装配式结构。 (1.0分)

【解析】"钢模混浇预装配"。

(2)结构实体检验还应包含:

① 混凝土强度; (0.5分)
② 结构位置及尺寸偏差; (0.5分)
③ 合同约定项目。 (0.5分)

【解析】"强厚位置找合约"。

2.(本小题5.0分)

(1)不正确。 (1.0分)

(2)移交程序:

① 专业分包单位向施工总承包单位移交; (1.0分)
② 总承包单位向建设单位移交; (1.0分)
③ 监理单位向建设单位移交; (1.0分)
④ 建设单位向城建档案管理部门移交。 (1.0分)

案 例 四

【2019 年一建建筑】

某新建住宅工程,建筑面积22000m²,地下1层,地上16层,框架-剪力墙结构,抗震设防烈度7度。

施工单位项目部在施工前,由项目技术负责人组织编写了项目质量计划书,报请施工单位质量管理部门审批后实施。质量计划要求项目部施工过程中建立包括使用机具和设备管理记录,图纸、设计变更收发记录,检查和整改复查记录,质量管理文件及其他记录等质量管理记录制度。

问题: 指出项目质量计划书编、审、批和确认手续的不妥之处。质量计划应用中,施工单位应建立的质量管理记录还有哪些?

【参考答案】(本小题4.5分)

(1) 不妥之处:
① 不妥之一:"施工前编制项目质量计划书"; (0.5分)
② 不妥之二:"由项目技术负责人组织编写项目质量计划书"; (0.5分)
③ 不妥之三:"请施工单位质量管理部门审批后实施"。 (0.5分)

(2) 质量管理记录还应有:
① 施工日记和专项施工记录; (1.0分)
② 交底记录; (1.0分)
③ 上岗培训记录和岗位资格证明。 (1.0分)

案 例 五

【2018 年一建建筑】

一新建工程,地下2层,地上20层,高度为70m,建筑面积40000m²,标准层平面为40m×40m。项目部根据施工条件和需求、按照施工机械设备选择的经济性等原则,采用单位工程量成本比较法选择确定了塔式起重机型号。施工总包单位根据项目部制定的安全技术措施、安全评价等安全管理内容提取了项目安全生产费用。

施工中,项目部技术负责人组织编写了项目检测试验计划,内容包括试验项目名称、计划试验时间等,报项目经理审批同意后实施。

问题: 指出项目检测试验计划管理中的不妥之处,并说明理由。施工检测试验计划内容还有哪些?

【参考答案】(本小题7分)

(1) 不妥之处:
① 不妥之一:"施工中,组织编写了项目检测试验计划"。 (1分)
理由:应当在施工前由项目技术负责人组织有关人员编制。 (1分)
② 不妥之二:"报项目经理审批同意后实施。" (1分)
理由:项目检测试验计划,应报送监理单位进行审查批准。 (1分)

(2) 内容还包括:①检测试验参数;②试样规格;③代表批量;④施工部位。 (3分)

案 例 六

【2017年一建建筑】

某新建住宅工程项目，建筑面积23000m²，地下2层，地上18层，现浇钢筋混凝土剪力墙结构，项目实行项目总承包管理。

施工总承包单位项目部技术负责人组织编制了项目质量计划，由项目经理审核后报监理单位审批。该质量计划要求建立的施工过程质量管理记录有：使用机具的检验、测量及试验设备管理记录，质量检查和整改、复查记录，质量管理文件记录及规定的其他记录等。监理工程师对此提出了整改要求。

施工前，项目部根据本工程施工管理和质量控制要求，对分项工程按照工种等条件，检验批按照楼层等条件，制定了分项工程和检验批划分方案，报监理单位审核。

问题：
1. 项目部编制质量计划的做法是否妥当？质量计划中管理记录还应该包含哪些内容？
2. 分别指出分项工程和检验批划分的条件还有哪些？

【参考答案】
1. （本小题5分）
（1）不妥当。 (2分)

理由：项目质量计划应由项目经理组织编写，须报企业相关管理部门批准并得到发包方和监理方认可后实施。

（2）质量计划中管理记录还应该包含：
① 施工日记和专项施工记录； (1分)
② 交底记录； (1分)
③ 上岗培训记录和岗位资格证明； (1分)
④ 图纸、变更设计接收和发放的有关记录； (1分)
⑤ 其他记录。 (1分)
【评分准则：满分3分，写出5项中的3项每项1分】

2. （本小题6分）
（1）分项工程还有：材料，施工工艺，设备类别。 (3分)
（2）检验批还有：工程量，变形缝，施工段。 (3分)

案 例 七

【2017年一建建筑】

某新建办公楼工程，总建筑面积68000m²。在地下室结构实体采用回弹法进行强度检验中，出现个别部位C35混凝土强度不足，项目部质量经理随机安排公司实验室检测人员采用钻芯法对该部位实体混凝土进行检测，并将检验报告报监理工程师。监理工程师认为其做法不妥，要求整改。整改后钻芯检测的试样强度分别为28.5MPa、31MPa、32MPa。该建设单位项目负责人组织对工程进行检查验收，施工单位分别填写了《单位工程竣工验收记录表》中的"验收记录""验收结论""综合验收结论"。"综合验收结论"为"合格"。参加验收单位人员分别进行了签字。政府质量监督部门认为一些做法不妥，要求改正。

问题：

1. 说明混凝土结构实体检验管理的正确做法。该钻芯检验部位 C35 混凝土实体检验结论是什么？并说明理由。

2.《单位工程竣工验收记录表》中"验收记录""验收结论""综合验收结论"应该由哪些单位填写？"综合验收结论"应该包含哪些内容？

【参考答案】

1.（本小题 7 分）

（1）正确做法：混凝土试块的强度不满足要求时，应委托具有相应资质的检测机构进行实体检测。　　　　　　　　　　　　　　　　　　　　　　　　　　　　　　（2 分）

（2）不合格。　　　　　　　　　　　　　　　　　　　　　　　　　　　　　（1 分）

理由：同时满足下列两个条件的为合格：

① 钻芯检测的三个试样的抗压强度的平均值不小于设计强度等级的 88%；　（1 分）

② 钻芯检测的三个芯样的抗压强度的最小值不小于设计强度等级的 80%。（1 分）

试块强度均值：$(28.5+31+32)/3=30.5(\text{MPa})<35\text{MPa}\times0.88$；　（1 分）

试块强度最小值：$28.5\text{MPa}\geqslant35\text{MPa}\times80\%$。　　　　　　　　　（1 分）

2.（本小题 5 分）

（1）填写主体

① 验收记录应由施工单位填写；　　　　　　　　　　　　　　　　　　　　（1 分）

② 验收结论应由监理单位填写；　　　　　　　　　　　　　　　　　　　　（1 分）

③ 综合验收结论应由建设单位填写。　　　　　　　　　　　　　　　　　　（1 分）

（2）综合验收结论的内容：

① 工程质量是否符合设计文件及相关标准的规定；　　　　　　　　　　　　（1 分）

② 对总体质量水平做出评价。　　　　　　　　　　　　　　　　　　　　　（1 分）

案 例 八

【2015 年一建建筑】

某高层钢结构工程，建筑面积 28000m²，地下 1 层，地上 20 层，外围护结构为玻璃幕墙和石材幕墙，外墙保温材料为新型材料。

施工过程中发生了如下事件：

事件一： 施工中，施工单位对幕墙与各层楼板间的缝隙防火隔离处理进行了检查；对幕墙的抗风压性能、空气渗透性能、雨水渗漏性能、平面变形性能等有关安全和功能检测项目进行了见证取样和抽样检测。

事件二： 本工程采用某新型保温材料，按规定进行了评审、鉴定和备案，同时施工单位完成相应程序性工作后，经监理工程师批准后投入使用。施工完成后，由施工单位项目负责人主持，组织了总监理工程师、建设单位项目负责人、施工单位技术负责人、相关专业质量员和施工员进行了节能分部工程的验收。

问题：

1. 事件一中，建筑幕墙与各楼层楼板间的缝隙隔离的主要防火构造做法是什么？幕墙工程中有关安全和功能的检测项目还有哪些？

2. 事件二中，新型保温材料使用前还应有哪些程序性工作？节能分部工程的验收组织有什么不妥？

【参考答案】

1.（本小题 6 分）

（1）防火构造：

① 采用不燃材料封堵，填充材料可采用岩棉或矿棉，其厚度不应小于100mm； （1分）

② 不燃材料应满足设计的耐火极限要求，在楼层间形成水平防火烟带； （1分）

③ 水平防火烟带与幕墙之间的缝隙采用建筑防火密封胶密封。 （1分）

（2）检测项目：

① 硅酮结构胶的相容性试验； （1分）

② 后置埋件的现场拉拔试验； （1分）

③ 幕墙的层间变形性能检验。 （1分）

2.（本小题 4 分）

（1）程序性工作：

① 进行施工工艺评价； （1分）

② 制定专门的施工技术方案。 （1分）

（2）不妥之处：

① 不妥之一："由施工单位项目负责人主持"； （1分）

② 不妥之二："节能分部工程验收参加人员不全"。 （1分）

案 例 九

【2013年一建建筑】

某商业建筑工程，地上6层，砂石地基，砖混结构，建筑面积24000m^2。外窗采用铝合金窗，内门采用金属门。在施工过程中发生了如下事件：

事件一：监理工程师对门窗工程检查时发现：外窗未进行三性检查，监理工程师对存在的问题提出整改要求。

事件二：建设单位在审查施工单位提交的工程竣工资料时，发现工程资料有涂改、违规使用复印件等情况，要求施工单位进行整改。

问题：

1. 事件一中，建筑外墙铝合金窗的三性试验是指什么？

2. 针对事件二，分别写出工程竣工资料在修改以及使用复印件时的正确做法。

【参考答案】

1.（本小题 3 分）

三性试验指抗风压性能试验、空气渗透性能试验、雨水渗漏性能试验。 （3分）

2.（本小题 4 分）

（1）工程资料不得随意修改；当需修改时，应实行划改，并由划改人签字。 （2分）

（2）当使用复印件时，提供单位应在复印件上加盖单位公章，并应有经办人签字及日期，提供单位应对资料的真实性负责。 （2分）

二、2022 考点预测

1. 质量管理方法及质量管理程序。
2. 建筑工程验收程序及验收内容。
3. 建筑工程资料、档案的分类、组卷、移交。

第二节 安 全 管 理

考点一：安全管理职责
考点二：安全管理要点
考点三：现场安全检查
考点四：危大工程安全管理
考点五：危险源及救援管理
考点六：现场安全事故管理

一、案例及参考答案

案 例 一

【2021 年一建建筑】

某住宅工程由 7 栋单体组成，地下 2 层，地上 10～13 层，总建筑面积 1.5 万 m²。施工总承包单位中标后成立项目经理部组织施工。

项目某处双排脚手架搭设到 20m 时，当地遇罕见暴雨造成地基局部下沉，外墙脚手架出现变形，经评估后认为不能继续使用。项目技术部门编制了该脚手架拆除方案，规定了作业时设置专人指挥，多人同时操作时，明确分工、统一行动，保持足够的操作面等脚手架拆除作业安全管理要点。经审批并交底后实施。

问题：
脚手架拆除作业安全管理要点还有哪些？

【参考答案】（本小题 3.0 分）
（1）拆除作业必须由上而下逐层进行，严禁上下同时作业。 (1.0 分)
（2）连墙件必须随脚手架逐层拆除，分段拆除高差不应大于 2 步。 (1.0 分)
（3）拆除的构配件应采用起重设备吊运或人工传递到地面，严禁抛掷。 (1.0 分)

案 例 二

【2020 年一建建筑】

某项目部制定的《模板施工方案》中规定：（1）模板选用 15mm 厚木胶合板，木枋格栅、围模。（2）水平模板支撑采用碗扣式钢管脚手架，顶部设置可调托撑。（3）碗扣式脚手架钢管材料为 Q235 级，高度超过 4m，模板支撑架安全等级按Ⅰ级要求设计。（4）模板及其支架的设计中考虑了下列各项荷载：

① 模板及其支架自重（G_1）；
② 新浇筑混凝土自重（G_2）；
③ 钢筋自重（G_3）；
④ 新浇筑混凝土对模板侧面的压力（G_4）；
⑤ 施工人员及施工设备产生的荷载（Q_1）；
⑥ 浇筑和振捣混凝土时产生的荷载（Q_2）；
⑦ 泵送混凝土或不均匀堆载等附加水平荷载（Q_3）；
⑧ 风荷载（Q_4）。

进行各项模板设计时，参与模板及支架承载力计算的荷载项见表2-2。

表2-2　参与模板及支架承载力计算的荷载项（部分）

计算内容	参与荷载项
底面模板承载力	
支架水平杆及节点承载力	G_1、G_2、G_3、Q_1
支架立杆承载力	
支架结构整体稳定	

某部位标准层楼板模板支撑架设计剖面示意图如图2-1所示。

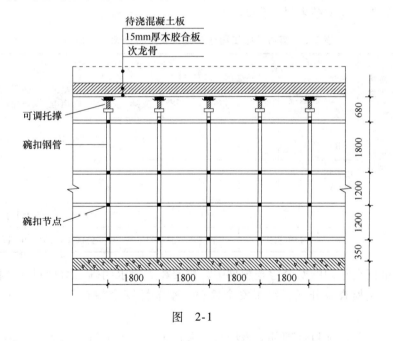

图 2-1

问题：

1. 写出表2-1中其他模板与支架承载力计算内容项目的参与荷载项。（如：支架水平杆及节点承载力：G_1、G_2、G_3、Q_1）

2. 指出图2-1中模板支撑架剖面图中的错误之处。

【参考答案】

1．（本小题 4 分）

(1) 底面模板承载力：G_1、G_2、G_3、Q_1 （1.0 分）

(2) 支架立杆承载力：G_1、G_2、G_3、Q_4 （1.0 分）

(3) 支架结构整体稳定：

① G_1、G_2、G_3、Q_1、Q_3 （1.0 分）

② G_1、G_2、G_3、Q_1、Q_4 （1.0 分）

2．（本小题 5 分）

(1) 错误之一：顶层水平杆步距 1800mm。 （1.0 分）

(2) 错误之二：立杆底部未设置底座。 （1.0 分）

(3) 错误之三：立杆间距 1800mm。 （1.0 分）

(4) 错误之四：可调托撑螺杆伸出长度 680mm。 （1.0 分）

(5) 错误之五：没有设置竖向斜撑杆。 （1.0 分）

案 例 三

某建筑地下 2 层，地上 18 层。框架结构。地下建筑面积 0.4 万 m²，地上建筑面积 2.1 万 m²。某施工单位中标后，由赵佑项目经理组织施工。施工至 5 层时，公司安全部门带队对项目进行了定期安全检查。检查过程依据标准 JGJ59 的相关内容进行。项目安全总监理工程师也全程参加，检测结果见表 2-3。

表 2-3　某办公楼工程建筑施工安全检查评分汇总表

工程名称	建筑面积/万 m²	结构类型	总计得分	检查项目内容及分值									
				安全管理	文明施工	脚手架	基坑工程	模板支架	高处作业	施工用电	外用电梯	塔吊	施工机具
办公楼	（A）	框筒结构	检查前（B）	10	15	10	10	10	10	10	10	10	5
			检查后（C）	8	12	8	7	8	8	9		8	4
			评语：该项目安全检查总得分为（D）分，评定等级为（E）										
检查单位	公司安全部	负责人	叶军	受检单位	某办公楼项目部	项目负责人	（F）						

公司安全部门在年初的安全检查规划中，按照相关要求明确了对项目安全检查的主要形式，包括定期安全检查，开工、复工安全检查，季节性安全检查等，确保项目施工过程全覆盖。

进入夏季后，公司项目管理部对该项目工人宿舍和食堂进行了检查。个别宿舍内床铺均为 2 层，住有 18 人，设置有生活用品专用柜，窗户为封闭式窗户，防止他人进入，通道宽度为 0.8m，食堂办理了卫生许可证，3 名炊事人员均有健康证，上岗符合个人卫生相关规定。检查后项目管理部对工人宿舍的不足提出了整改要求，并限期达标。

工程竣工后，根据合同要求相关部门对该工程进行绿色建筑评价。评价指标中"生活便利"一项分值低，施工单位对评分项"出行无障碍"等4项指标进行了逐一分析以便得到改善，评价分值见表2-4。

表2-4 某办公楼工程绿色建筑评价指标及分值

指标	控制项基本分值 Q_0	安全耐久 Q_1	健康舒适 Q_2	生活便利 Q_3	资源节约 Q_4	环境宜居 Q_5	提高与创新加分 Q_A
评分值	400	90	80	75	80	80	120

问题：
1. 写出表2-3中A～F所对应的内容（如A：＊万 m²）。施工安全评定结论分几个等级？评价依据有哪些？
2. 建筑工程施工安全检查还有哪些形式？

【参考答案】
1.（本小题10分）
（1）A～F所对应的内容：
①A：2.5万 m²；②B：100；③C：72；④D：80，E：优良；⑤F：赵佑。　　　　(2.5分)
（2）分优良、合格、不合格三个等级。　　　　(1.5分)
（3）评价依据：
优良：
① 分项检查评分表无零分；　　　　(1.0分)
② 汇总表得分值应在80分及以上。　　　　(1.0分)
合格：
① 分项检查评分表无零分；　　　　(1.0分)
② 汇总表得分值应在80分以下，70分及以上。　　　　(1.0分)
不合格：满足下列两个条件之一
① 汇总表得分值不足70分；　　　　(1.0分)
② 有一分项检查评分为零时。　　　　(1.0分)
2.（本小题6分）
（1）日常巡查。　　　　(1.0分)
（2）专项检查。　　　　(1.0分)
（3）经常性安全检查。　　　　(1.0分)
（4）节假日安全检查。　　　　(1.0分)
（5）专业性安全检查和设备。　　　　(1.0分)
（6）设施安全验收检查。　　　　(1.0分)
【解析】"常工专设定期检"。

案 例 四

【2019年一建建筑】
某新建办公楼工程，地下2层，地上20层，框架-剪力墙结构，建筑高度87m，基坑深

7.6m。建设单位通过公开招标选定了施工总承包单位并签订了工程施工合同。

基坑施工前,基坑支护专业施工单位编制了基坑支护专项方案,履行相关审批签字手续后,组织包括总承包单位技术负责人在内的5名专家对该专项方案进行专家论证。总监理工程师提出专家论证组织不妥,要求整改。

问题:指出基坑支护专项方案论证的不妥之处。应参加专家论证会的单位还有哪些?

【参考答案】(本小题5分)

(1) 不妥之处:

① 不妥之一:"基坑支护专业施工单位组织专家论证"。 (1.0分)

② 不妥之二:"包括总承包单位技术负责人在内的5名专家进行论证"。 (1.0分)

③ 不妥之三:"专家论证参会人员仅为专家,无参建方代表"。 (1.0分)

(2) 参加论证的单位还应有:

① 建设单位; (0.5分)

② 勘察单位; (0.5分)

③ 设计单位; (0.5分)

④ 施工总承包单位。 (0.5分)

案 例 五

【2019年一建建筑】

某高级住宅工程,建筑面积80000m^2,由3栋塔楼组成,地下2层(含车库),地上28层,基础底板厚度800mm,由A施工总承包单位承建。

项目部制订了项目风险管理制度和应对负面风险的措施,规范了包括风险识别、风险应对等风险管理程序的管理流程,制定了向保险公司投保的风险转移等措施,达到了应对负面风险管理的目的。

施工中,施工员对气割作业人员进行安全作业交底,主要内容有:气瓶要防止暴晒;气瓶在楼层内滚动时应设置防振圈;严禁用带油的手套开气瓶。切割时,氧气瓶和乙炔瓶的放置距离不得小于5m;气瓶离明火的距离不得小于8m;作业点离易燃物的距离不小于20m;气瓶内的气体应尽量用完,减少浪费。

问题:

1. 项目风险管理程序还有哪些?应对负面风险的措施还有哪些?

2. 指出施工员安全作业交底中的不妥之处,并写出正确做法。

【参考答案】

1. (本小题5.0分)

(1) 项目风险管理程序还有:①风险评估;②风险监控。 (2.0分)

(2) 应对负面风险的措施还有:①风险规避;②风险减轻;③风险自留。 (3.0分)

2. (本小题6.0分)

不妥之处:

(1) 不妥之一:气瓶在楼层内滚动时应设置防振圈。 (0.5分)

正确做法:严禁滚动气瓶。 (1.0分)

(2) 不妥之二：气瓶离明火的距离不得小于8m。 (0.5分)
正确做法：气瓶离明火的距离至少10m。 (1.0分)
(3) 不妥之三：作业点离易燃物的距离不小于20m。 (0.5分)
正确做法：作业点离易燃物的距离不小于30m。 (1.0分)
(4) 不妥之四：气瓶内的气体应尽量用完，减少浪费。 (0.5分)
正确做法：气瓶内的气体不能用尽，必须留有剩余压力或重量。 (1.0分)

案 例 六

【2017年一建建筑】

某新建仓储工程，屋面梁安装过程中，发生两名施工人员高处坠落事故，一人死亡，当地人民政府接到事故报告后，按照事故调查规定组织安全生产监督管理部门、公安机关等相关部门指派的人员和2名专家组成事故调查组。调查组检查了项目部制定的项目施工安全检查制度，其中规定了项目经理至少每旬组织开展一次定期安全检查，专职安全管理人员每天进行巡视检查。调查组认为项目部经常性安全检查制度规定内容不全，要求完善。

问题：
1. 判断此次高处坠落事故等级，事故调查组还应有哪些单位或部门指派人员参加？
2. 项目部经常性安全检查的方式还应有哪些？

【参考答案】
1. （本小题4分）
(1) 此次高处坠落事故为一般安全事故。 (1分)
(2) 事故调查组还应有监察机关、工会、人民检察院等派人参加。 (3分)
2. （本小题3分）
项目部经常性安全检查的方式还应有：
(1) 专职安全员、安全值班人员每天例行开展的安全检查。 (1分)
(2) 相关管理人员在检查工作的同时进行安全检查。 (1分)
(3) 作业班组在班前、班中、班后进行的安全检查。 (1分)

案 例 七

【2016年一建建筑】

某新建工程，建筑面积15000m^2，地下两层，地上五层，钢筋混凝土框架结构，采用800mm厚钢筋混凝土筏形基础，建筑总高度20m。建设单位与某施工总承包单位签订了施工总承包合同。施工总承包单位将基坑工程分包给了建设单位指定的专业分包单位。

外装修施工时，施工单位搭设了扣件式钢管脚手架（见图2-2）。架体搭设完成后进行了验收检查，并提出了整改意见。

项目经理组织参建各方人员进行高处作业的专项安全检查。检查内容包括安全帽、安全网、安全带、悬挑式物料钢平台等。监理工程师认为检查项目不全面，要求按照《建筑施工安全检查标准》（JGJ 59—2011）予以补充。

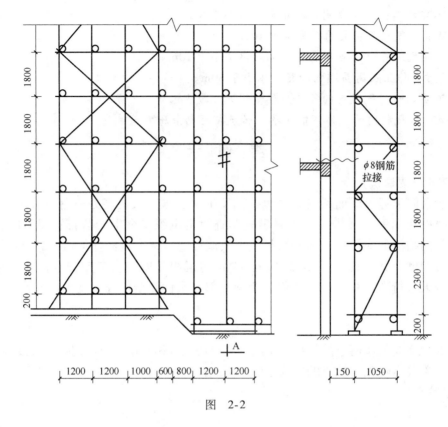

图 2-2

问题：

1. 指出背景资料中脚手架搭设的错误之处。
2. 按照《建筑施工安全检查标准》，现场高处作业检查的项目还应补充哪些？

【参考答案】

1. （本小题6分）
   （1）错误之一：横向扫地杆在纵向扫地杆上部。 (1分)
   （2）错误之二：基础不在同一高度上，高处纵向扫地杆未向低处延长2跨。 (1分)
   （3）错误之三：立杆悬空，未伸至木垫板。 (1分)
   （4）错误之四：剪刀撑宽度不够，仅3跨。 (1分)
   （5）错误之五：脚手架底层步距2.3m。 (1分)
   （6）错误之六：采用直径为8mm的钢筋柔性连接。 (1分)
   （7）错误之七：首步未设连墙件。 (1分)
   （8）错误之八：立杆采用搭接方式接长。 (1分)

【评分准则：答出6项正确的，即得6分】

2. （本小题6分）

现场高处作业检查的项目还应补充：
   （1）临边防护。 (1分)
   （2）洞口防护。 (1分)
   （3）通道口防护。 (1分)

（4）攀登作业。 （1分）
（5）悬空作业。 （1分）
（6）移动式操作平台。 （1分）

案 例 八

【2011年一建建筑】

某公共建筑工程，建筑面积22000m²，地下2层，地上5层，层高3.2m，钢筋混凝土框架结构。大堂一至三层中空，大堂顶板为钢筋混凝土井字梁结构。屋面设有女儿墙，屋面防水材料采用SBS卷材。某施工总承包单位承担施工任务。

合同履行过程中，发生了下列事件：

事件一：施工总承包单位根据《危险性较大的分部分项工程安全管理办法》，会同建设单位、监理单位、勘察设计单位相关人员，聘请了外单位五位专家及本单位总工程师共计六人组成专家组，对《土方及基坑支护工程施工方案》进行论证。专家组提出了口头论证意见后离开，论证会结束。

事件二：施工总承包单位根据《建筑施工模板安全技术规范》，编制了《大堂顶板模板工程施工方案》，并绘制了模板及支架示意图（见图2-3）。监理工程师审查后要求重新绘制。

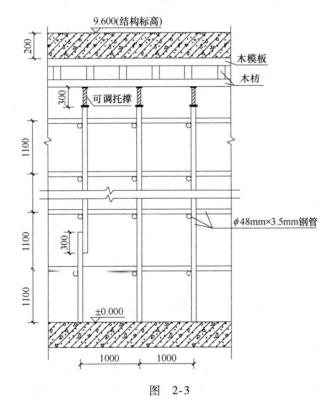

图 2-3

问题：

1. 指出事件一中的不妥之处，并分别说明理由。
2. 指出事件二中模板及支架示意图的不妥之处，分别写出正确做法。

【参考答案】

1.（本小题4分）

（1）不妥之一：聘请外单位五位专家及本单位总工共计六人组成专家组。　　（1分）

理由：本项目参建各方的人员不得以专家身份参加专家论证会。　　（1分）

（2）不妥之二：专家组提出了口头论证意见后离开。　　（1分）

理由：专项方案经论证后，专家组应当提交论证报告，对论证的内容提出明确的意见，并在论证报告上签字。　　（1分）

2.（本小题8分）

（1）不妥之一："立柱底部直接落在混凝土底板上"。　　（1分）

正确做法：立柱底部应设置垫板或底座。　　（1分）

（2）不妥之二"立柱底部没有设置纵横扫地杆"。　　（1分）

正确做法：在立柱底距地面200mm处，按纵下横上的程序设扫地杆。　　（1分）

（3）不妥之三："没有设置剪刀撑"。　　（1分）

正确做法：应按规定设置剪刀撑。　　（1分）

（4）不妥之四："立柱的接长采用搭接方式"。　　（1分）

正确做法：立柱接长严禁搭接，必须采用对接扣件连接。　　（1分）

（5）不妥之五："顶部未设水平拉杆"。　　（1分）

正确做法：应在最顶步距两水平拉杆中间加设一道水平拉杆。　　（1分）

（6）不妥之六：顶部可调托撑伸出钢管300mm。　　（1分）

正确做法：可调托撑螺杆伸出钢管顶部不得大于200mm。　　（1分）

【评分准则：答出4项正确的，即可得8分】

案 例 九

【2015年一建建筑】

某建筑工程，占地面积为8000m²，地下3层，地上30层，框筒结构。设备安装阶段，发现拟安装在屋面的某空调机组重量超出塔吊限载值（额定起重量）约6%，因特殊情况必须使用该塔吊进行吊装，经项目技术负责人安全验算后，批准用塔吊起吊；起吊前先进行试吊，即将空调机组吊离地面30cm后停止提升，现场安排专人进行观察与监督。监理工程师认为施工单位做法不符合安全规定，要求修改，对试吊时的各项检查内容旁站监理。

问题： 指出事件三中施工单位做法不符合安全规定之处，并说明理由。在试吊时，必须进行哪些检查？

【参考答案】（本小题6分）

（1）不妥之处："经项目技术负责人安全验算后，批准用塔吊起吊"。　　（1分）

理由：根据相关规定，超载起吊应经企业技术负责人批准，并且不得超过塔吊额定起重量的10%。　　（1分）

（2）必须进行的检查如下：

① 塔吊的稳定性；　　（1分）

② 制动器的可靠性；　　（1分）

③ 重物的平稳性； (1分)
④ 绑扎的牢固性。 (1分)

案 例 十

【2015年一建建筑】

某新建工程，建筑面积 56500m²，地下1层，地上3层，框架结构，建筑总高 24m。总承包单位搭设了双排扣件式钢管脚手架（高度 25m），在施工过程中有大量材料堆放在脚手架上面，结果发生了脚手架坍塌事故，造成了1人死亡，4人重伤，1人轻伤，直接经济损失600多万元。事故调查中发现了下列事件：

事件一：本工程项目经理持有一级注册建造师证书和安全考核资格证书（B），电工、电焊工、架子工持有特种作业操作资格证书。

事件二：项目部编制的重大危险源控制系统文件中，仅包含有重大危险源的辨识、重大危险源的管理、工厂选址和土地使用规划等内容，调查组要求补充完善。

事件三：双排脚手架连墙件被施工人员拆除了两处；双排脚手架在同一区段上下两层的脚手板上堆放的材料重量均超过 3kN/m²。项目部对双排脚手架在基础完成后、架体搭设前，搭设到设计高度后，每次大风、大雨后等情况下均进行了阶段检查和验收，并形成书面检查记录。

问题：（全部属于安全管理）

1. 事件一中，施工企业还有哪些人员需要取得安全考核资格证书及其证书类别？与建筑起重作业相关的特种作业人员有哪些？
2. 事件二中，重大危险源控制系统还应有哪些组成部分？
3. 指出事件三中的不妥之处。脚手架还有哪些情况下也要进行阶段检查和验收？
4. 生产安全事故有哪几个等级？本事故属于哪个等级？

【参考答案】

1. （本小题7分）
(1) 施工单位主要负责人、专职安全管理人员需要取得安全考核资格证书。 (2分)
(2) 施工单位主要负责人为 A 类证书、专职安全管理人员为 C 类证书。 (2分)
(3) 起重机械安装拆卸工、起重司机、起重信号工、司索工。 (3分)

2. （本小题4分）
还应有以下组成部分：
(1) 重大危险源的评价。 (1分)
(2) 事故应急救援预案。 (1分)
(3) 重大危险源的监察。 (1分)
(4) 重大危险源的安全报告。 (1分)

3. （本小题6分）
(1) 不妥之处：
① "双排脚手架连墙件被施工人员拆除了两处"； (1分)
② "同一区段上下两层的脚手板上堆放的材料重量均超过 3kN/m²"。 (1分)
(2) 还有下列情况也要进行阶段检查和验收：

① 每搭设完 6~8m； (1分)
② 作业层上施加荷载前； (1分)
③ 停用 1 个月后； (1分)
④ 冻结地区解冻后。 (1分)

4．（本小题 3 分）
（1） 一般事故、较大事故、重大事故、特别重大事故。 (2分)
（2） 本次事故属于一般事故。 (1分)

案 例 十 一

【2013 年一建建筑】
某新建工程，建筑面积 28000m²，地下 1 层，地上 6 层，框架结构，建筑总高 28.5m。施工过程中，发生如下事件：

事件一： 建设单位组织监理单位、施工单位对工程施工安全进行检查，检查内容包括：安全思想、安全责任、安全制度、安全措施。

事件二： 施工单位编制的项目安全措施计划的内容包括：管理目标、规章制度、应急准备与响应、教育培训。检查组认为安全措施计划主要内容不全，要求补充。

事件三： 检查组按照《建筑施工安全检查标准》（JGJ59）对本次安全检查进行了评价，汇总表得分 68 分。

问题：
1．除事件一所述检查内容外，施工安全检查还应检查哪些内容？
2．事件二中，安全措施计划中还应补充哪些内容？
3．事件三中，建筑施工安全检查评定结论有哪些等级？本次检查评定应为哪个等级？

【参考答案】
1．（本小题 4 分）
施工安全检查还应检查下列内容：
① 安全防护； (1分)
② 设备设施； (1分)
③ 教育培训； (1分)
④ 操作行为； (1分)
⑤ 伤亡事故处理； (1分)
⑥ 劳动防护用品使用。 (1分)
【评分准则：写出 4 项正确的，即得 4 分】

2．（本小题 4 分）
安全措施计划中还应补充下列内容：
① 工程概况； (1分)
② 组织机构与职责权限； (1分)
③ 风险分析与控制措施； (1分)
④ 安全专项施工方案； (1分)
⑤ 资源配置与费用投入计划； (1分)

⑥ 检查评价、验证与持续改进。 (1分)
【评分准则：写出4项正确的，即得4分】

3. （本小题4分）
（1）建筑施工安全检查评定结论有优良、合格、不合格三个等级。 (3分)
（2）本次安全检查评定为不合格等级。 (1分)

案 例 十 二

【2012年一建建筑】

某办公楼工程，建筑面积98000m²，劲性钢混凝土框筒建筑结构。施工总承包单位在浇筑首层大堂混凝土时，发生了模板支撑系统坍塌事故，造成5人死亡、7人重伤。事故发生后，施工总承包单位现场有关人员于2h后向本单位负责人进行了报告，施工总承包单位负责人接到报告1h后向当地政府行政主管部门进行了报告。

问题： 事件中，根据《生产安全事故报告和调查处理条例》（国务院493号令）规定，此次事故属于哪个等级？纠正施工总承包单位报告事故的错误做法。报告事故时应报告哪些内容？

【参考答案】（本小题6分）
（1）此次事故属于较大事故。 (1分)
（2）错误做法：
① 错误之一："现场有关人员于2h后向本单位负责人进行了报告"。
纠正：事故发生后，现场有关人员应立即向本单位负责人进行报告。 (1分)
② 错误之二："单位负责人接到报告1h后向主管部门进行了报告"。
纠正：施工总承包单位负责人接到报告1h内向县级以上人民政府安全生产监督部门和负有安全生产监督管理职责的有关部门报告。 (1分)
（3）报告的内容：
① 事故发生单位的概况； (1分)
② 事故发生的时间、地点、现场情况； (1分)
③ 事故的简要经过； (1分)
④ 事故已造成的伤亡人数和初步估计的直接经济损失； (1分)
⑤ 已经采取的措施； (1分)
⑥ 其他应报告的情况。 (1分)
【评分准则：答出3项正确的，即可得3分】

案 例 十 三

【2009年一建建筑】

某施工总承包单位承接了某商业中心工程的施工总承包任务。该施工总承包单位进场后，立即着手进行施工现场平面布置。受场地限制，在工地北侧布置塔吊一台，高压线处于塔吊范围之内。

主体结构施工阶段，为赶在雨季来临之前完成基槽回填土任务，施工总承包单位在露台的同条件混凝土试块抗压强度达到设计要求的80%时，拆除了露台下模板支撑。主体结构施工完毕后，发现二层露台根部出现通长裂缝。经设计单位和相关检测鉴定单位认定，该裂缝严重影响露台的结构安全，必须进行处理，该事故造成直接经济损失 18 万元。

问题：

工程质量事故按造成损失严重程度划分为哪几类？本工程露台结构质量事故属于哪一类？说明理由。

【参考答案】（本小题 8 分）

（1）按造成损失严重程度划分：

① 一般事故； (1 分)

② 较大事故； (1 分)

③ 重大事故； (1 分)

④ 特别重大事故。 (1 分)

（2）不属于事故。 (1 分)

理由：具备下列条件之一的为一般事故：

① 一次事故死亡人数 3 人以下； (1 分)

② 一次事故重伤人数 10 人以下； (1 分)

③ 一次事故直接经济损失 100 万元以上、1000 万元以下。 (1 分)

二、2022 考点预测

1. 危大工程的程序管理及编论范围。
2. 安全检查评分表的计算及内容。
3. 安全教育培训的类别及目的。
4. 安全生产费用管理程序。
5. 重大危险源控制系统的组成部分。
6. 企业应急救援管理的内容。
7. 企业应急救援预案的内容。
8. 安全事故的上报程序。
9. 安全事故报告、事故调查的内容。
10. 安全事故调查组的职责。

第三节　现场管理

考点一：现场项目管理
考点二：现场施工管理

一、案例及参考答案

案 例 一

【2021 年一建建筑】

某工程项目经理部为贯彻落实《住房和城乡建设部等部门关于加快培育新时代建筑产

业工人队伍的指导意见》（住建部等12部委2020年12月印发）要求在项目劳动用工管理中做了以下工作：

（1）要求分包单位与招用的建筑工人签订劳务合同。

（2）总包对农民工工资支付工作负总责，要求分包单位做好农民工工资发放工作。

（3）改善工人生活区居住环境，在集中生活区配套了食堂等必要生活设施，并开展物业化管理。

问题：

1. 指出项目劳动用工管理工作中的不妥之处，并写出正确做法。

2. 为改善工人生活区居住环境，在一定规模的集中生活区应配套的必要生活设施有哪些？（如食堂）

【参考答案】

1．（本小题4.0分）

（1）不妥之一：要求分包单位与招用的建筑工人签订劳务合同。　　　　　　（1.0分）

正确做法：分包单位与建筑工人应签订劳动合同。　　　　　　　　　　　　（1.0分）

（2）不妥之二：要求分包单位做好农民工工资发放工作。　　　　　　　　　（1.0分）

正确做法：应推行分包单位农民工工资委托施工总承包单位代发制度。　　（1.0分）

2．（本小题2.0分）

超市、医疗机构、法律咨询、职工书屋、文体活动室。　　　　　　　　　　（2.0分）

案 例 二

【2021年一建建筑】

某工程项目、地上15~18层，地下2层，钢筋混凝土剪力墙结构，总建筑面积57000m²。施工单位中标后成立项目经理部组织施工。

项目经理部上报了施工组织设计，其中施工总平面图设计要点包括了设置大门，布置塔式起重机、施工升降机，布置临时房屋、水、电和其他动力设施等。布置施工升降机时，考虑了导轨架的附墙位置和距离等现场条件和因素。公司技术部门在审核时指出施工总平面图设计要点不全，施工升降机布置条件和因素考虑不足，要求补充完善。主体结构完成后，项目部为结构验收做了以下准备工作。

问题：

施工总平面布置图设计要点还有哪些？布置施工升降机时，应考虑的条件和因素还有哪些？

【参考答案】（本小题3.0分）

（1）施工总平面布置图设计要点还有布置仓库、堆场，布置加工厂，布置场内临时运输道路。　　　　　　　　　　　　　　　　　　　　　　　　　　　　　　　　　　　　　（1.5分）

（2）还应考虑地基承载力、地基平整度、周边排水、楼层平台通道、出入口防护门以及升降机周边的防护围栏等。　　　　　　　　　　　　　　　　　　　　　　　　　　（1.5分）

案 例 三

【2021年一建建筑】

某住宅工程由7栋单体组成，地下2层，地上10~13层，总建筑面积1.5万m²。施工总承包单位中标后成立项目经理部组织施工。

项目总工程师编制了《临时用电组织设计》，其内容包括：总配电箱设在用电设备相对集中的区域；电缆直接埋地敷设，穿过临时设施时应设置警示标识并进行保护；临时用电施工完成后，由编制和使用单位共同验收合格后方可使用；各类用电人员经考试合格后持证上岗工作；发现用电安全隐患，经电工排除后继续使用；维修临时用电设备由电工独立完成；临时用电定期检查按分部、分项工程进行。《临时用电组织设计》报企业技术部批准后上报监理单位。监理工程师认为《临时用电组织设计》存在不妥之处，要求修改完成后再报。

项目经理部结合各级政府新冠肺炎疫情防控工作政策制定了《绿色施工专项方案》。监理工程师审查时指出不妥之处：

（1）生产经理是绿色施工组织实施第一责任人。
（2）施工工地内的生活区实施封闭管理。
（3）实行每日核酸检测。
（4）现场生活区采取灭鼠、灭蚊、灭蝇等措施，不定期投放和喷洒灭虫、消毒药物。

同时要求补充发现施工人员患有法定传染病时，施工单位采取的应对措施。

问题：

1. 写出《临时用电组织设计》内容与管理中不妥之处的正确做法。
2. 写出《绿色施工专项方案》中不妥之处的正确做法。施工人员患有法定传染病时，施工单位应对措施有哪些？

【参考答案】

1．（本小题7.0分）
（1）应由电气技术人员编制《临时用电组织设计》。（1.0分）
（2）总配电箱应设在靠近进场电源的区域。（1.0分）
（3）电缆穿过临建设施时，应套钢管保护。（1.0分）
（4）临时用电施工完成后，应经编制、审核、批准部门和使用单位共同验收合格后方可使用。（1.0分）
（5）对临时用电安全隐患必须及时处理，并应履行复查验收手续。（1.0分）
（6）维修临时用电设备由电工完成，应有人监护。（1.0分）
（7）《临时用电组织设计》报具有法人资格企业的技术负责人批准。（1.0分）

2．（本小题6.0分）
（1）不妥处的正确做法：
① 项目经理应为绿色施工组织实施的第一责任人。（1.0分）
② 整个施工现场应实行封闭管理。（1.0分）
③ 应每日测量体温，定期核酸检测。（1.0分）
④ 现场生活区、办公区、作业区定期投放和喷洒灭虫、消毒药物。（1.0分）
（2）措施：第一时间报告：在2h内向施工现场所在地建设行政主管部门和卫生防疫等部门进行报告；第一时间启动应急预案：隔离相关人员；第一时间停止施工：等待卫生防疫部门进行处置。（2.0分）

案 例 四

【2020 年一建建筑】

某工程项目部根据当地政府要求进行新冠疫情后复工，按照住房和城乡建设部《房屋市政工程复工复产指南》（建办质[2020]8号）规定，制定了《项目疫情防控措施》，其中规定有：(1) 施工现场采取封闭式管理。严格施工区等"四区"分离，并设置隔离区和符合标准的隔离室；(2) 根据工程规模和务工人员数量等因素，合理配备疫情防控物资；(3) 现场办公场所、会议室、宿舍应保持通风，每天至少通风3次，并定期对上述重点场所进行消毒。

问题：

《项目疫情防控措施》规定的"四区"中除施工区外还有哪些？施工现场主要防疫物资有哪些？需要消毒的重点场所还有哪些？

【参考答案】（本小题6分）

(1) "四区"还包括：
① 生活区； (0.5分)
② 办公区； (0.5分)
③ 材料加工和存放区。 (0.5分)

(2) 防疫物资还包括：
① 体温计； (1.0分)
② 口罩； (1.0分)
③ 消毒剂。 (1.0分)

(3) 重点场所还包括：食堂、盥洗室、厕所。 (1.5分)

案 例 五

【2020 年一建建筑】

某建筑地下2层，地上18层。框架结构。地下建筑面积0.4万 m^2，地上建筑面积2.1万 m^2。进入夏季后，公司项目管理部对该项目工人宿舍和食堂进行了检查。个别宿舍内床铺均为2层，住有18人，设置有生活用品专用柜，窗户为封闭式窗户，防止他人进入，通道宽度为0.8m，食堂办理了卫生许可证，3名炊事人员均有健康证，上岗符合个人卫生相关规定。检查后项目管理部对工人宿舍的不足提出了整改要求，并限期达标。

工程竣工后，根据合同要求相关部门对该工程进行绿色建筑评价，评价指标中"生活便利"该项分值低，施工单位将评分项"出行无障碍"等4项指标进行了逐一分析以便得到改善，评价分值如表2-5所示。

表2-5 某办公楼工程绿色建筑评价指标及分值

指标	控制项基本分值 Q_0	安全耐久 Q_1	健康舒适 Q_2	生活便利 Q_3	资源节约 Q_4	环境宜居 Q_5	提高与创新加分 Q_A
评分值	400	90	80	75	80	80	120

问题：

1. 指出工人宿舍管理的不妥之处并改正。在炊事员上岗期间，从个人卫生角度还有哪些具体管理？

2. 列式计算该工程绿色建筑总得分 Q。该建筑属于哪个等级，还有哪些等级？生活便利评分还有什么指标？

【参考答案】

1.（本小题 6 分）

(1) 不妥之处：

① 个别宿舍住有 18 人。(0.5 分)

改正：每间宿舍居住人员不得超过 16 人。(0.5 分)

② 通道宽度 0.8m。(0.5 分)

改正：通道宽度不得小于 0.9m。(0.5 分)

③ 窗户为封闭式窗户。(0.5 分)

改正：现场宿舍必须设置可开启式窗户。(0.5 分)

(2) 还包括：

① 上岗应穿戴洁净的工作服、工作帽和口罩。(1.0 分)

② 应保持个人卫生。(1.0 分)

③ 不得穿工作服出食堂。(1.0 分)

2.（本小题 8 分）

(1) $(400+90+80+75+80+80+100)/10 = 90.5$（分）。(1.0 分)

(2) 该建筑属于三星级，还有基本级、一星级、二星级。(4.0 分)

(3) 还有：

① 服务设施；(1.0 分)

② 智慧运行；(1.0 分)

③ 物业管理指标。(1.0 分)

案 例 六

【2019 年一建建筑】

某新建办公楼工程，建筑面积 48000m²，地下 2 层，地上 6 层，中庭高度为 9m，钢筋混凝土框架结构。总承包单位进场前与项目部签订了《项目管理目标责任书》，授权项目经理实施全面管理，项目经理组织编制了项目管理规划大纲和项目管理实施规划。

问题：

上述事件的不妥之处，并说明正确做法。编制《项目管理目标责任书》的依据有哪些？

【参考答案】（本小题 7 分）

(1) 不妥之处："项目经理组织编制了项目管理规划大纲"。(1 分)

正确做法：根据相关规定，应由企业的管理层编制项目管理规划大纲。(1 分)

(2) 依据：

① 工程施工合同文件；(1 分)

② 项目管理规划大纲；(1 分)

③ 组织的规章制度; (1分)
④ 组织的经营方针和目标; (1分)
⑤ 项目特点和实施条件与环境。 (1分)

案 例 七

【2019年一建建筑】

项目部在对卫生间装修工程电气分部工程进行专项检查时发现,施工人员将卫生间内安装的金属管道、浴缸、淋浴器、暖气片等导体与等电位端子进行了连接,局部等电位连接排与各连接点使用截面积2.5mm² 黄色标单根铜芯导线进行串联连接,对此,监理工程师提出了整改要求。

问题: 改正卫生间等电位连接中的错误做法。

【参考答案】(本小题2.5分)

(1) 错误之一:"导体与等电位端子进行了连接"。
改正:导体应与等电位端子盒进行连接。 (0.5分)
(2) 错误之二:"使用截面积2.5mm² 铜芯导线"。
改正:应使用截面积不小于4mm² 铜芯导线。 (0.5分)
(3) 错误之三:"铜芯导线黄色标"。
改正:铜芯导线应选用黄绿色标志。 (0.5分)
(4) 错误之四:"单根铜芯导线"。
改正:应采用多股铜芯导线。 (0.5分)
(5) 错误之五:"进行串联连接"。
改正:电位连接排与各连接点不得串联。 (0.5分)

案 例 八

【2019年一建建筑】

某施工单位通过竞标承建一工程项目,甲乙双方通过协商对工程合同协议书(编号HT—TY—201909001),以及专用合同条款(编号HT—ZY—201909001)和通用合同条(编号HT—ZY—201909001)修改意见达成一致,签订了施工合同。

项目部材料管理制度要求对物资采购合同的标的、价格、结算、特殊要求等条款加强重点管理。其中,对合同标的的管理要包括物资的名称、花色、技术标准、质量要求等内容。

项目部按照劳动力均衡使用、分析劳动需用总工日、确定人员数量和比例等劳动力计划编制要求,编制了劳动力需求计划。重点解决了因劳动力使用不均衡,给劳动力调配带来的困难,和避免出现过多、过大的需求高峰等诸多问题。

问题:

1. 物资采购合同重点管理的条款还有哪些?物资采购合同标的包括的主要内容还有哪些?

2. 劳动力计划编制要求还有哪些?劳动力使用不均衡时,还会出现哪些方面的问题?

【参考答案】

1.（本小题4.0分）

(1) 还包括：

① 数量； (0.5分)

② 包装； (0.5分)

③ 运输方式； (0.5分)

④ 违约责任。 (0.5分)

(2) 还包括：

① 品种； (0.5分)

② 型号； (0.5分)

③ 规格； (0.5分)

④ 等级。 (0.5分)

2.（本小题5.0分）

(1) 还包括：准确计算工程量和施工期限。 (2.0分)

(2) 还会：

① 增加劳动力的管理成本； (1.0分)

② 带来住宿、交通、饮食、工具等问题。 (2.0分)

案 例 九

【2018年一建建筑】

某建筑施工场地，东西长110m，南北宽70m，拟建工程平面80m×40m，地下2层，地上6/20层，檐口高26m/68m，建筑面积约48000m²。部分临时设施平面布置示意图见图2-4，其中需要布置的临时设施有：现场办公设施、木工加工及堆场、钢筋加工及堆场、油漆库房、施工电梯、塔吊、物料提升机、混凝土地泵、大门及围墙、洗车设施（图中未显示的设施均为符合要求）。

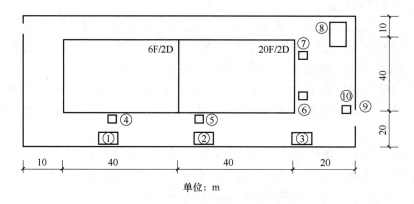

图2-4 部分临时设施平面布置示意图

问题：

1. 写出图2-4中临时设施编号所处位置最宜布置的临时设施名称（如⑨大门与围墙）。

2. 简单说明布置理由。
3. 施工现场文明施工的宣传方式有哪些?

【参考答案】

1. (本小题9分)
① 钢筋加工及堆场； (1分)
② 木工加工及堆场； (1分)
③ 现场办公设施； (1分)
④ 物料提升机； (1分)
⑤ 塔吊； (1分)
⑥ 施工升降机； (1分)
⑦ 混凝土地泵； (1分)
⑧ 油漆库房； (1分)
⑩ 洗车设施。 (1分)

【评分准则：①和②、⑥和⑦互换的，均不扣分】

2. (本小题8分)
① 钢筋加工及堆场；② 木工加工及堆场的布置均在塔吊覆盖范围内，以便减少材料的二次搬运费； (1分)
③ 现场办公设施布置在出入口处，以便加强内外联系； (1分)
④ 物料提升机布置在6层建筑物处，满足搭设高度不超过30m的要求； (1分)
⑤ 塔吊应布置在20层建筑物处，考虑到单体建筑的覆盖范围，沿建筑物长边方向布置在中间位置； (1分)
⑥ 施工升降机邻近办公室，便于管理人员及时对各楼层的质量、安全检查； (1分)
⑦ 混凝土地泵布置在高层建筑物处，以便高层混凝土的垂直运输； (1分)
⑧ 油漆库房属于存放危险品类仓库，应单独设置； (1分)
⑩ 洗车设施应设置在大门出入口，以便车辆冲洗。 (1分)

3. (本小题3分)
① 设置宣传栏； (1分)
② 设置报刊栏； (1分)
③ 悬挂安全标语； (1分)
④ 设置安全警示标牌。 (1分)

【评分准则：写出3项正确的，即得3分】

案 例 十

【2018年一建建筑】

一新建工程，地下2层，地上20层，高度为70m，建筑面积40000m²，标准层平面为40m×40m。项目部根据施工条件和需求、按照施工机械设备选择的经济性等原则，采用单位工程量成本比较法选择确定了塔吊型号。施工总包单位根据项目部制定的安全技术措施、安全评价等安全管理内容提取了项目安全生产费用。

在一次塔吊起吊荷载达到其额定起重量95%的起吊作业中，安全人员让操作人员先将重物吊起离地面15cm，然后对重物的平稳性，设备和绑扎等各项内容进行了检查，确认安全后同意其继续起吊作业。

"在建工程施工防火技术方案"中，对已完成结构施工楼层的消防设施平面布置设计见图2-5。图中立管设计参数为：消防用水量15L/s，水流速 $i=1.5$ m/s；消防箱包括消防水枪、水带与软管。监理工程师按照《建设工程施工现场消防安全技术规范》（GB 50720—2011）提出了整改要求。

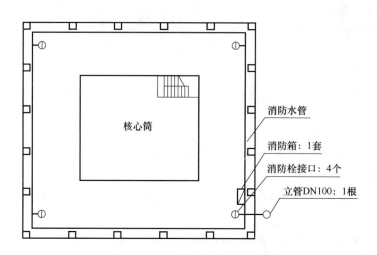

图2-5 标准层临时消防设施布置示意图
（未显示部分视为符合要求）

问题：

1. 施工机械设备选择的原则和方法分别还有哪些？
2. 节能与能源利用管理中，应分别对哪些用电项设定控制指标？对控制指标定期管理的内容有哪些？
3. 指出图2-5中的不妥之处，并说明理由。

【参考答案】

1. （本小题5分）

（1）选择原则还有：①适应性；②高效性；③稳定性；④安全性。　　（3分）

【评分准则：写出3项正确的，即得3分】

（2）选择方法还有：①折算费用法；②综合评分法；③界限时间比较法。　（2分）

【评分准则：写出2项正确的，即得2分】

2. （本小题6分）

（1）应分别设定用电控制指标的用电项有：①生产；②生活；③办公；④施工设备。

（3分）

【评分准则：写出3项正确的，即得3分】

（2）定期管理的内容有：①计量；②核算；③对比分析；④预防和纠正措施。　（3分）

【评分准则：写出3项正确的，即得3分】

3. (本小题 6 分)
(1) 不妥之一：DN100 的立管设置 1 根。 (1分)
理由：立管不应少于 2 根 DN125。 (1分)
(2) 不妥之二：消火栓接口的位置。 (1分)
理由：消火栓接口设置在明显且易于操作的部位。 (1分)
(3) 不妥之三：消火栓间距。 (1分)
理由：高层建筑，消火栓接口间距不应大于 30m。 (1分)
(4) 不妥之四：消防箱只设置 1 套。 (1分)
理由：消防箱不应少于 2 套。 (1分)
(5) 不妥之五：楼梯处未设置消防设施。 (1分)
理由：每层楼梯处均应设置消防水枪，水带和软管，且每个设置点不少于 2 套。(1分)
(6) 不妥之六：消防箱内设施。 (1分)
理由：消防箱内应设置灭火器。 (1分)
(7) 不妥之七：缺消防软管接口。 (1分)
理由：应设置消防软管接口。 (1分)
【评分准则：找出 3 个不妥的，即得 6 分】

案 例 十 一

【2017 年一建建筑】

某建设单位投资兴建一办公楼，投资概算 25000.00 万元，建筑面积 21000m²；钢筋混凝土框架-剪力墙结构，地下 2 层，层高 4.5m，地上 18 层。B 施工单位根据工程特点、工作量和施工方法等影响劳动效率因素，计划主体结构施工工期为 120 天，预计总用工为 5.76 万个工日，每天安排 2 个班次，每个班次工作时间为 7h。

问题：计算主体施工阶段需要多少名劳动力？编制劳动力需求计划时，确定劳动效率通常还应考虑哪些因素？

【参考答案】（本小题 6 分）
(1) 主体施工阶段需要劳动力：
做法一：57600×8/(2×7×120) = 274.3，取 275 名。 (2分)
做法二：57600×8/(7×120) = 549(人)
(2) 确定劳动效率通常还应考虑因素：环境、气候、地形、地质、工程特点、实施方案的特点、现场平面布置、劳动组合、施工机具等。 (4分)

案 例 十 二

【2017 年一建建筑】

某新建办公楼工程，总建筑面积 68000m²。建设单位与施工单位签订了施工总承包合同。施工中，木工堆场发生火灾。紧急情况下值班电工及时断开了总配电箱开关，经查，火灾是因临时用电布置和刨花堆放不当引起。部分木工堆场临时用电现场布置剖面示意图见图 2-6。

施工单位为接驳市政水管，安排人员在夜间挖沟、断路施工，被主管部门查处，要求停工整改。

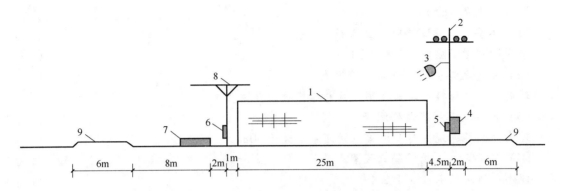

图2-6 木工堆场临时用电现场布置剖面示意图
1—模板堆 2—电杆（高5m） 3—碘钨灯 4—堆场配电箱 5—灯开关箱
6—电锯开关箱 7—电锯 8—木工棚 9—场内道路

问题：

1. 指出图2-6中相关布置的不妥之处。正常情况下，临时配电系统停电的顺序是什么？

2. 对需要市政停水、封路而影响环境时的正确做法是什么？

【参考答案】

1. （本小题6分）

（1）不妥之处：

① 不妥之一：敞开式木工棚； (1分)
② 不妥之二：电锯与模板堆垛的距离； (1分)
③ 不妥之三：电锯开关箱与分配电箱的距离； (1分)
④ 不妥之四：电杆上安装分配电箱； (1分)
⑤ 不妥之五：电杆与模板堆垛的距离； (1分)
⑥ 不妥之六：照明灯采用碘钨灯； (1分)
⑦ 不妥之七：照明系统与动力系统采用一个回路； (1分)
⑧ 不妥之八：木模板上部未采取防雨措施，下部未垫高，且未设置排水沟； (1分)
⑨ 不妥之九：易燃材料堆垛和木工棚未设置消防器材及消防水源； (1分)
⑩ 不妥之十：易燃材料堆垛和木工棚未设置安全警示标志。 (1分)

【评分准则：上述10个不妥项中写出4个不妥项的，即得4分】

（2）现场临时配电系统停电的顺序：开关箱→分配电箱→总配电箱。 (2分)

2. （本小题4分）

（1）承包人应提前通知发包人办理相关申请批准手续，并按发包人的要求，提供需要承包人提供的相关文件、资料、证件等。经有关主管部门（市政、交通、环保等）同意后，方可进行断路施工。 (1分)

（2）施工单位应做好相关的保护、防护方案和防护措施。 (1分)

（3）施工单位还应当及时申领夜间施工许可证。 (1分)

（4）应在施工前公告附近居民。 (1分)

案例十三

【2015年一建建筑】

某新建办公楼工程，建筑面积48000m²，地下2层，地上6层，中庭高度为9m，钢筋混凝土框架结构。项目开工之前，建设单位按照相关规定办理施工许可证，要求总承包单位做好制定施工组织设计中的各项技术措施，编制专项施工组织设计，并及时办理政府专项管理手续等相关配合工作。

总承包单位将工程主体劳务分包给某劳务公司，双方签订了劳务分包合同，劳务分包单位进场后，总承包单位要求劳务分包单位将劳务施工人员的身份证等资料的复印件上报备案。某月总承包单位将劳务分包款拨付给劳务公司，劳务公司自行发放，其中木工班长代领木工工人工资后下落不明。

问题：

指出分包过程中的不妥之处，并说明正确做法。按照劳务实名制管理规定，劳务公司还应该将哪些资料的复印件报总承包单位备案？

【参考答案】（本小题9分）

(1) 不妥之处：

① 不妥之一："劳务分包单位进场后进行备案工作"。 (1分)

正确做法：应当在进场前进行备案。 (1分)

② 不妥之二："劳务公司自行发放"。 (1分)

正确做法：劳务公司发放工资时，总承包单位应设专人现场监督。 (1分)

③ 不妥之三："木工班长代领木工工人工资"。 (1分)

正确做法：工资直接发放给劳动者本人，严禁代领工资。 (1分)

(2) 还应有：

① 施工人员花名册； (1分)

② 劳动合同文本； (1分)

③ 岗位技能证书。 (1分)

案例十四

【2015年一建建筑】

某建筑工程，占地面积为8000m²，地下3层，地上30层，框筒结构。施工现场场地狭小，项目部将所有材料加工全部委托给专业加工厂进行场外加工。

施工现场总平面布置设计中包含如下主要内容：①材料加工场地布置在场外；②现场设置一个出入口，出入口处设置办公用房；③场地周边设置3.8m宽环形载重单行车道作为主干道（兼消防车道），并进行硬化，转弯半径10m；④在干道外侧开挖400mm×600mm管沟，将临时供电线缆、临时用水管线埋置于管沟内。监理工程师认为总平面布置存在多处不妥，责令整改后再验收。并要求补充主干道具体硬化方式和裸露场地文明施工防护措施。

问题： 指出施工总平面布置设计的不妥之处，分别写出正确做法，施工现场主干道常用硬化方式有哪些？裸露场地的文明施工防护通常有哪些措施？

【参考答案】（本小题 11 分）
(1) 不妥之处：
① 不妥之一："设置 3.8m 宽的车道作为主干道兼消防车道"。(1 分)
正确做法：单行车道作为主干道（兼消防车道）的宽度不小于 4m。(1 分)
② 不妥之二："车道转弯半径 10m"。(1 分)
正确做法：载重车的转弯半径不小于 15m。(1 分)
③ 不妥之三："将临时供电线缆、临时用水管线埋置于管沟内"。(1 分)
正确做法：临时供电线缆应避免与其他管道设在同一侧。(1 分)
(2) 硬化方式：
① 混凝土；(1 分)
② 钢板；(1 分)
③ 碎石。(1 分)
(3) 措施：
① 硬化处理；(1 分)
② 绿化处理；(1 分)
③ 覆盖处理；(1 分)
④ 洒水降尘。(1 分)
【评分准则：写出 2 项正确的，即得 2 分】

案例十五

【2014 年一建建筑】

某办公楼工程，建筑面积 45000m²，地下 2 层，地上 26 层，框架-剪力墙结构。项目部在编制的"项目环境管理规划"中，提出了包括现场文化建设、保障职工安全等文明施工的工作内容。

问题： 现场文明施工还应包含哪些工作内容？

【参考答案】（本小题 3 分）
(1) 规范场容，保持作业环境整洁卫生。(1 分)
(2) 创造文明有序的安全生产条件。(1 分)
(3) 减少对居民和环境的不利影响。(1 分)

案例十六

【2012 年一建建筑】

某酒店建设工程，建筑面积 28700m²，地下 1 层，地上 15 层，现浇钢筋混凝土框架结构。施工过程中，甲施工单位加强对劳务分包单位的日常管理，坚持开展劳务实名制管理工作。

施工过程中，施工单位随时将产生的建筑垃圾、废弃包装、生活垃圾等常见固体废物按相关规定进行了处理。

问题：

1. 按照劳务实名制管理要求，在劳务分包单位进场时，甲施工单位应要求劳务分包单位提交哪些资料进行备案?

2. 施工产生的固体废物的主要处理方法有哪些?

【参考答案】

1. (本小题 4 分)

提交的备案资料包括:

① 施工人员的花名册; (1分)
② 施工人员的身份证; (1分)
③ 施工人员的岗位技能证书复印件; (1分)
④ 施工人员的劳动合同文本。 (1分)

2. (本小题 5 分)

① 回收利用; (1分)
② 减量化处理; (1分)
③ 稳定和固化; (1分)
④ 焚烧; (1分)
⑤ 填埋。 (1分)

案 例 十 七

【2011 年一建建筑】

某办公楼工程,建筑面积 82000m²,地下 3 层,地上 20 层,钢筋混凝土框架-剪力墙结构。距邻近六层住宅楼 7m。

事件一:地基土层为粉质黏土和粉砂,地下水为潜水,地下水位 -9.5m,自然地面 -0.5m。基坑支护工程委托有资质的专业单位施工,降排的地下水用于现场机具、设备清洗。主体结构选择有相应资质的 A 劳务公司作为劳务分包,并签订了劳务分包合同。

事件二:结构施工至第 10 层时,工期严重滞后。为保证工期,A 劳务公司将部分工程分包给了另一家有相应资质的 B 劳务公司,B 劳务公司进场工人 100 人。因场地狭窄,B 劳务公司将工人安排在本工程地下室居住。工人上岗前,项目部安全员向施工作业班组进行了安全技术交底,双方签字确认。

问题:

1. 事件一降排的地下水还可用于施工现场哪些方面?
2. 指出事件二中的不妥之处,并分别说明理由。

【参考答案】

1. (本小题 4 分)

(1) 经检测符合要求后可用于搅拌混凝土。 (1分)
(2) 经检测符合规定后可用于混凝土养护。 (1分)
(3) 经检测符合要求后可用于搅拌砂浆。 (1分)
(4) 经检测符合要求后可用于施工机械用水。 (1分)
(5) 可用于消防用水。 (1分)
(6) 可用于洒水降尘。 (1分)
(7) 环境卫生用水。 (1分)

(8) 可用于井点回灌。 (1分)
【评分准则：答出4项正确的，即可得4分】
2. （本小题6分）
(1) "A劳务公司将部分工程分包给B劳务公司"不妥。 (1分)
理由：劳务分包再进行分包，属于违法分包。 (1分)
(2) "B劳务公司将工人安排在本工程地下室居住"不妥。 (1分)
理由：总包单位不得在尚未竣工的建筑物内设置员工集体宿舍。 (1分)
(3) "项目部安全员向施工作业班组进行了安全技术交底"不妥。 (1分)
理由：安全技术交底应由项目技术负责人向施工作业班组、作业人员进行，并由双方签字确认。 (1分)

案例十八

【2010年一建建筑】

某办公楼工程，施工总承包单位根据材料清单采购了一批装饰装修材料。经计算分析，各种材料价款占该批材料款及累计百分比如表2-6所示。

表 2-6

序号	材料名称	所占比例（%）	累计百分比（%）
1	实木门扇（含门套）	30.10	30.10
2	铝合金窗	17.91	48.01
3	细木工板	15.31	63.32
4	瓷砖	11.60	74.92
5	实木地板	10.57	85.49
6	白水泥	9.50	94.99
7	其他	5.01	100.00

问题：根据"ABC分类法"，分别指出重点管理材料名称（A类材料）和次要管理材料名称（B类材料）。

【参考答案】（本小题4分）
(1) 重点管理的材料：实木门扇、铝合金窗、细木工板、瓷砖。 (2分)
(2) 次要管理的材料：实木地板、白水泥。 (2分)

案例十九

【2009年一建建筑】

某市中心区新建一座商业中心，建筑面积26000m²。某施工总承包单位承接了该商业中心工程的施工总承包任务。该施工总承包单位进场后，立即着手进行施工现场平面布置：
(1) 在临市区主干道的南侧采用1.6m高的砖砌围墙作为围挡。
(2) 为节约成本，施工总承包单位决定直接利用原土便道作为施工现场主要道路。
(3) 为满足模板加工的需要，搭设了一间50m²的木工加工间，并配置了1只灭火器。
问题：指出施工总承包单位现场平面布置(1)~(3)中的不妥之处，并说明正确做法。

【参考答案】（本小题 6 分）

(1)"采用 1.6m 高的砖砌围墙作为围挡"不妥。 (1分)

正确做法：场地四周必须设置封闭围挡、进行封闭管理，一般路段的围挡高度不得低于 1.8m，市区主要路段围挡高度不得低于 2.5m。 (1分)

(2)"直接利用原土便道作为施工现场主要道路"不妥。 (1分)

正确做法：施工现场的主要道路必须进行硬化处理。 (1分)

(3)"配置了 1 只灭火器"不妥。 (1分)

正确做法：木工加工间每 25m² 应配置 1 只灭火器，50÷25=2（只），50m² 的木工加工间至少应配置 2 只灭火器。 (1分)

二、2022 考点预测

1. 出现哪些情况，需要修改施工组织设计。
2. 现场平面布置图的设置原则及设置内容。
3. 施工现场文明施工的内容。
4. 施工现场临时供水系统的组成部分。
5. 施工现场供水布置的要点。

第三章 专业技术

第一节 工程材料

考点一：结构材料
考点二：装饰材料
考点三：功能材料
考点四：材料管理

一、案例及参考答案

案 例 一

【2016年一建建筑】

某住宅楼工程，场地占地面积约10000m²，建筑面积约14000m²，地下两层，地上16层，层高2.8m，檐口高47m，结构设计为筏形基础、剪力墙结构。

根据项目试验计划，项目总工程师会同实验员选定1层、3层、5层、7层、9层、11层、13层、16层各留置1组C30混凝土同条件养护试件，试件在浇筑点制作，脱模后放置在下一层楼梯口处。第5层C30混凝土同条件养护试件强度试验结果为28MPa。

问题：题中同条件养护试件的做法有何不妥？并写出正确做法。第5层C30混凝土同条件养护试件的强度代表值是多少？

【参考答案】（本小题7分）

（1）不妥之处：
① 不妥之一："选定13层、16层各留置1组试件"。 （1分）
正确做法：同条件试块，每连续两层楼取样不应少于1组。 （2分）
② 不妥之二："脱模后放置在下层楼梯口处"。 （1分）
正确做法：脱模后的试件应随同浇筑的结构构件同条件养护。 （1分）
（2）代表值：28÷0.88=31.8（MPa） （2分）

案 例 二

【2014年一建建筑】

某办公楼工程，建筑面积45000m²，钢筋混凝土框架-剪力墙结构，地下1层，地上12层，层高5m，抗震等级为一级，内墙装饰面层为油漆、涂料。地下工程防水为混凝土自防水和外贴卷材防水。施工过程中，发生了以下事件：

项目部按规定向监理工程师提交调直后的HRB400E、直径12mm的钢筋复试报告。检测数据为：抗拉强度实测值 $561N/mm^2$，屈服强度实测值 $460N/mm^2$，实测重量 $0.816kg/m$。（HRB400E 钢筋：屈服强度标准值 $400N/mm^2$，抗拉强度标准值 $540N/mm^2$，理论重量 $0.888kg/m$）。

问题：

计算事件中钢筋的强屈比、超屈比、重量偏差（保留两位小数），并根据计算结果分别判断该指标是否符合要求。

【参考答案】（本小题 6 分）

(1) 强屈比：$561/460 = 1.22$ (1 分)

强屈比不得小于 1.25，所以不符合要求。 (1 分)

(2) 超屈比：$460/400 = 1.15$ (1 分)

超屈比不得大于 1.30，所以符合要求。 (1 分)

(3) 重量偏差：$(0.816 - 0.888)/0.888 = -0.08$ (1 分)

直径 6~12mm 的 HRB400E 钢筋，重量负偏差不得大于 6%，该指标符合要求。(1 分)

二、选择题及答案解析

1. 常用较高要求抗震结构的纵向受力普通钢筋品种是（　　）。

A. HRB500　　　　　　　　　　B. HRBF500

C. HRB500E　　　　　　　　　 D. HRB600

【解析】 本题题眼是"较高要求抗震结构"。普通钢筋混凝土结构常用热轧钢筋（H），抗震结构主筋通常为牌号后加"E"的普通热轧带肋钢筋（HRB）和细晶粒热轧带肋钢筋。

2. 下列属于钢材工艺性能的有（　　）。【2018 年一建建筑】

A. 冲击性能　　　　　　　　　B. 弯曲性能

C. 疲劳性能　　　　　　　　　D. 焊接性能

E. 拉伸性能

【解析】

(1) 钢材性能两方面，力学工艺分主次。

(2) 力学性能最重要，拉伸冲击抗疲劳。

(3) 工艺加工一回事，弯曲焊接两兄弟。

3. 成型钢筋在进场时无须复验的项目是（　　）。【2016 年一建建筑】

A. 抗拉强度　　　　　　　　　B. 弯曲性能

C. 重量偏差　　　　　　　　　D. 伸长率

【解析】 成型钢筋的弯曲性能一定合格，无须复验。

4. 在工程应用中，钢材的塑性指标通常用（　　）表示。【2015 年一建建筑】

A. 伸长率　　　　　　　　　　B. 屈服强度

C. 强屈比　　　　　　　　　　D. 抗拉强度

【解析】 钢材的塑性指标有"伸长率和冷弯性能"两项。

5. 下列钢材包含的化学元素中，其含量增加会使钢材强度提高，但塑性下降的有（　　）。【2014 年一建建筑】

A. 碳　　　　　　　　　　　　B. 硅

C. 锰 D. 磷
E. 氮

【解析】

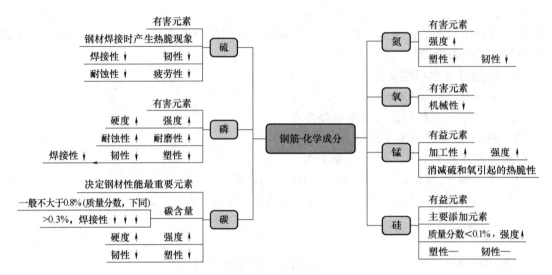

6. 下列钢材化学成分中，属于碳素钢中的有害元素是（ ）。【2013 年一建建筑】
   A. 碳 B. 硅
   C. 锰 D. 磷

【解析】 见上题。

7. 对 HRB400E 钢筋的要求正确的是（ ）。【2021 年一建建筑】
   A. 极限强度标准值不小于 400MPa
   B. 实测抗拉强度与实测屈服强度之比不大于 1.25
   C. 实测屈服强度与屈服强度标准值之比不大于 1.3
   D. 最大力总伸长率不小于 7%

【解析】

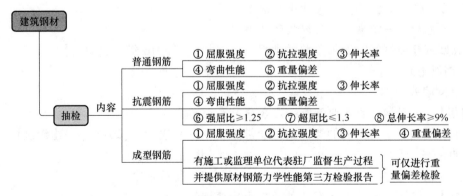

8. 水泥的初凝时间指（ ）。【2019 年一建建筑】
   A. 从水泥加水拌和起至水泥浆失去可塑性所需的时间
   B. 从水泥加水拌和起至水泥浆开始失去可塑性所需的时间

C. 从水泥加水拌和起至水泥浆完全失去可塑性所需的时间

D. 从水泥加水拌和起至水泥浆开始产生强度所需的时间

【解析】

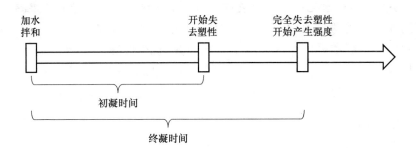

9. 代号为P·O的通用硅酸盐水泥是（　　）。【2015年一建建筑】

   A. 普通硅酸盐水泥　　　　　　　　B. 硅酸盐水泥

   C. 复合硅酸盐水泥　　　　　　　　D. 粉煤灰硅酸盐水泥

【解析】 口诀："矿渣复合ABC，F粉煤P火灰，硅普早强012，水泥代号不愁背。"由此得到："BD"说反了，是普通水泥P·O，复合水泥P·C。

10. 下列水泥品种中，其水化热最大的是（　　）。【2014年一建建筑】

    A. 普通水泥　　　　　　　　　　　B. 硅酸盐水泥

    C. 矿渣水泥　　　　　　　　　　　D. 粉煤灰水泥

【解析】"硅普早强热量大"。

11. 普通气候环境中的普通混凝土应优先用（　　）水泥。【2011年一建建筑】

    A. 矿渣　　　　　　　　　　　　　B. 普通

    C. 火山灰　　　　　　　　　　　　D. 复合

【解析】 口诀："普环干环负水环，抗渗耐磨经验换"。即：①普通环境，②干燥环境，③水下负温环境，④有抗渗耐磨要求的混凝土——优选普通水泥。

12. 根据《通用硅酸盐水泥》（GB 175），关于六大常用水泥凝结时间的说法，正确的是（　　）。【2011年一建建筑】

    A. 初凝时间不得短于40min

    B. 硅酸盐水泥的终凝时间不得长于6.5h

    C. 普通硅酸盐水泥的终凝时间不得长于12h

    D. 除硅酸盐水泥外的其他五类常用水泥的终凝时间不得长于12h

【解析】 （1）A、C、D错误，常用水泥的初凝时间均不得短于45min。水泥的初凝时间长一点，混凝土才有足够的和易性、可泵性；终凝时间短一点，利于工期提前。

（2）凝结时间不满足要求的水泥不得使用。

13. 在混凝土工程中，配制有抗渗要求的混凝土可优先选用（　　）。【2010年一建建筑】

    A. 火山灰水泥　　　　　　　　　　B. 矿渣水泥

    C. 粉煤灰水泥　　　　　　　　　　D. 硅酸盐水泥

【解析】"抗渗优选火山灰"。

14. 关于粉煤灰水泥主要特性的说法，正确的是（　　）。【2018年一建建筑】

A. 水化热较小　　　　　　　　　　B. 抗冻性较好

C. 干缩性较大　　　　　　　　　　D. 早期强度高

【解析】　粉煤灰水泥水化热小、抗裂好，因此干缩性小，能有效减少混凝土内部裂纹。

15. 粉煤灰水泥的主要特征是（　　）。【2021年一建建筑】

A. 水化热较小　　　　　　　　　　B. 抗冻性好

C. 干缩性较大　　　　　　　　　　D. 早期强度高

【解析】

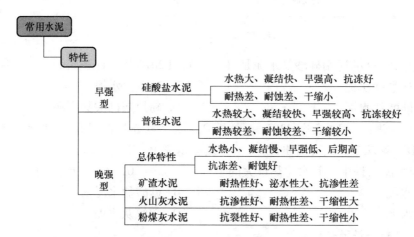

16. 水泥的初凝时间是指从水泥加水拌和起至水泥浆（　　）所需的时间。【2009年一建建筑】

A. 开始失去可塑性

B. 完全失去可塑性并开始产生强度

C. 完全失去可塑性

D. 开始失去可塑性并达到1.2MPa强度

17. 终凝时间不得长于6.5h的水泥品种是（　　）。【2017年二建建筑】

A. 硅酸盐水泥　　　　　　　　　　B. 普通水泥

C. 粉煤灰水泥　　　　　　　　　　D. 矿渣水泥

【解析】　六大水泥中，除硅酸盐水泥终凝时间≤6.5h，其他水泥均≤10h。

18. 下列指标中，属于常用水泥技术指标的是（　　）。【2014年二建建筑】

A. 和易性　　　　　　　　　　　　B. 可泵性

C. 安定性　　　　　　　　　　　　D. 保水性

【解析】　常用水泥技术指标包括：凝结时间、安定性、强度等级、细度、标准稠度用水量、化学指标以及碱含量等。

19. 关于水泥的性能与技术要求，说法正确的是（　　）。【2013年二建建筑】

A. 水泥的终凝时间是从水泥加水拌和起至水泥浆开始失去可塑性所需的时间

B. 水泥安定性不良是指水泥在凝结硬化过程中产生不均匀的体积变化

C. 六大常用水泥的初凝时间均不得长于45min

D. 水泥中的碱含量太低容易产生碱骨料反应

【解析】 综合题型，考核考生对水泥性能的综合把握。

20. 常用水泥中，具有水化热较小特性的是（   ）水泥。【2009年二建建筑】

A. 硅酸盐　　　　　　　　　　　　B. 普通
C. 火山灰　　　　　　　　　　　　D. 复合
E. 粉煤灰

【解析】 早强水泥水化热较大，晚强水泥水化热较小。

21. 国家标准规定，P·O 32.5水泥的强度应采用胶砂法测定。该法要求测定试件的（   ）天和28天抗压强度和抗折强度。【2007年二建建筑】

A. 3　　　　　　　　　　　　　　B. 7
C. 14　　　　　　　　　　　　　D. 21

【解析】 检测水泥3天抗压、抗折强度试验，是为了控制水泥的早期强度；之所以用28天作为最终强度龄期，水泥强度的快速增长期为28天，高速增长期过后，水泥强度的增长会极为缓慢。

22. 钢筋混凝土梁截面尺寸为300mm×500mm，受拉区配4根直径25mm的钢筋，已知梁的保护层厚度为25mm，则配制混凝土选用的粗骨料不得大于（   ）。

A. 25.5mm　　　　　　　　　　　B. 32.5mm
C. 37.5mm　　　　　　　　　　　D. 40.5mm

【解析】 根据图解石子最大粒径相关规定可得：

（1）$[300-(4×25)-(25×2)]/3=50(mm)$

（2）$50×3/4=37.5(mm)$

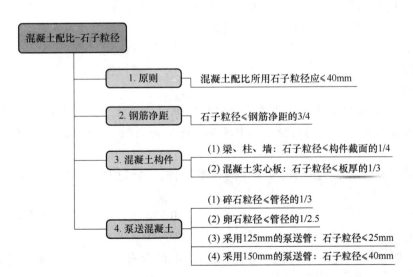

23. 下列混凝土掺合料中，属于非活性矿物掺合料的是（   ）。【2016年一建建筑】

A. 石灰石粉　　　　　　　　　　　B. 硅灰
C. 沸石粉　　　　　　　　　　　　D. 粒化高炉矿渣粉

【解析】 混凝土的掺合料分为：活性掺合料和非活性掺合料。

（1）活性掺合料是指含氧化钙、氧化硅等活性物质。如粉煤灰、硅灰、粒化高炉矿渣粉、沸石粉等。教材中，凡是带"粉"或"灰"的，都属于活性的；凡是"渣、砂、石"这种粒径较大的，如硬矿渣、石英砂、石灰石，均属于非活性掺合料。

（2）掺合料的直接作用是：①节约水泥，②改善混凝土性能。

（3）据统计，建筑工程中使用最多的掺合料是粉煤灰。

24. 影响混凝土拌和物和易性的主要因素包括（　　）。【2018年一建建筑】

　　A. 强度　　　　　　　　　　　　　B. 组成材料的性质

　　C. 砂率　　　　　　　　　　　　　D. 单位体积用水量

　　E. 时间和温度

【解析】　影响混凝土和易性的因素："材料工艺两路走，前3后2五因素"。①单位体积用水量；②砂率；③材料性质，此3条为材料因素；④时间；⑤温度，此2条为工艺因素。

其中，"单位体积用水量"对混凝土和易性起决定性作用。

25. 在混凝土配合比设计时，影响混凝土拌合物和易性最主要的因素是（　　）。【2014年一建建筑】

　　A. 砂率　　　　　　　　　　　　　B. 单位体积用水量

　　C. 温度　　　　　　　　　　　　　D. 拌和方式

26. 下列混凝土拌合物性能中，不属于和易性含义的是（　　）。【2012年一建建筑】

　　A. 流动性　　　　　　　　　　　　B. 黏聚性

　　C. 耐久性　　　　　　　　　　　　D. 保水性

【解析】　混凝土和易性、强度、耐久性是三个并列概念。和易性表现在几分钟、几十分钟；强度表现为几天、几十天；耐久性表现为几年、几十年。

27. 混凝土的耐久性能包括（　　）。【2011年一建建筑】

　　A. 抗冻性　　　　　　　　　　　　B. 抗碳化性

　　C. 抗渗性　　　　　　　　　　　　D. 抗侵蚀性

　　E. 和易性

【解析】　混凝土耐久性包括"渗冻侵碳碱锈蚀"六个方面。即抗渗性、抗冻性、抗侵蚀、碳化、碱骨料反应、钢筋锈蚀。其中抗渗性是"老大"，它直接决定了混凝土的抗冻性和抗侵蚀性。

28. 测定混凝土立方体抗压强度采用的标准试件，其养护龄期是（　　）。【2010年二建建筑】

　　A. 7天　　　　　　　　　　　　　　B. 14天

　　C. 21天　　　　　　　　　　　　　D. 28天

29. 用于居住房屋建筑中的混凝土外加剂，不得含有（　　）成分。【2013年一建建筑】

　　A. 木质素磺酸钙　　　　　　　　　B. 硫酸盐

　　C. 亚硝酸盐　　　　　　　　　　　D. 尿素

【解析】　凭常识判断，住宅建筑混凝土中不应含尿素。

30. 通常用于调节混凝土凝结时间、硬化性能的混凝土外加剂有（　　）。【2012年一

建建筑】

A. 缓凝剂　　　　　　　　　　B. 早强剂

C. 膨胀剂　　　　　　　　　　D. 速凝剂

E. 引气剂

【解析】

(1) 改善混凝土流动性：减水引气泵送剂。

(2) 调节混凝土凝结硬化性：早强速凝缓凝剂。

(3) 改善混凝土耐久性：防水引气阻锈剂。

31. 关于细骨料"颗粒级配"和"粗细程度"性能指标的说法，正确的是（　　）。【2011年一建建筑】

A. 级配好，砂粒之间的空隙小；骨料越细，骨料比表面积越小

B. 级配好，砂粒之间的空隙大；骨料越细，骨料比表面积越小

C. 级配好，砂粒之间的空隙小；骨料越细，骨料比表面积越大

D. 级配好，砂粒之间的空隙大；骨料越细，骨料比表面积越大

【解析】　原理同"切苹果"。

32. 关于混凝土外加剂的说法错误的是（　　）。【2015年二建建筑】

A. 掺入适量减水剂能改善混凝土的耐久性

B. 高温季节大体积混凝土施工应掺速凝剂

C. 掺入引气剂可提高混凝土的抗渗性和抗冻性

D. 早强剂可加速混凝土早期强度增长

【解析】　B错误。高温季节掺速凝剂正好反了，应该掺缓凝剂。

33. 用于承重的双排孔轻集料混凝土砌块砌体的孔洞率不应大于（　　）。【2018年一建建筑】

A. 25%　　　　　　　　　　B. 30%

C. 35%　　　　　　　　　　D. 40%

【解析】

(1) 烧结普通砖尺寸：240mm×115mm×53mm。

(2) 多孔砖孔洞率≤35%，空心砖孔洞率≥40%。

34. 按照成分组成，砌体结构砌筑用砂浆通常可以分为（　　）。

A. 水泥砂浆　　　　　　　　　B. 特种砂浆

C. 混合砂浆　　　　　　　　　D. 专用砂浆

E. 石灰砂浆

【解析】　砌筑砂浆分为"水混专用三砂浆"。

(1) 水泥砂浆：强度高、耐久好，抗渗性好，但流动、保水性均较差。故常用于①防潮层以下砌体，②对强度要求较高的砌体。

(2) 混合砂浆分：①水泥石灰砂浆，②水泥黏土砂浆。工程当中常见的是前者，其耐久性、流动性、保水性较好，易于砌筑；但强度不如水泥砂浆。至于后者，只有在砌筑临时性围挡时才会用到，一般不用于永久工程。

(3) 专用砂浆分：①砌块专用砂浆，②蒸压砖专用砂浆——是种专用胶黏剂。

35. 有关砂浆强度等级的说法正确的是（　　）。
   A. 砂浆试块是 70.7mm×70.7mm×70.7mm 的立方体试块
   B. 标准养护龄期为 28 天
   C. 标准养护温度为（20±2℃），相对湿度 90% 以上
   D. 每组取 3 个试块进行抗压强度试验
   E. 砂浆试块一组 6 块
   【解析】　E 错误。砌筑砂浆每组取 3 个试块进行抗压强度试验。

36. 常于室内装修工程的天然大理石最主要的特性是（　　）。【2020 年一建建筑】
   A. 属酸性石材
   B. 质地坚硬
   C. 吸水率高
   D. 属碱性石材
   【解析】　大理石的特性体现在一个"较"字——质地较软、质地较密实、抗压强度较高，吸水率低，属碱性中硬石材。

37. 关于花岗石特性的说法，错误的是（　　）。【2016 年一建建筑】
   A. 强度高
   B. 耐磨性好
   C. 密度大
   D. 属碱性石材
   【解析】　花岗石构造致密、强度高、密度大、吸水率极低、质地坚硬、耐磨，属酸性硬石材。其耐酸、抗风化、耐久性好，使用年限长。但是花岗石所含石英在高温下会发生晶变，体积膨胀而开裂，因此"不耐火"。

38. 天然大理石饰面板材不宜用于室内（　　）。【2012 年一建建筑】
   A. 墙面
   B. 大堂地面
   C. 柱面
   D. 服务台面
   【解析】　大理石质地较软，不耐磨，故不适用地面。

39. 由湿胀引起的木材变形情况是（　　）。【2011 年一建建筑】
   A. 翘曲
   B. 开裂
   C. 鼓凸
   D. 接榫松动
   【解析】　"木材变形两方面，干缩湿胀五体现，桌椅湿胀见鼓凸，裂缝松翘找干缩"。

40. 木材的变形在各个方向不同，下列表述中正确的是（　　）。【2018 年一建建筑】
   A. 顺纹方向最小，径向较大，弦向最大
   B. 顺纹方向最小，弦向较大，径向最大
   C. 径向最小，顺纹方向较大，弦向最大
   D. 径向最小，弦向较大，顺纹方向最大
   【解析】　"顺小径大弦最大，木材出题兴奋点"。

41. 木材的湿胀干缩变形在各个方向上有所不同，变形量从小到大依次是（　　）。【2015 年一建建筑】
   A. 顺纹、径向、弦向
   B. 径向、顺纹、弦向
   C. 径向、弦向、顺纹
   D. 弦向、径向、顺纹
   【解析】　见上题。

42. 第一类人造软木地板最适合用于（　　）。【2017年一建建筑】
A. 商店
B. 图书馆
C. 走廊
D. 家庭居室

【解析】 "人造木板分三类，重点关注第一类"。

43. 关于普通平板玻璃特性的说法，正确的是（　　）。【2013年一建建筑】
A. 热稳定性好
B. 抗拉强度较高
C. 热稳定性差
D. 防火性能较好

【解析】 "平板玻璃最平庸，教材恋旧不舍扔，急冷急热易炸裂，冬冷夏热不保温"。

44. 节能装饰型玻璃包括（　　）。【2016年一建建筑】
A. 压花玻璃
B. 彩色平板玻璃
C. 中空玻璃
D. "Low-E"玻璃
E. 真空玻璃

【解析】 选项A和B均为纯装饰型玻璃，选项C、D、E既有节能性，又有装饰效果。

45. 关于钢化玻璃特性的说法，正确的有（　　）。【2015年一建建筑】
A. 碎后易伤人
B. 使用时可切割
C. 热稳定性差
D. 可能发生自爆
E. 机械强度高

【解析】 "高强弹性耐火好，碎不伤人但自爆"。

46. 通过对钢化玻璃进行均质处理可以（　　）。【2021年一建建筑】
A. 降低自爆率
B. 提高透明度
C. 改变光学性能
D. 增加弹性

【解析】 经过长期研究，钢化玻璃内部存在的硫化镍（NiS）结石是造成钢化玻璃自爆的主因。对钢化玻璃进行均质（第二次热处理工艺）处理，可以大大降低钢化玻璃的自爆率。

47. 关于中空玻璃的特性正确的是（　　）。【2020年一建建筑】
A. 机械强度高
B. 隔声性能好
C. 弹性好
D. 单向透视性

【解析】 中空玻璃是基于导热的原理控制室内环境。其特性总结为"隔热隔声防结露"。其具有良好的隔声性，可降噪30～40dB。

48. 关于高聚物改性沥青防水卷材的说法，错误的是（　　）。【2014年一建建筑】
A. SBS卷材尤其适用于较低气温环境的建筑防水
B. APP卷材尤其适用于较高气温环境的建筑防水

C. 采用冷粘法铺贴时，施工环境温度不应低于 0℃

D. 采用热熔法铺贴时，施工环境温度不应低于 -10℃

【解析】

（1）C 错误。口诀："热熔 -10 冷粘 5"。

（2）改性沥青卷材包括："AB 胎柔橡胶改"。一建考试主要涉及的是 APP 和 SBS 两类。

（3）SBS 为弹性体卷材；其广泛用于工建和民建的屋面及地下防水工程，尤其适用于"低温"环境下的防水工程。

（4）APP 为塑性体卷材；适用于工建和民建的屋面及地下防水工程，以及道路、桥梁等工程的防水，尤其适用于"高温"环境下的防水工程。

49. 下列装修材料中，属于功能材料的是（　　）。【2012 年一建建筑】

A. 壁纸　　　　　　　　　　　　B. 木龙骨

C. 水泥　　　　　　　　　　　　D. 防水涂料

【解析】 水泥属于结构材料，壁纸、龙骨很明显是装修材料。所以功能材料是指除结构、装修材料以外的防水、防火、保温材料。

50. 防水卷材的耐老化性指标可用来表示防水卷材的（　　）性能。【2010 年一建建筑】

A. 大气稳定　　　　　　　　　　B. 拉伸

C. 温度稳定　　　　　　　　　　D. 柔韧

51. 属于非膨胀型防火材料的是（　　）。【2019 年一建建筑】

A. 超薄型防火涂料　　　　　　　B. 薄型防火涂料

C. 厚型防火涂料　　　　　　　　D. 有机防火堵料

【解析】 厚型防火材料也被称之为不发泡的防火材料，其主要起防火作用，但不隔热。

【参考答案】

1. C	2. BD	3. B	4. A	5. ADE	6. D	7. C	8. B	9. A	10. B
11. B	12. B	13. A	14. A	15. A	16. A	17. A	18. C	19. B	20. CDE
21. A	22. C	23. A	24. BCDE	25. B	26. C	27. ABCD	28. D	29. D	30. ABD
31. C	32. B	33. C	34. ACD	35. ABCD	36. D	37. D	38. B	39. C	40. A
41. A	42. D	43. C	44. CDE	45. DE	46. A	47. B	48. C	49. D	50. A
51. C									

三、2022 考点预测

1. 结构材料的特性、应用及检验。

2. 装饰装修材料的特性及检验。

3. 功能材料的分类、特性及检验。

第二节　工程设计

- 考点一：建筑设计
- 考点二：结构设计
- 考点三：装配设计

一、选择题及答案解析

1. 属于工业建筑的是（　　）。【2021年一建建筑】
   A. 宿舍　　　　　　　　　　B. 办公楼
   C. 仓库　　　　　　　　　　D. 医院

   【解析】

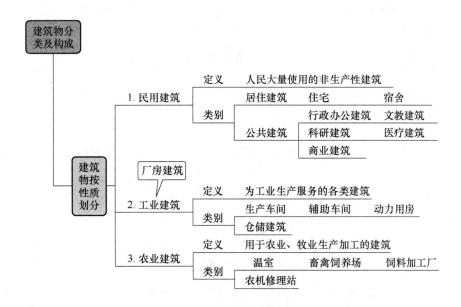

2. 常用建筑结构体系中，应用高度最高的结构体系是（　　）。【2020年一建建筑】
   A. 筒体　　　　　　　　　　B. 剪力墙
   C. 框架-剪力墙　　　　　　　D. 框架结构

   【解析】"框架框剪剪筒体，1578筒最高"——四类结构中，抵抗水平荷载最有效的是筒体结构，因而筒体结构房屋应用高度最高。

3. 下列空间可不计入建筑层数的有（　　）。【2018年一建建筑】
   A. 室内顶板面高出室外设计地面1.2m的半地下室
   B. 设在建筑底部室内高度2.0m的自行车库
   C. 设在建筑底部室内高度2.5m的敞开空间
   D. 建筑屋顶突出的局部设备用房
   E. 建筑屋顶突出屋面的楼梯间

【解析】

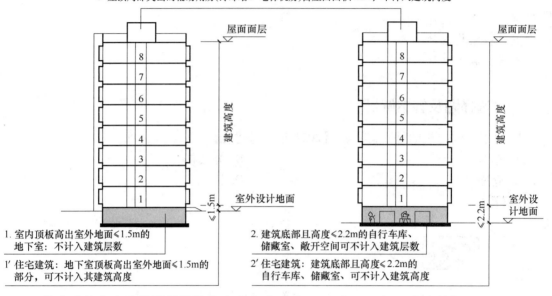

4. 住宅建筑室内疏散楼梯的最小净宽度为（　　）。【2018年一建建筑】
   A. 1.0m　　　　　　　　　　　　B. 1.1m
   C. 1.2m　　　　　　　　　　　　D. 1.3m

5. 楼梯踏步最小宽度不应小于0.28m的是（　　）的楼梯。【2013年一建建筑】
   A. 专用疏散　　　　　　　　　　B. 医院
   C. 住宅套内　　　　　　　　　　D. 幼儿园

【解析】

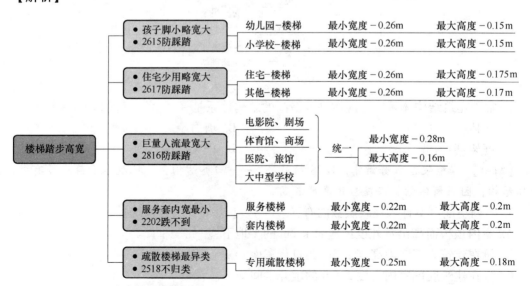

6. 下列防火门构造的基本要求中，正确的有（　　）。【2018年一建建筑】
   A. 甲级防火门耐火极限应为1.0h　　　　B. 向内开启

C. 关闭后能从内外两侧手动开启 D. 具有自行关闭功能
E. 开启后，门扇不应跨越变形缝

7. 关于疏散走道上设置防火卷帘的说法，正确的有（ ）。【2020年一建建筑】
   A. 在防火卷帘的一侧设置启闭装置
   B. 在防火卷帘的两侧设置启闭装置
   C. 具有自动控制的功能
   D. 具有手动控制的功能
   E. 具有机械控制的功能

8. 防火门构造的基本要求有（ ）。【2021年一建建筑】
   A. 甲级防火门耐火极限为1.0h B. 向内开启
   C. 关闭后应能从内外两侧手动开启 D. 具有自行关闭功能
   E. 开启后，门扇不应跨越变形缝

【解析】
选项A错。防火门划分甲、乙、丙三级。其耐火极限：甲级1.5h；乙级1.0h；丙级0.5h。

选项B错、C正确。防火门应为向疏散方向开启的平开门，关闭后应能从其内外两侧手动开启。

选项D正确。疏散走道、楼梯间和前室防火门，应具有自行关闭的功能。双扇防火门，还应具有按顺序关闭的功能。

选项E正确。变形缝附近的防火门，应设在楼层数较多的一侧，且开启后门扇不应跨越变形缝。

9. 楼地面应满足的功能有（ ）。【2018年一建建筑】
   A. 平整 B. 耐磨
   C. 防滑 D. 易于清洁
   E. 经济

10. 建筑内非承重墙的主要功能有（ ）。【2017年一建建筑】
    A. 保温 B. 美化
    C. 隔声 D. 承重
    E. 防水

11. 涂饰施工中必须使用耐水腻子的部位有（ ）。【2018年一建建筑】
    A. 厨房 B. 卫生间
    C. 卧室 D. 地下室
    E. 客厅

【解析】 多水的房间要"耐水"，这是常识。

12. 可能造成外墙装修层脱落、表面开裂的原因有（ ）。【2011年一建建筑】
    A. 装修材料的弹性过大 B. 结构发生变形
    C. 结构材料的强度偏高 D. 粘接不好
    E. 结构材料与装修材料的变形不一致

【解析】 之所以会开裂、脱落，是因为两种材料的温度变形不一致。

13. 关于装饰装修构造必须解决的问题说法正确的有（　　）。【2017 年一建建筑】
   A. 装修层的厚度与分层、均匀与平整
   B. 与建筑主体结构的受力和温度变化相一致
   C. 为人提供良好的建筑物理环境、生态环境
   D. 防火、防水、防潮、防空气渗透和防腐处理等问题
   E. 全部使用不燃材料

14. 某厂房在经历强烈地震后，其结构仍能保持整体稳定而不发生倒塌，此项功能属于结构的（　　）。【2015 年一建建筑】
   A. 安全性　　　　　　　　　　　B. 适用性
   C. 耐久性　　　　　　　　　　　D. 稳定性
   【解析】　只要一谈到倾覆、滑移、倒塌，一定是在说结构安全性；谈到过大变形、过大裂缝、过大振幅一定是在说结构适用性；而跟"长期"有关的诸如腐蚀、老化等，一定是在谈耐久性。

15. 一般情况下，钢筋混凝土梁是典型的受（　　）构件。【2013 年二建建筑】
   A. 拉　　　　　　　　　　　　　B. 压
   C. 弯　　　　　　　　　　　　　D. 扭
   【解析】　常识性考点：梁是典型的受弯构件，柱是典型的受压构件。

16. 影响悬臂梁端部位移最大的因素是（　　）。【2021 年一建建筑】
   A. 构件的跨度　　　　　　　　　B. 材料性能
   C. 构件的截面　　　　　　　　　D. 荷载
   【解析】

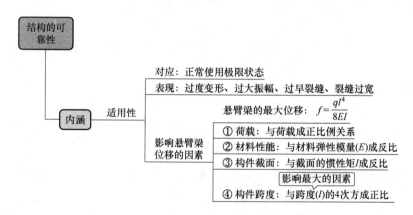

17. 预应力混凝土构件的混凝土最低强度等级不应低于（　　）。【2014 年一建建筑】
   A. C30　　　　　　　　　　　　B. C35
   C. C40　　　　　　　　　　　　D. C45

18. 设计使用年限为 50 年，处于一般环境的大截面钢筋混凝土柱，其混凝土强度等级不应低于（　　）。【2016 年一建建筑】
   A. C15　　　　　　　　　　　　B. C20
   C. C25　　　　　　　　　　　　D. C30

19. 设计使用年限 50 年的普通住宅工程，其结构混凝土的强度等级不应低于（　　）。【2013 年一建建筑】

　　A. C20　　　　　　　　　　　　B. C25
　　C. C30　　　　　　　　　　　　D. C35

20. 直接接触土体浇筑的普通钢筋混凝土构件，其混凝土保护层厚度不应小于（　　）。【2018 年一建建筑】

　　A. 50mm　　　　　　　　　　　B. 60mm
　　C. 70mm　　　　　　　　　　　D. 80mm

【解析】　基础中纵筋的保护层厚度：设计无要求时，有垫层≥40mm，无垫层≥70mm。

21. 建筑结构可靠性包括（　　）。【2017 年一建建筑】

　　A. 安全性　　　　　　　　　　　B. 经济性
　　C. 适用性　　　　　　　　　　　D. 耐久性
　　E. 合理性

【解析】　"结构可靠三方面，安全适用耐久性"。

22. 一般环境中，要提高混凝土结构的设计使用年限，对混凝土强度等级和水胶比的要求是（　　）。【2011 年一建建筑】

　　A. 提高强度等级，提高水胶比　　　B. 提高强度等级，降低水胶比
　　C. 降低强度等级，提高水胶比　　　D. 降低强度等级，降低水胶比

【解析】　"提高混凝土的强度等级，降低水胶比"是提高混凝土结构设计年限（耐久性）最直接的方式。

23. 海洋环境下，引起混凝土内钢筋锈蚀的主要因素是（　　）。【2011 年一建建筑】

　　A. 混凝土硬化　　　　　　　　　B. 反复冻融
　　C. 氯盐　　　　　　　　　　　　D. 硫酸盐

【解析】　这也是为什么混凝土结构一般不用海砂的原因。

24. 关于剪力墙优点的说法，正确的有（　　）。【2018 年一建建筑】

　　A. 结构自重大　　　　　　　　　B. 水平荷载作用下侧移小
　　C. 侧向刚度大　　　　　　　　　D. 间距小
　　E. 平面布置灵活

25. 下列建筑结构体系中，侧向刚度最大的是（　　）。【2016 年一建建筑】

　　A. 桁架结构体系　　　　　　　　B. 筒体结构体系
　　C. 框架-剪力墙结构体系　　　　　D. 混合结构体系

26. 房屋建筑筒中筒结构的内筒，一般由（　　）组成。【2012 年一建建筑】

　　A. 电梯间和设备间　　　　　　　B. 楼梯间和卫生间
　　C. 设备间和卫生间　　　　　　　D. 电梯间和楼梯间

27. 作用于框架结构体系的风荷载和地震力，可简化成（　　）进行分析。【2011 年一建建筑】

　　A. 节点间的水平分布力　　　　　B. 节点上的水平集中力
　　C. 节点间的竖向分布力　　　　　D. 节点上的竖向集中力

28. 以承受轴向压力为主的结构有（　　）。【2011 年一建建筑】

A. 拱式结构 B. 悬索结构
C. 网架结构 D. 桁架结构
E. 壳体结构

29. 常见建筑结构体系中，适用房屋建筑高度最高的结构体系是（ ）。【2010 年一建建筑】

A. 框架 B. 剪力墙
C. 筒体 D. 框架-剪力墙

30. 大跨度混凝土拱式结构的建筑物，主要利用了混凝土良好的（ ）。【2010 年一建建筑】

A. 抗剪性能 B. 抗弯性能
C. 抗拉性能 D. 抗压性能

【解析】 拱式结构属于"纯受压"结构。

31. 既有建筑装修时，如需改变原建筑使用功能，应取得（ ）许可。【2016 年一建建筑】

A. 原设计单位 B. 建设单位
C. 监理单位 D. 施工单位

32. 结构梁上砌筑砌体隔墙，该梁所受荷载属于（ ）。【2020 年一建建筑】

A. 均布荷载 B. 线荷载
C. 集中荷载 D. 活荷载

【解析】 "大面小线集中点"——只堆一袋水泥叫点荷载；呈线性堆积在某处叫线荷载；全部堆满叫面荷载。隔墙属于扁平构件，立起来就形成线荷载。

33. 下列荷载中，属于可变荷载的有（ ）。【2013 年一建建筑】

A. 雪的荷载 B. 结构自重
C. 基础沉降 D. 安装荷载
E. 吊车荷载

34. 属于偶然作用（荷载）的有（ ）。【2021 年一建建筑】

A. 雪荷载 B. 风荷载
C. 火灾 D. 地震
E. 吊车荷载

【解析】

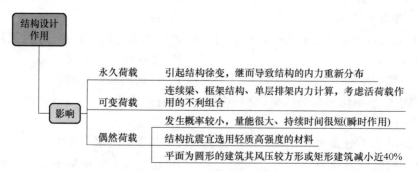

35. 为控制装修对建筑结构的影响，正确的做法有（ ）。【2012 年一建建筑】

A. 装修时不能自行改变原来的建筑使用功能
B. 新的装修构造做法产生的荷载值不能超过原有楼面结构荷载设计值
C. 经原设计单位的书面有效文件许可，即可在原有承重结构构件上开洞凿孔
D. 装修时不得自行拆除任何承重构件
E. 装修施工中可以临时在建筑楼板上堆放大量建筑装修材料

36. 装饰施工中，需在承重结构上开洞凿孔，应经相关单位书面许可，其单位是（　　）。【2018 年一建建筑】
   A. 原建设单位　　　　　　　　　B. 原设计单位
   C. 原监理单位　　　　　　　　　D. 原施工单位

37. 在非地震区，最有利于抵抗风荷载作用的高层建筑平面形状是（　　）。【2011 年一建建筑】
   A. 菱形　　　　　　　　　　　　B. 正方形
   C. 圆形　　　　　　　　　　　　D. 十字形

38. 下列装饰装修施工事项中，所增加的荷载属于集中荷载的有（　　）。【2016 年二建建筑】
   A. 在楼面加铺大理石面层　　　　B. 悬挂大型吊灯
   C. 室内加装花岗岩罗马柱　　　　D. 封闭阳台
   E. 局部设置假山盆景

39. 一般环境条件下建筑结构混凝土板的构造要求说法，错误的是（　　）。【2015 年一建建筑】
   A. 屋面板厚度一般不小于 60mm
   B. 楼板的保护层厚度不小于 35mm
   C. 楼板的厚度一般不小于 80mm
   D. 楼板受力钢筋间距不宜大于 250mm

40. 均布荷载作用下，连续梁弯矩分布特点是（　　）。【2013 年一建建筑】
   A. 跨中正弯矩，支座负弯矩
   B. 跨中正弯矩，支座零弯矩
   C. 跨中负弯矩，支座正弯矩
   D. 跨中负弯矩，支座零弯矩

41. 砌体结构的特点有（　　）。【2017 年一建建筑】
   A. 抗压性能好　　　　　　　　　B. 材料经济、就地取材
   C. 抗拉强度高　　　　　　　　　D. 抗弯性能好
   E. 施工简便

42. 关于砌体结构构造措施的说法，正确的有（　　）。【2013 年二建建筑】
   A. 砖墙的构造措施主要有：伸缩缝、沉降缝和圈梁
   B. 伸缩缝两侧结构的基础可不分开
   C. 沉降缝两侧结构的基础可不分开
   D. 圈梁可以增加房屋结构的整体性
   E. 圈梁可以抵抗基础不均匀沉降引起墙体内产生的拉应力

43. 不属于砌体结构主要构造措施的是（　　）。【2021 年一建建筑】

A. 圈梁　　　　　　　　　　　　B. 伸缩缝

C. 过梁　　　　　　　　　　　　D. 沉降缝

【解析】

44. 不利于提高框架结构抗震性能的措施是（　　）。【2017 年一建建筑】

A. 加强角柱　　　　　　　　　　B. 强梁弱柱

C. 加长钢筋锚固　　　　　　　　D. 增强梁柱节点

【解析】　强柱弱梁才有利于提高框架结构的抗震性能。

45. 关于钢筋混凝土框架结构震害严重程度的说法，错误的是（　　）。【2014 年一建建筑】

A. 柱的震害重于梁

B. 角柱的震害重于内柱

C. 短柱的震害重于一般柱

D. 柱底的震害重于柱顶

46. 基础部分必须断开的是（　　）。【2013 年一建建筑】

A. 伸缩缝　　　　　　　　　　　B. 温度缝

C. 沉降缝　　　　　　　　　　　D. 施工缝

47. 关于有抗震设防要求砌体结构房屋构造柱的说法，正确的是（　　）。【2015 年二建建筑】

A. 房屋四角构造柱的截面应适当减小

B. 构造柱上下端箍筋间距应适当加密

C. 构造柱的纵向钢筋应放置在圈梁纵向钢筋外侧

D. 横墙内的构造柱间距宜大于两倍层高

48. 悬挑空调板的受力钢筋应布置在（　　）。【2013 年二建建筑】

A. 上部　　　　　　　　　　　　B. 中部

C. 底部　　　　　　　　　　　　D. 端部

49. 预制混凝土板水平运输时，叠放不应超过（　　）。【2018 年一建建筑】

A. 3 层　　　　　B. 4 层　　　　　C. 5 层　　　　　D. 6 层

50. 属于一类高层民用建筑的有（　　）。【2019 年一建建筑】

A. 建筑高度 40m 的居住建筑　　　　　B. 医疗建筑
C. 建筑高度 60m 的公共建筑　　　　　D. 省级电力调度建筑
E. 藏书 80 万册的图书馆

51. 有效控制城市发展的重要手段是（　　）。【2019 年一建建筑】
A. 建筑设计　　　　　　　　　　　　B. 结构设计
C. 规划设计　　　　　　　　　　　　D. 功能设计

【解析】　通过城市规划设计，能够大概看清本市的建设脉络、建设特点和政策导向。

【参考答案】

1. C	2. A	3. ABDE	4. B	5. B	6. CDE	7. BCDE	8. CDE	9. ABCD	10. ACE
11. ABD	12. BDE	13. ABCD	14. A	15. C	16. A	17. C	18. C	19. B	20. C
21. ACD	22. B	23. C	24. BC	25. B	26. D	27. B	28. AE	29. C	30. D
31. A	32. B	33. ADE	34. CD	35. ABCD	36. B	37. C	38. BCE	39. B	40. A
41. ABE	42. ABDE	43. C	44. B	45. D	46. C	47. B	48. A	49. D	50. BCD
51. C									

二、2022 考点预测

1. 各结构体系的特点。
2. 各结构体系的力学性能。
3. 各结构体系的构造设计及抗震构造设计。

第三节　工程施工

考点一：地基基础
考点二：主体结构
考点三：防水工程
考点四：装修工程
考点五：节能工程
考点六：室内污染
考点七：质量通病

一、案例及参考答案

案　例　一

【2021 年一建建筑】

某工程项目经理部编制的《屋面工程施工方案》中：

（1）工程采用倒置式屋面，屋面构造层包括防水层、保温层、找平层、找坡层、隔离层、结构层和保护层。构造示意图如图 3-1 所示。

（2）防水层选用三元乙丙高分子防水卷材。

(3) 防水层施工完成后进行雨后观察或淋水、蓄水试验,持续时间应符合规范要求。合格后再进行隔离层施工。

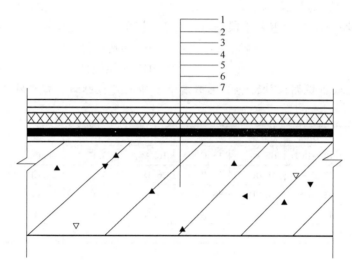

图 3-1 倒置式屋面构造示意图（部分）

问题：
1. 常用高分子防水卷材有哪些？（如三元乙丙）
2. 常用屋面隔离层材料有哪些？屋面防水层淋水、蓄水试验持续时间各是多少小时？
3. 写出图 3-1 中屋面构造层 1~7 对应的名称。

【参考答案】

1.（本小题 3.0 分）

常用高分子防水卷材有：聚氯乙烯防水卷材；氯化聚乙烯防水卷材；氯化聚乙烯-橡胶共混防水卷材；三元丁橡胶防水卷材。 (3.0 分)

2.（本小题 4.0 分）

(1) 常用屋面隔离层材料包括：干铺塑料膜；土工布；卷材；铺抹低强度等级砂浆。
 (2.0 分)

(2) 屋面防水层淋水时间是 2h；蓄水时间是 24h。 (2.0 分)

3.（本小题 7.0 分）

1：保护层； (1.0 分)
2：隔离层； (1.0 分)
3：保温层； (1.0 分)
4：防水层； (1.0 分)
5：找平层； (1.0 分)
6：找坡层； (1.0 分)
7：结构层。 (1.0 分)

案 例 二

某工程采用静压力压桩法沉桩，施工顺序按照"先深后浅，先长后短，先大后小，先密后疏"的原则进行，采用卡扣式方法接桩，接头高出地面0.8m。进行桩身完整性检测时，发现有部分Ⅱ类桩。

施工单位采购的一批材料进场后，按照要求对该批材料进行了验证，验证内容有材料的规格、外观检查等，并制定了材料管理措施。

在施工过程中，监理单位检查时发现，叠合板的钢筋没有进行隐蔽工程验收就直接进入下道工序施工，于是，下达了整改通知书，施工单位对叠合板钢筋的牌号、规格、数量、间距等进行了检查。

问题：

1. 采用"先深后浅，先长后短，先大后小，先密后疏"的原则是否正确？接头高出地面0.8m是否妥当？说明理由。按桩身完整性划分，工程桩分为几类？对Ⅱ类桩身缺陷特征进行描述。

2. 补充材料质量验证的内容。材料质量控制还有哪些环节？

3. 监理单位下达整改通知书的做法是否正确？预制叠合板的钢筋工程需进行隐蔽工程验收的内容还有哪些？

【参考答案】

1.（本小题5.0分）

（1）不正确。（静压桩沉桩：先大后小，先长后短，先深后浅，避免密集）　　　（1.0分）

（2）高出地面0.8m不妥当。　　　（1.0分）

理由：应高出地面1~1.5m（或1m以上）　　　（1.0分）

（3）桩身的完整性有4（四、Ⅳ）类。　　　（1.0分）

（4）Ⅱ类桩：桩身有轻微缺陷，不影响承载力的正常发挥。　　　（1.0分）

2.（本小题3.0分）

（1）补充材料质量验证的内容：品种、型号、数量、见证取样和合格证（或检测报告）。　　　（1.5分）

（2）材料质量控制的环节包括：检验试验（复检）、过程保管（存放，存储）、材料使用。　　　（1.5分）

3.（本小题7.0分）

（1）下达整改通知书的做法正确。　　　（1.0分）

（2）叠合板钢筋隐蔽工程验收的内容：

① 连接方式、接头数量、接头位置、接头面积的百分率、搭接长度、锚固方式、锚固长度；　　　（4.0分）

② 箍筋弯钩角度及平直段长度；　　　（1.0分）

③ 预埋件的规格、数量、位置。　　　（1.0分）

案 例 三

【2021年一建建筑】

某施工单位承建一高档住宅楼工程。钢筋混凝土剪力墙结构，地下2层，地上26层，建筑面积36000m²。

施工单位项目部根据该工程特点，编制了"施工期变形测量专项方案"，明确了建筑测量精度等级，规定了两类变形测量基准点设置均不少于 4 个。

首层楼板混凝土出现明显的塑态收缩现象，造成混凝土结构表面收缩裂缝。项目部质量专题会议分析其主要原因是骨料含泥量过大和水泥及掺合料的用量超出规范要求等，要求及时采取防治措施。

二次结构填充墙施工时，为抢工期，项目施工部门安排作业人员将刚生产 7 天的蒸压加气混凝土砌块用于砌筑作业，要求砌体灰缝厚度、饱满度等质量满足要求。后被监理工程师发现，责令停工整改。

项目经理巡查到二层样板间时，地面瓷砖铺设施工人员正按照基层处理、放线、浸砖等工艺流程进行施工。

其检查了施工质量，强调后续工作要严格按照正确施工工艺作业，铺装完成 28 天后，用专用勾缝剂勾缝，做到清晰顺直，保证地面整体质量。

问题：

1. 建筑变形测量精度分几个等级？变形测量基准点分为哪两类？其基准点设置要求有哪些？
2. 除塑态收缩外，还有哪些收缩现象易引起混凝土表面收缩裂缝？收缩裂缝产生的原因还有哪些？
3. 蒸压加气混凝土砌块使用时的要求龄期和含水率应是多少？写出水泥砂浆砌筑蒸压加气混凝土砌块的灰缝质量要求。
4. 地面瓷砖面层施工工艺内容还有哪些？瓷砖勾缝要求还有哪些？

【参考答案】

1. （本小题 6.0 分）

（1）建筑变形测量精度分为 5 个等级。 (1.0 分)

（2）变形测量基准点分为沉降基准点和位移基准点两类。 (2.0 分)

（3）基准点设置的要求包括：在特等、一等沉降观测时，不应少于 4 个；其他等级沉降观测时不应少于 3 个；沉降观测基准点之间应形成闭合环。 (3.0 分)

2. （本小题 6.0 分）

（1）还有沉陷收缩、干燥收缩、碳化收缩、凝结收缩等收缩现象易引起混凝土表面收缩裂缝。 (2.0 分)

（2）收缩裂缝产生的原因：

① 混凝土原材料质量不合格，如集（骨）料含泥量大； (1.0 分)

② 水泥或掺合料用量超出规范规定； (1.0 分)

③ 混凝土水胶比、坍落度偏大，和易性差； (1.0 分)

④ 混凝土浇筑振捣差，养护不及时或养护差。 (1.0 分)

3. （本小题 4.0 分）

（1）要求龄期：28 天。 (1.0 分)

（2）含水率：宜小于 30%。 (1.0 分)

（3）灰缝质量要求：

① 水平灰缝厚度和竖向灰缝宽度不应超过 15mm。 (1.0 分)

② 填充墙砌筑砂浆的灰缝饱满度均应不小于 80%，且竖缝应填满砂浆，不得有透明缝、

瞎缝、假缝。 (1.0分)

4. (本小题4.0分)

(1) 地面瓷砖面层施工工艺内容还有：铺设结合层砂浆、铺砖、养护、检查验收、勾缝、成品保护。 (2.0分)

(2) 瓷砖勾缝的要求还有平整、光滑、深浅致，且缝应略低于砖面。 (2.0分)

案 例 四

【2019年一建建筑】

某工程的钢筋混凝土基础底板，长度120m，宽度100m，厚度2.0m，混凝土设计强度等级C35，抗渗等级P6，设计无后浇带。施工单位选用商品混凝土浇筑。混凝土设计配合比为1:1.7:2.8:0.46（水泥:中砂:碎石:水）；水泥用量400kg/m³。粉煤灰掺量20%（等量替换水泥），实测中砂含水率4%、碎石含水率1.2%。采用跳仓法施工方案，分别按1/3长度与1/3宽度分成9个浇筑区（见图3-2），每区混凝土浇筑时间3天、各区依次连续浇筑，同时按照规范要求设置测温点（见图3-3）。（资料中未说明条件及因素均视为符合要求）

4	B	5
A	3	D
1	C	2

注：①1~5为第一批浇筑顺序；②A~D为填充浇筑区编号

图3-2 跳仓法分区示意图

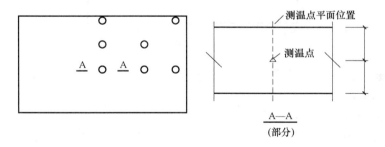

图3-3 分区测温点位置平面示意图

问题：

1. 计算施工方大体积混凝土设计配合比的水泥、中砂、碎石、水用量是多少？计算施工方大体积混凝土施工配合比的水泥、中砂、碎石、水、粉煤灰的用量是多少？（单位：kg，小数点后保留2位）

2. 写出图3-2中无浇筑区A、B、C、D的先后浇筑顺序，如表示为A-B-C-D。

3. 在图3-3上画出A—A侧面示意图（可手绘），并补齐应布置的竖向测温点位置。

4. 写出施工现场混凝土浇筑常用的机械设备名称。

【参考答案】

1．(本小题9分)

(1) 设计配合比

① 水泥：400.00kg (1分)

② 中砂：$400 \times 1.7 = 680.00(kg)$ (1分)

③ 碎石：$400 \times 2.8 = 1120.00(kg)$ (1分)

④ 水：$400 \times 0.46 = 184.00(kg)$ (1分)

(2) 施工配合比

① 水泥：$400 \times (1 - 20\%) = 320.00(kg)$ (1分)

② 中砂：$680 \times (1 + 4\%) = 707.20(kg)$ (1分)

③ 碎石：$1120 \times (1 + 1.2\%) = 1133.44(kg)$ (1分)

④ 水：$184 - 680 \times 4\% - 1120 \times 1.2\% = 143.36(kg)$ (1分)

⑤ 粉煤灰：$400 \times 20\% = 80.00(kg)$ (1分)

2．(本小题4分)

C-A-B-D 或 C-A-D-B (4分)

3．(本小题4分)

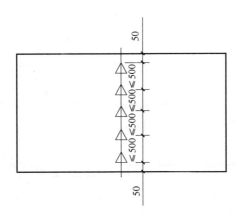

4．(本小题3分)

(1) 混凝土输送泵 (1分)

(2) 混凝土输送管 (1分)

(3) 混凝土布料机 (1分)

或：手推车、机动翻斗车、混凝土搅拌输送车等。

案 例 五

【2019年一建建筑】

某新建办公楼工程，地下2层，地上20层，框架-剪力墙结构，建筑高度87m，基坑深7.6m。建设单位通过公开招标选定了施工总承包单位并签订了工程施工合同。

项目部对装饰装修工程门窗子分部工程进行过程验收中，检查了塑料门窗安装等各分项工程，并验收合格；检查了外窗气密性能等有关安全和功能检测项目合格报告，观感质量符合要求。

问题：

1. 门窗子分部工程中还包括哪些分项工程？
2. 门窗工程有关安全和功能检测项目还有哪些？

【参考答案】

1.（本小题2.0分）

① 木门窗安装； (0.5分)

② 金属门窗安装； (0.5分)

③ 特种门安装； (0.5分)

④ 门窗玻璃安装。 (0.5分)

2.（本小题2.0分）

① 水密性能； (1.0分)

② 抗风压性能。 (1.0分)

案 例 六

【2019年一建建筑】

某新建住宅工程，建筑面积22000m²，地下1层，地上16层，框架-剪力墙结构，抗震设防烈度7度。

240mm厚灰砂砖填充墙与主体结构连接施工的要求有：填充墙与柱连接钢筋为2φ6@600，伸入墙内500mm；填充墙与结构梁下最后三皮砖空隙部位，在墙体砌筑7天后，采取两边对称斜砌填实；化学植筋连接筋φ6做拉拔试验时，将轴向受拉非破坏承载力检验值设为5.0kN，持荷时间2min，期间各检测结果符合相关要求，即判定该试样合格。

屋面防水层选用2mm厚的改性沥青防水卷材，铺贴顺序和方向按照平行于屋脊、上下层不得相互垂直等要求，采用热粘法施工。

问题：

1. 指出填充墙与主体结构连接施工要求中的不妥之处，并写出正确做法。
2. 屋面防水卷材铺贴方法还有哪些？屋面卷材防水铺贴顺序和方向要求还有哪些？

【参考答案】

1.（本小题8.0分）

（1）不妥之一："填充墙与柱连接钢筋为2φ6@600，伸入墙内500mm"。 (1.0分)

正确做法：填充墙与柱连接钢筋应为2φ6@500mm，深入墙内1000mm。 (1.0分)

（2）不妥之二："填充墙与结构梁下最后三皮砖空隙部位，在墙体砌筑7天后，采取两边对称斜砌填实"。 (1.0分)

正确做法：填充墙梁下最后3皮砖应在下部墙体砌完14天后砌筑，并由中间开始向两边斜砌顶紧。 (2.0分)

（3）不妥之三："化学植筋连接筋φ6做拉拔试验时，将轴向受拉非破坏承载力检验值设为5.0kN，持荷时间2min"。 (1.0分)

正确做法：当采用化学植筋的连接方式时，应进行实体检测。锚固钢筋拉拔试验的受拉非破坏承载力检验值应为6.0kN。抽检钢筋在检验值作用下应基材无裂缝、滑移、裂损现

象；持荷 2min 期间荷载值降低不大于 5%。 (2.0 分)
2. （本小题 5.0 分）
（1）铺贴方法还有：
① 冷粘法； (0.5 分)
② 热熔法； (0.5 分)
③ 自粘法； (0.5 分)
④ 焊接法； (0.5 分)
⑤ 机械固定法。 (0.5 分)
（2）铺贴顺序和方向要求还有：
① 卷材防水层施工前，应先进行细部构造处理； (0.5 分)
② 平行屋脊的卷材搭接缝应顺流水方向； (0.5 分)
③ 相邻两幅卷材短边搭接缝应错开，且不得小于 500mm； (0.5 分)
④ 相邻两幅卷材长边搭接缝应错开，且不得小于幅宽的 1/3； (0.5 分)
⑤ 檐沟、天沟卷材施工时，宜顺檐沟、天沟方向铺贴。 (0.5 分)

案 例 七

【2019 年一建建筑】

某高级住宅工程，建筑面积 80000m²，由 3 栋塔楼组成，地下 2 层（含车库），地上 28 层，底板厚度 800mm，由 A 施工总承包单位承建。约定工程最终达到绿色建筑评价二星级。

工程开始施工正值冬季，A 施工单位项目部编制了冬期施工专项方案，根据当地资源和气候情况对底板混凝土的养护采用综合蓄热法，对底板混凝土的测温方案和温差控制、温降梯度及混凝土养护时间提出了控制指标要求。

外墙挤塑板保温层施工中，项目部对保温板的固定、构造节点处理内容进行了隐蔽工程验收，保留了相关的记录和图像资料。

问题：

1. 冬期施工混凝土养护方法还有哪些？对底板混凝土养护中温差控制、温降梯度、养护时间应提出的控制指标是什么？
2. 墙体节能工程隐蔽工程验收的部位或内容还有哪些？

【参考答案】

1. （本小题 6.5 分）
（1）养护方法：
① 蓄热法； (0.5 分)
② 加热法； (0.5 分)
③ 暖棚法； (0.5 分)
④ 负温养护法； (0.5 分)
⑤ 掺外加剂。 (0.5 分)
（2）指标包括：
① 混凝土的中心温度与表面温度的差值不应大于 25℃； (1.0 分)

② 表面温度与大气温度的差值不应大于20℃； (1.0分)
③ 温降梯度不得大于3℃/天； (1.0分)
④ 养护时间不应少于14天。 (1.0分)

2. (本小题7.0分)
① 保温层附着的基层及其表面处理； (1.0分)
② 锚固件； (1.0分)
③ 增强网铺设； (1.0分)
④ 墙体热桥部位处理； (1.0分)
⑤ 现场喷涂或浇注有机类保温材料的界面； (1.0分)
⑥ 被封闭的保温材料厚度； (1.0分)
⑦ 保温隔热砌块填充墙。 (1.0分)

案 例 八

【2018年一建建筑】

某高校图书馆工程，地下2层，地上5层，建筑面积约35000m²，现浇钢筋混凝土框架结构，部分屋面为正向抽空四角锥网架结构。施工单位与建设单位签订了施工总承包合同，合同工期为21个月。

问题： 监理工程师的建议是否合理？网架安装方法还有哪些？网架高空散装法施工的特点还有哪些？

【参考答案】（本小题7分）
（1）监理工程师建议是合理。 (1分)
（2）网架安装方法还有：
① 滑移法； (1分)
② 整体吊装法； (1分)
③ 整体提升法； (1分)
④ 整体顶升法。 (1分)
【评分准则：写出3项正确的，即得3分】
（3）高空散装法施工的特点还有：
① 脚手架用量大； (1分)
② 工期较长； (1分)
③ 需占建筑物场内用地； (1分)
④ 技术上有一定难度； (1分)
【评分准则：写出3项正确的，即得3分】

案 例 九

【2018年一建建筑】

某新建高层住宅工程，地下1层，地上12层，2层以下为现浇钢筋混凝土结构，2层以上为装配式混凝土结构，预制墙板钢筋采用套筒灌浆连接施工工艺。

施工总承包合同签订后，施工单位项目经理遵循项目质量管理程序，按照质量管理

PDCA 循环工作方法持续改进质量工作。

监理工程师在检查土方回填施工时发现：回填土料混有建筑垃圾；土料铺填厚度大于 400mm；采用振动压实机压实 2 遍成活；每天将回填土 2~3 层的环刀法取样统一送检测单位检测压实系数。对此提出整改要求。

"后浇带施工专项方案"中确定：模板独立支设；剔除模板用钢丝网；因设计无要求，基础底板后浇带 10 天后封闭。

监理工程师在检查第 4 层外墙板安装质量时发现：钢筋套筒连接灌浆满足规范要求；留置了 3 组边长为 70.7mm 的立方体灌浆料标准养护试件；留置了 1 组边长 70.7mm 的立方体坐浆料标准养护试件；施工单位选取第 4 层外墙板竖缝两侧 11mm 的部位，现场进行淋水试验。对此要求整改。

问题：

1. 指出土方回填施工中的不妥之处？并写出正确做法。
2. 指出"后浇带专项方案"中的不妥之处？写出后浇带混凝土施工的主要技术措施。
3. 指出第 4 层外墙板施工中的不妥之处？并写出正确做法。装配式混凝土构件钢筋套筒连接灌浆质量要求有哪些？

【参考答案】

1. （本小题 6 分）

（1）不妥之一："回填土料混有建筑垃圾"。 (1 分)

正确做法：回填土料应尽量用同类土，不得混有建筑垃圾。 (1 分)

（2）不妥之二："土料铺填厚度大于 400mm"。 (1 分)

正确做法：采用振动压实机时，回填土的每层虚铺厚度为 250~350mm。 (1 分)

（3）不妥之三："采用振动压实机压实 2 遍成活"。 (1 分)

正确做法：采用压实机压实回填土，每层压实遍数为 3~4 次。 (1 分)

（4）不妥之四："每天将回填 2~3 层的环刀法取样统一送检测单位检测压实系数"。

(1 分)

正确做法：每层回填土均应检测压实系数，下层压实系数试验合格，才能进行上层回填土施工。 (1 分)

【评分准则：找出 3 个不妥并写出正确做法的，即得 6 分】

2. （本小题 5 分）

（1）不妥之处如下：

① 不妥之一："剔除模板用钢丝网"。 (1 分)

理由：应保留后浇带钢丝网。

② 不妥之二："因设计无要求，基础底板后浇带 10 天后封闭"。 (1 分)

理由：设计无要求时，后浇带混凝土应至少在两侧结构浇筑完 28 天后再浇筑。

（2）后浇带主要技术措施：

① 后浇带应当自两侧混凝土完工至少 28 天后再开始浇筑 (1 分)

② 后浇带应采用"微膨胀混凝土"浇筑，且要比两侧混凝土强度等级要高一个级别

(1 分)

③ 后浇带浇筑完毕后，至少养护 14 天；有防水要求时，至少养护 28 天 (1 分)

3.（本小题 7 分）

（1）不妥之处如下：

① 不妥之一："留置 3 组边长 70.7mm 的立方体灌浆料标准养护试件"。（1分）

正确做法：每层应至少留置 3 组 40mm×40mm×160mm 的灌浆料标准养护试件。（1分）

② 不妥之二："留置 1 组边长 70.7mm 的立方体坐浆料标准养护试件"。（1分）

正确做法：每层应至少留置 3 组边长 70.7mm 的立方体坐浆料标准养护试件。（1分）

③ 不妥之三："选第 4 层外墙板竖缝两侧 11mm 的部位，进行现场淋水试验"。（1分）

正确做法：外墙板抽查部位应为相邻两层四块墙板形成的十字接缝区域，面积不得少于 10m²，进行现场淋水试验。（1分）

（2）质量要求如下：灌浆应饱满、密实，所有出口处均应出浆。（1分）

案 例 十

【2017 年一建建筑】

某新建别墅群项目，总建筑面积 45000m²，各幢别墅均为地下 1 层，地上 3 层，砖混结构。项目部对地下室 M5 水泥砂浆防水层施工提出了技术要求：采用普通硅酸盐水泥、自来水、中砂、防水剂等材料拌和，中砂含泥量不得大于 3%；防水层施工前应采用强度等级 M5 的普通砂浆将基层表面的孔洞、缝隙堵塞抹平；防水层施工要求一遍成型，铺抹时应压实、表面应提浆压光，并及时进行保湿养护 7 天。

问题：找出项目部对地下室水泥砂浆防水层施工技术要求的不妥之处，并分别说明理由。

【参考答案】（本小题 8 分）

（1）不妥之一："采用强度等级 M5 的普通砂浆将基层表面的孔洞、缝隙堵塞抹平"。（1分）

理由：应采用与防水层相同的水泥砂浆堵塞抹平。（1分）

（2）不妥之二："中砂含泥量不得大于 3%"。（1分）

理由：防水砂浆中的中砂含泥量不应大于 1%。（1分）

（3）不妥之三："施工要求一遍成型，铺抹时应压实、表面应提浆压光"。（1分）

理由：防水层应分层铺抹，最后一层表面应提浆压光。（1分）

（4）不妥之四："及时进行保湿养护 7 天"。（1分）

理由：防水砂浆终凝后开始保湿养护，养护时间不得少于 14 天。（1分）

案 例 十 一

【2017 年一建建筑】

某新建住宅工程项目，建筑面积 23000m²，地下 2 层，地上 18 层，现浇钢筋混凝土剪力墙结构，项目实行项目总承包管理。

施工过程中，项目部针对屋面卷材防水层出现的起鼓（直径 >300mm）问题，制定了割补法处理方案。方案规定了修补工序，并要求先铲除保护层、把鼓泡卷材割除、对基层清理干净等修补工序依次进行处理整改。

问题：卷材鼓泡采用割补法治理的工序依次还有哪些？

【参考答案】（本小题 4 分）

(1) 用喷灯烘烤旧卷材楂口，并分层剥开，除去旧胶结材料。（1 分）
(2) 依次将旧卷材分片重新粘贴好，上面铺贴第一层新卷材。（1 分）
(3) 再依次粘贴旧卷材，上面铺贴第二层新卷材，周边压实刮平。（1 分）
(4) 重做保护层，并进行成品保护。（1 分）

案 例 十 二

【2016 年一建建筑】

某综合楼工程，地下 3 层，地上 30 层，总建筑面积 68000m²，地基基础设计等级为甲级，灌注桩筏形基础，现浇钢筋混凝土框架-剪力墙结构。建设单位与施工单位按照《建设工程施工合同（示范文本）》签订了施工合同，约定竣工时须向建设单位移交变形测量报告，部分主要材料由建设单位采购提供。施工单位委托第三方测量单位进行施工阶段的建筑变形测量。

基础桩设计桩径 800mm、长度 35～42m，混凝土强度等级 C30，共计 900 根，施工单位编制的桩基施工方案中列明：采用泥浆护壁成孔、导管法水下灌注 C30 混凝土；灌注时桩顶混凝土面超过设计标高 500mm；每根桩留置 1 组混凝土试件；成桩后按总桩数的 20% 对桩身质量进行检验。监理工程师审查方案时认为存在错误，要求施工单位改正后重新上报。

地下结构施工过程中，测量单位按变形测量方案实施监测时，发现基坑周边地表出现明显裂缝，立即将此异常情况报告给施工单位。施工单位立即要求测量单位及时采取相应的检测措施，并根据观测数据制订后续防控对策。

问题：

1. 指出桩基施工方案中的错误之处，并分别写出相应的正确做法。
2. 针对变形测量，除基坑周边地表出现明显裂缝外，还有哪些异常情况也应立即报告委托方？

【参考答案】

1.（本小题 4 分）
(1) 错误之一："导管法水下灌注 C30 混凝土"。（1 分）
正确做法：应采用 C35 混凝土进行导管法水下灌注桩。（1 分）
(2) 错误之二："灌注时桩顶混凝土面超过设计标高 500mm"。（1 分）
正确做法：灌注时桩顶混凝土面标高至少比设计标高超灌 1.0m。（1 分）

2.（本小题 5 分）
立即报告委托方的异常情况：
① 变形量或变形速率出现异常变化；（1 分）
② 变形量达到或超出预警值；（1 分）
③ 周边或开挖面出现塌陷滑坡情况；（1 分）
④ 建筑本身及周边建筑物出现异常；（1 分）
⑤ 自然灾害引起的其他异常变形情况。（1 分）

案例十三

【2016 年一建建筑】

某新建体育馆工程，建筑面积约 2300m²，现浇钢筋混凝土结构，钢结构网架屋盖，地下 1 层，地上 4 层，地下室顶板设计为后张法预应力混凝土梁。

地下室顶板同条件养护试块强度达到设计要求后，施工单位现场生产经理立即向监理工程师口头申请拆除地下室顶板模板，监理工程师同意后，施工单位将地下室顶板的模板及支架全部拆除。

屋盖网架采用 Q390GJ 钢，因钢结构制作单位首次采用该材料，施工前，监理工程师要求其对首次采用 Q390GJ 钢及相关的接头形式、焊接工艺参数、预热和后热措施等焊接参数组合条件进行焊接工艺评定。

填充墙砌体采用单排孔轻骨料混凝土小砌块，专用小砌块砂浆砌筑，现场检查中发现：进场的小砌块产品期达到 21 天后，即开始浇水湿润，待小砌块表面出现浮水后，开始砌筑施工；砌筑时将小砌块的底面朝上反砌于墙上，小砌块的搭接长度为块体长度的 1/3；砌体的砂浆饱满度要求为：水平灰缝 90% 以上，竖向灰缝 85% 以上；墙体每天砌筑高度为 1.5m，填充墙砌筑 7 天后进行顶砌施工；为施工方便，在部分墙体上留置了净宽度为 1.2m 的临时施工洞口。检查后，监理工程师要求对错误之处进行整改。

问题：

1. 监理工程师同意地下室顶板拆模是否正确？背景资料中地下室顶板预应力梁拆除底模及支架的前置条件有哪些？

2. 除背景资料已明确的焊接参数组合条件外，还有哪些参数的组合条件也需要进行焊接工艺评定？

3. 针对背景资料中填充墙砌体施工的不妥之处，写出相应的正确做法。

【参考答案】

1.（本小题 4 分）

（1）不正确。 (1分)

（2）前置条件：

① 预应力筋张拉完毕后； (1分)

② 在同条件养护试块强度记录达到规定要求时； (1分)

③ 技术负责人批准后。 (1分)

2.（本小题 3 分）

（1）焊接材料； (1分)

（2）焊接方法； (1分)

（3）焊接位置。 (1分)

3.（本小题 6 分）

（1）不妥之一："进场小砌块龄期达到 21 天后，即开始砌筑施工"。

正确做法：进场小砌块的龄期不得少于 28 天。 (1分)

（2）不妥之二："浇水湿润，待小砌块表面出现浮水后，开始砌筑施工"。

正确做法：吸水率小的轻骨料砌块，砌筑前不应浇水湿润；吸水率大的轻骨料砌块，砌

筑前 1~2 天浇水湿润，砌筑时不得有浮水。 (1分)

（3）不妥之三："小砌块的搭接长度为块体长度的 1/3"。
正确做法：单排孔小砌块的搭接长度应为块体长度的 1/2。 (1分)

（4）不妥之四："竖向灰缝的砂浆饱满度为 85%"。
正确做法：竖向灰缝砂浆饱满度不得低于 90%。 (1分)

（5）不妥之五："填充墙砌筑 7 天后即开始顶砌施工"。
正确做法：填充墙梁下最后 3 皮砖应在下部墙体砌完 14 天后砌筑。 (1分)

（6）不妥之六："在部分墙体上留置了净宽度为 1.2m 的临时施工洞口"。
正确做法：墙体上留置的临时施工洞口净宽度不应超过 1m。 (1分)

案例十四

【2015 年一建建筑】

某高层钢结构工程，建筑面积 28000m²，地下 1 层，地上 20 层，外围护结构为玻璃幕墙和石材幕墙，外墙保温材料为新型材料；屋面为现浇混凝土板，防水等级为I级，采用卷材防水。

施工过程中发生了如下事件：

事件一：钢结构安装施工前，监理工程师对现场的施工准备工作进行了检查，发现钢构件现场堆放存在问题，现场堆放应具备的基本条件不够完善，劳动力进场情况不符合要求，责令施工单位进行整改。

事件二：施工中，施工单位对幕墙与各层楼板间的缝隙防火隔离处理进行了检查；对幕墙的抗风压性能、空气渗透性能、雨水渗漏性能、平面变形性能等有关安全和功能检测项目进行了见证取样和抽样检测。

事件三：监理工程师对屋面卷材防水进行了检查，发现屋面女儿墙墙根处等部位的防水做法存在问题（防水节点施工做法如图 3-4 所示），责令施工单位整改。

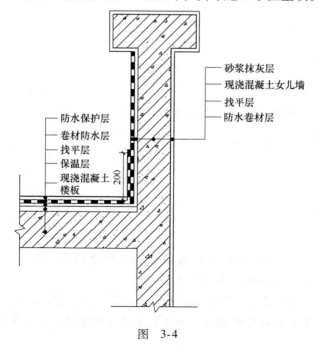

图 3-4

事件四：本工程采用某新型保温材料，按规定进行了评审、鉴定和备案，同时施工单位完成相应程序性工作后，经监理工程师批准后投入使用。施工完成后，由施工单位项目负责人主持，组织了总监理工程师、建设单位项目负责人、施工单位技术负责人、相关专业质量员和施工员进行了节能分部工程的验收。

问题：

1. 事件一中，高层钢结构安装前现场的施工准备还应检查哪些工作？钢构件现场堆场应具备哪些基本条件？

2. 事件二中，建筑幕墙与各楼层楼板间的缝隙隔离的主要防火构造做法是什么？幕墙工程中有关安全和功能的检测项目还有哪些？

3. 事件三中，指出防水节点施工图做法图示中的错误？

4. 事件四中，新型保温材料使用前还应有哪些程序性工作？节能分部工程的验收组织有什么不妥？

【参考答案】

1．（本小题6分）

（1）还应有：

① 钢构件预检和配套；　　　　　　　　　　　　　　　　　　　　　　　　　（1分）

② 安装机械的选择；　　　　　　　　　　　　　　　　　　　　　　　　　　（1分）

③ 定位轴线及标高和地脚螺栓的检查；　　　　　　　　　　　　　　　　　　（1分）

④ 安装流水段的划分和安装顺序的确定。　　　　　　　　　　　　　　　　　（1分）

（2）基本条件：

① 堆场应临近场内道路、堆场应平整并进行硬化处理、无积水、通风好；　　　（1分）

② 堆场应在塔吊覆盖范围内、堆场周边应设置排水沟渠。　　　　　　　　　　（1分）

2．（本小题6分）

（1）防火构造：

① 缝隙采用岩棉或矿棉等不燃材料封堵，其厚度不应小于100mm；满足设计的耐火极限要求，楼层间形成水平防火烟带；　　　　　　　　　　　　　　　　　　　　　（1分）

② 防火层应采用厚度不小于1.5mm的镀锌钢板承托，不得采用铝板；　　　　　（1分）

③ 承托板与主体结构、幕墙结构及承托板之间的缝隙应采用防火密封胶密封。　（1分）

（2）检测项目：

① 硅酮结构胶的相容性试验；　　　　　　　　　　　　　　　　　　　　　　（1分）

② 后置埋件的现场拉拔试验；　　　　　　　　　　　　　　　　　　　　　　（1分）

③ 幕墙的层间变形性能。　　　　　　　　　　　　　　　　　　　　　　　　（1分）

3．（本小题5分）

（1）不妥之一：现浇混凝土楼板上未设找坡层、找平层和隔汽层；　　　　　　（1分）

（2）不妥之二：防水层与保护层之间应设置隔离层；　　　　　　　　　　　　（1分）

（3）不妥之三：泛水高度不应小于250mm；　　　　　　　　　　　　　　　　（1分）

（4）不妥之四：屋面与女儿墙交接处应做成圆弧；　　　　　　　　　　　　　（1分）

（5）不妥之五：防水层在女儿墙根部未设附加层；　　　　　　　　　　　　　（1分）

（6）不妥之六：女儿墙根部与保护层之间未按规定设置缝隙；　　　　　　　　（1分）

(7) 不妥之七：卷材收头处未采用金属压条钉压； (1分)
(8) 不妥之八：女儿墙压顶未设向内的坡度； (1分)
(9) 不妥之九：女儿墙压顶未设鹰嘴或滴水槽； (1分)
(10) 不妥之十：高层屋面应设两道防水。 (1分)
【评分准则：写出5项正确的，即得5分】

4．（本小题4分）
(1) 程序性工作：
① 对施工工艺进行评价； (1分)
② 制定专门的施工技术方案。 (1分)
(2) 不妥之处：
① 不妥之一："由施工单位项目负责人主持"； (1分)
② 不妥之二："参加验收的人员"。 (1分)

案 例 十 五

【2014年一建建筑】

某办公楼工程，建筑面积45000m²，钢筋混凝土框架-剪力墙结构，地下一层，地上十二层，层高5m，抗震等级为一级，内墙装饰面层为油漆、涂料。地下工程防水为混凝土自防水和外贴卷材防水。施工过程中，发生了下列事件：

事件一：五层某施工段的现浇结构尺寸检验批验收表（部分）见表3-1：

表 3-1

项 目			允许偏差/mm	检查结果/mm								
轴线位置	基础		15	10	2	5	7	16				
	独立基础		10									
	柱、梁、墙		8	6	5	7	8	3	9	5	9	1	10
	剪力墙		5	6	1	5	2	7	4	3	2	0	1
垂直度	层高	≤5m	8	8	5	7	8	11	5	9	6	12	7
		>5m											
	全高（H）		H/1000 且 ≤30										
标高	层高		±10	5	7	8	11	5	7	6	12	8	7
	全高		±30										

事件二：监理工程师对三层油漆和涂料施工质量检查中，发现部分房间有流坠、刷纹、透底等质量通病，下达了整改通知单。

事件三：在地下防水工程质量检查验收时，监理工程师对防水混凝土强度、抗渗性能和细部节点构造进行了检查，提出了整改要求。

问题：

1．事件一中，指出验收表中的错误，计算表中正确数据的允许偏差合格率。

2. 事件二中，涂料工程还有哪些质量通病？

3. 事件三中，地下工程防水分为几个等级？一级防水的标准是什么？防水混凝土验收时，需要检查哪些部位的设置和构造做法？

【参考答案】

1. （本小题5分）

（1）第五层现浇混凝土的检查中出现"基础"检查数据是错误的。 （1分）

（2）允许偏差合格率：

① 柱、梁、墙的轴线位置：7/10=70%； （1分）

② 剪力墙的轴线位置：8/10=80%； （1分）

③ 层高的垂直度：7/10=70%； （1分）

④ 层高的标高：8/10=80%。 （1分）

2. （本小题4分）

① 泛碱； （1分）

② 咬色； （1分）

③ 疙瘩； （1分）

④ 砂眼； （1分）

⑤ 漏涂； （1分）

⑥ 起皮； （1分）

⑦ 掉粉。 （1分）

【评分准则：答对4项即可得4分】

3. （本小题5分）

（1）地下工程防水分为四级。 （1分）

（2）一级防水的标准：不允许渗水，结构表面无湿渍。 （1分）

（3）检查的部位：

① 变形缝； （1分）

② 施工缝； （1分）

③ 后浇带； （1分）

④ 穿墙管； （1分）

⑤ 埋设件。 （1分）

【评分准则：检查部位写出3项正确的，即可得3分】

案例十六

【2014年一建建筑】

某办公楼工程，建筑面积45000m²，地下2层，地上26层，框架-剪力墙结构，设计基础底标高为-9.0m，由主楼和附属用房组成。基坑支护采用复合土钉墙，地质资料显示，该开挖区域为粉质黏土且局部有滞水层。

监理工程师在审查复合土钉墙边坡支护方案时，对方案中制定的采用钢筋网喷射混凝土面层、混凝土终凝时间不超过4h等构造做法及要求提出了整改完善的要求。

问题：基坑土钉墙护坡其面层的构造还应包括哪些技术要求？

【参考答案】（本小题 6 分）

(1) 土钉墙墙面坡度不宜大于 1:0.2。 (1分)

(2) 土钉与面层应有效连接，应设置承压板或加强钢筋构造，承压板与加强钢筋与土钉螺栓连接或焊接。 (1分)

(3) 钢筋直径宜为 6～10mm，钢筋间距宜为 150～250mm。 (1分)

(4) 坡段上下钢筋网搭接长度应大于 300mm。 (1分)

(5) 应设置承压板或加强钢筋等构造措施，使面层与土钉可靠连接。 (1分)

(6) 强度等级不宜低于 C20，面层厚度不宜小于 80mm。 (1分)

案例十七

【2013年一建建筑】

某商业建筑工程，地上6层，砂石地基，砖混结构，建筑面积 24000m²。外窗采用铝合金窗，内门采用金属门。在施工过程中发生了如下事件：

事件一：砂石地基础施工中，施工单位采用细砂（掺入30%的碎石）进行铺垫。监理工程师检查发现其分层铺设厚度和分段施工的上下层搭接长度不符合规范要求，令其整改。

事件二：二层现浇混凝土楼板出现收缩裂缝，经项目经理部分析认为原因有：混凝土原材料质量不合格（骨料含泥量大），水泥和掺合料用量超出规定。同时提出了相应的防治措施：选用合格的原材料，合理控制水泥和掺合料用量。监理工程师认为项目经理部的分析不全面，要求进一步完善原因分析和防治方法。

问题：

1. 事件一中，砂石地基采用的原材料是否正确？砂石地基还可以采用哪些原材料？除事件一列出的项目外，砂石地基施工过程还应检查哪些内容？

2. 事件二中，出现裂缝原因还可能有哪些？并补充完善其他常见的防治方法？

【参考答案】

1. （本小题 6 分）

(1) 正确。 (1分)

(2) 中砂、粗砂、砾石、卵石、石屑。 (2分)

(3) 还应检查：

① 夯实时的加水量； (1分)

② 夯压遍数； (1分)

③ 压实系数。 (1分)

2. （本小题 5 分）

(1) 原因还有：

① 混凝土水灰比大、坍落度大、和易性差； (1分)

② 混凝土振捣质量差，养护不及。 (1分)

(2) 防治方法还有：

① 由有资质的试验室配制进行混凝土配合比设计，并确保搅拌质量； (1分)

② 确保混凝土浇筑振捣密实，并在初凝前及时进行二次抹压； (1分)

③ 及时养护混凝土，并保证养护质量满足要求。 (1分)

案例十八

【2012年一建建筑】

某办公楼工程，地下1层，地上12层，总建筑面试26800m²，筏形基础、框架-剪力墙结构。

基坑开挖完成后，经施工总承包单位申请，总监理工程师组织勘察、设计单位的项目负责人和施工总承包单位的相关人员等进行验槽。首先，验收小组经检验确认了该基础不存在空穴、古墓、古井及其他地下埋设物；其次根据勘察单位项目负责人的建议，验收小组仅核对基坑的位置之后就结束了验收工作。

问题：验槽的组织方式是否妥当？基坑验槽还包括哪些内容？

【参考答案】（本小题5分）
（1）验槽的组织方式不妥。 (1分)
（2）基坑验槽还应包括：
① 根据勘察、设计文件核对基坑的平面尺寸、坑底标高； (1分)
② 根据勘察报告核对坑底、坑边岩土体及地下水情况； (1分)
③ 检查基坑底土质的扰动情况及扰动的范围和程度； (1分)
④ 检查基坑底土质受到冰冻、干裂、受水冲刷或浸泡等扰动情况。 (1分)

案例十九

【2012年一建建筑】

某施工单位承接了两栋住宅楼工程，总建筑面积65000m²，基础均为筏形基础（上反梁结构），地下2层，地上30层，地下结构连通，上部为两个独立单体一字设置，设计形式一致，地下室外墙南北向的距离40m，东西向的距离120m。

施工过程中发生了以下事件：

事件一：项目经理部首先安排了测量人员进行平面控制测量定位，测量人员很快提交了测量成果，为工程施工奠定了基础。

事件二：房心回填土施工时正值雨季，土源紧缺，工期较紧，项目经理部在回填后立即浇筑地面混凝土面层，在工程竣工初验时，该部位地面局部出现下沉，影响使用功能，监理工程师要求项目经理部整改。

问题：

事件一中，测量人员从进场测设到形成细部放样的平面控制测量成果需要经过哪些主要步骤？

【参考答案】（本小题4分）
① 先建立场区控制网； (1分)
② 再分别建立建筑物施工控制网； (1分)
③ 根据平面控制网的控制点，测设建筑物的主轴线； (1分)
④ 根据主轴线再进行建筑物的细部放样。 (1分)

案例二十

【2011年一建建筑】

某公共建筑工程，建筑面积22000m²，地下2层，地上5层，层高3.2m，钢筋混凝土框架结构。大堂一至三层中空，大堂顶板为钢筋混凝土井字梁结构。屋面设有女儿墙，屋面防水材料采用SBS卷材，某施工总承包单位承担施工任务。

合同履行过程中，发生了下列事件：

事件一： 施工总承包单位进入现场后，采购了110t Ⅱ级钢，钢筋出厂合格证明资料齐全。

施工总承包单位将同一炉罐号的钢筋组批，在监理工程师见证下取样复试。复试合格后，施工总承包单位在现场采用冷拉方法调直钢筋，冷拉率控制为3%。监理工程师责令施工总承包单位停止钢筋加工工作。

事件二： 屋面进行闭水试验时，发现女儿墙根部漏水。经查证，主要原因是转角处卷材开裂，施工总承包单位进行了整改。

问题：
1. 指出事件一中施工总承包单位做法的不妥之处，分别写出正确做法。
2. 按先后次序说明事件二中女儿墙根部漏水质量问题的治理步骤。

【参考答案】

1. （本小题5分）
(1) "将同一炉罐号的钢筋组批"不妥。　　　　　　　　　　　　　　　　　　　　　（1分）
正确做法：应将同厂家、同品种、同一类型、同一批次钢筋抽取样品进行复验，且一批不应超过60t。　　　　　　　　　　　　　　　　　　　　　　　　　　　　　　　（2分）
(2) "冷拉率控制为3%"不妥。　　　　　　　　　　　　　　　　　　　　　　　　（1分）
正确做法：Ⅱ级钢冷拉率不应超过1%。　　　　　　　　　　　　　　　　　　　　（1分）

2. （本小题3分）
① 割开卷材，烘烤剥离，清除旧料；　　　　　　　　　　　　　　　　　　　　　（1分）
② 新卷材分层压入，搭接粘贴牢固；　　　　　　　　　　　　　　　　　　　　　（1分）
③ 裂缝处增设一层卷材，四周粘牢。　　　　　　　　　　　　　　　　　　　　　（1分）

案例二十一

【2011年一建建筑】

某办公楼工程，建筑面积82000m²，地下3层，地上20层，钢筋混凝土框架-剪力墙结构。距邻近6层住宅楼7m。

合同履行过程中，发生了下列事件：

事件一： 基坑支护工程专业施工单位提出了基坑支护降水采用"排桩+锚杆+降水井"方案，施工总承包单位要求基坑支护降水方案进行比选后确定。

事件二： 底板混凝土施工中，混凝土浇筑从高处开始，沿短边方向自一端向另一端进行。在混凝土浇筑完12h内对混凝土表面进行保温保湿养护，养护持续7天。养护至72h时，测温显示混凝土内部温度70℃，混凝土表面温度35℃。

问题：
1. 事件一中，适用于本工程的基坑支护降水方案还有哪些？
2. 指出事件二中底板大体积混凝土浇筑及养护的不妥之处，并说明正确做法。

【参考答案】

1.（本小题3分）

（1）地下连续墙+锚杆+降水井。 (1分)

（2）地下连续墙+内支撑+降水井。 (1分)

（3）排桩+内支撑+截水帷幕+降水井。 (1分)

2.（本小题6分）

（1）"混凝土浇筑从高处开始，沿短边方向自一端向另一端进行"不妥。 (1分)

正确做法：混凝土浇筑应从低处开始，沿长边方向自一端向另一端进行。 (1分)

（2）"在混凝土浇筑完12h内对混凝土表面进行保温保湿养护，养护持续7天"不妥。
 (1分)

正确做法：混凝土浇筑完成后，应及时覆盖保温保湿材料，进行12h的保温保湿养护，浇水养护时间不少于14天。 (1分)

（3）"混凝土内部温度70℃，混凝土表面温度35℃"不妥。 (1分)

正确做法：采取措施使混凝土内外温差不大于25℃。 (1分)

案例二十二

【2009年一建建筑】

某施工总承包单位承担一项建筑基坑工程的施工，基坑开挖深度12m，基坑南侧距基坑边6m处有一栋6层住宅楼。基坑土质状况从地面向下依次为：杂填土0～2m，粉质土2～5m，砂质土5～10m，黏性土10～12m。上层滞水水位在地表以下5m（渗透系数为0.5m/天），地表下18m以内无承压水。基坑支护设计采用灌注桩加锚杆。施工前，建设单位为节约投资，指示更改设计，除南侧外，其余三面均采用土钉墙支护，垂直开挖。基坑在开挖过程中北侧支护出现较大变形，但一直没有发现，最终导致北侧支护部分坍塌。事故调查中发现：

（1）施工总承包单位对本工程做了重大危险源分析，确认南侧毗邻建筑物、临边防护、上下通道的安全为重大危险源，并制订了相应的措施，但未审批；

（2）施工总承包单位有健全的安全制度文件；

（3）施工过程中无任何安全检查记录、交底记录及培训教育记录等其他记录资料。

问题：
1. 本工程基坑最小降水深度应为多少？降水宜采用何种方式？
2. 该基坑坍塌的直接原因是什么？从技术方面分析造成本工程基坑坍塌的主要因素有哪些？

【参考答案】

1.（本小题4分）

（1）最小降水深度： (2分)

① 以地下水位为标准：12－5＋0.5＝7.5(m)

② 以自然地坪为标准：12 + 0.5 = 12.5(m)
(2) 降水宜采用喷射井点。 (2分)

2. (本小题5分)
(1) 直接原因：采用土钉墙支护，垂直开挖； (1分)
(2) 主要因素：
① 基坑深度12m不适用于土钉墙支护； (1分)
② 基坑土质状况不适用于土钉墙支护； (1分)
③ 如果采用土钉支护，必须按1:0.2的坡度放坡，不得垂直开挖； (1分)
④ 基坑开挖过程中，应进行变形监测，达到预警值时，立即采取措施处理。 (1分)

案 例 二 十 三

【2004年一建建筑】

某建筑工程建筑面积205000m²，现浇混凝土结构，筏形基础，地下3层，地上12层，基础埋深12.4m，该工程位于繁华市区，施工场地狭小。

工程所在地区地势北高南低，地下水流从北向南。施工单位的降水方案计划在基坑南边布置单排轻型井点。

基坑开挖到设计标高后，施工单位和监理单位共同对基坑进行了验槽，并对基底进行了钎探，发现地基东南角有约350m² 软土区，监理工程师随即指令施工单位进行换填处理。

问题：
1. 该工程基坑开挖降水方案是否可行？说明理由。
2. 发现基坑基底软土区后应按什么工作程序进行基底处理？

【参考答案】

1. (本小题4分)
不可行。 (1分)
理由：
① 地下水流从北向南，井点应布置在地下水位的上游一侧，即应该在基坑北边布置降水井点； (1分)
② 基坑面积较大，宽度显然超过6m，井点应采用环形或U形布置； (1分)
③ 基坑深度较大，应采用喷射井点降水。 (1分)

2. (本小题6分)
处理程序：
① 监理单位应立即上报建设单位； (1分)
② 建设单位应要求勘察单位对软土区进行补勘； (1分)
③ 建设单位要求设计单位根据补勘结果编制地基处理方案； (1分)
④ 监理单位应要求施工单位根据设计单位编制的地基处理方案制定施工处理方案，并经审查合格后，签字确认； (1分)
⑤ 由总监理工程师签发工程变更单，指示施工单位进行地基处理； (1分)
⑥ 总监理工程师应批准因此增加的费用和延误的工期。 (1分)

案 例 二 十 四

【2006 年一建建筑】

某办公大楼由主楼和裙楼两部分组成，平面呈不规则四方形，主楼 29 层，裙楼 4 层，地下 2 层，总建筑面积 81650m^2。该工程 5 月份完成主体施工，屋面防水施工安排在 8 月份。屋面防水层由一层聚氨酯防水涂料和一层自粘 SBS 高分子防水卷材构成。

主楼屋面防水工程检查验收时发现少量卷材起鼓，鼓泡有大有小，直径大的达到 90mm，鼓泡割破后发现有冷凝水珠。经查阅相关技术资料后发现：没有基层含水率试验和防水卷材粘贴试验记录；屋面防水工程技术交底要求自粘 SBS 卷材搭接宽度为 50mm，接缝口应用密封材料封严，宽度不小于 5mm。

问题：

1. 试分析卷材起鼓的原因，并指出正确的处理方法。
2. 自粘 SBS 卷材搭接宽度和接缝口密封材料封严宽度应满足什么要求？

【参考答案】

1. （本小题 4 分）
（1）卷材起鼓原因：
① 铺贴卷材前未做基层含水率试验和卷材粘贴试验； （1 分）
② 基层含水率过大，找平层不平整，聚氨酯涂刷不均匀； （1 分）
③ 卷材粘结不实，遇热膨胀鼓泡。 （1 分）
（2）处理方法：采用抽气、灌浆、压砖法处理直径 100mm 以内的鼓泡。 （1 分）
2. （本小题 4 分）
（1）自粘 SBS 卷材搭接宽度为 60mm。 （2 分）
（2）接缝口用密封材料封严，宽度≥10mm。 （2 分）

二、选择题及答案解析

考点一：地基基础

1. 依据建筑场地的施工控制方格网放线，最为方便的方法是（　　）。【2020 年一建建筑】

　A. 极坐标法　　　　　　　　B. 角度前方交会法
　C. 直角坐标法　　　　　　　D. 方向线交会法

【解析】 建筑物细部点平面位置测设方法包括："直角坐标极坐标，角度距离方向线"。最方便的是直角坐标法。

2. 民用建筑上部结构沉降观测点宜布置在（　　）。【2018 年一建建筑】

　A. 建筑四角　　　　　　　　B. 核心筒四角
　C. 大转角处　　　　　　　　D. 高低层交接处
　E. 基础梁上

【解析】 核心逻辑：建筑物观测点应设置在"受力较大处"。

3. 施工控制网为轴线形的建筑场地，最方便的平面放线测量法（　　）。【2011 年一建建筑】

A. 直角坐标法 B. 角度前方交会法
C. 距离交会法 D. 极坐标法

【解析】 "直角坐标极坐标,角度距离方向线,一建二建兴奋点,顺利掌握无风险"。

4. 椭圆的建筑,建筑外轮廓线放样最适宜的测量方法是( )。【2017年二建建筑】

A. 直角坐标法 B. 角度交会法
C. 距离交会法 D. 极坐标法

5. 某高程测量(见图3-5),已知A点高程为H_A,欲测得B点高程H_B,安置水准仪于A、B之间,后视读数为a,前视读数为b,则B点高程H_B为( )。【2009年一建建筑】

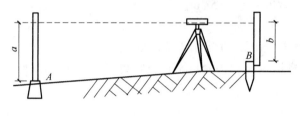

图 3-5

A. $H_B = H_A - a - b$ B. $H_B = H_A + a + b$
C. $H_B = H_A + a - b$ D. $H_B = H_A - a + b$

【解析】 高程测设公式简化版:$H_A + a = H_B + b$;通常,把已知点a称之为"后视读数",未知点(待测点)b称之为"前视读数"。故该公式的内涵为:已知的高程H_A+已知点标尺读数a=待测点的高程H_B+待测点标尺上的读数b。

6. 当建筑场地的施工控制网为方格网或轴线形式时,采用( )进行建筑物细部点的平面位置测设最为方便。【2009年二建建筑】

A. 直角坐标法 B. 极坐标法
C. 角度前方交会法 D. 距离交会法

7. 不能测量水平距离的仪器是( )。【2013年一建建筑】

A. 水准仪 B. 经纬仪
C. 全站仪 D. 垂准仪

【解析】 细想三秒定答案。

8. 工程测量用水准仪的主要功能是( )。【2010年二建建筑】

A. 直接测量待定点的高程
B. 测量两个方向之间的水夹角
C. 测量两点间的高差
D. 直接测量竖直角

【解析】 水准仪不能直接测量高程,只能先测量两点之间的高差,通过计算得出高程。

9. 对某一施工现场进行高程测设,M点为水准点,已知高程为12.00m;N点为待测点,安置水准仪于M、N之间,先在M点立尺,读得后视读数为4.500m,然后在N点立

尺，读得前视读数为3.500m，N点高程为（　　）m。【2010年二建建筑】

A. 11.00　　　　　　　　　　B. 12.00

C. 12.50　　　　　　　　　　D. 13.00

【解析】　根据公式："$H_A + a = H_B + b$"可得 12 + 4.5 = 3.5 + 13。

10. 深基坑工程无支护结构挖土方案是（　　）。【2021年一建建筑】

A. 放坡　　　　　　　　　　B. 逆作法

C. 盆式　　　　　　　　　　D. 中心岛式

【解析】

四种深基坑开挖方式中，只有放坡式开挖是不需要支护结构的。

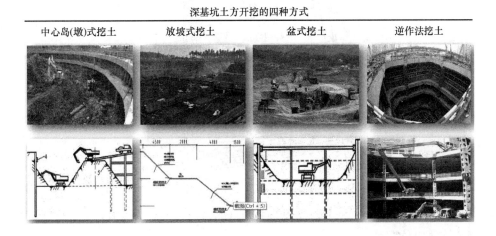

11. 基坑开挖深度8m，基坑侧壁安全等级为一级，基坑支护结构形式宜选（　　）。

A. 水泥土墙　　　　　　　　B. 原状土放坡

C. 土钉墙　　　　　　　　　D. 排桩

12. 土钉墙施工要求正确的是（　　）。【2021年一建建筑】

A. 超前支护，严禁超挖

B. 全部完成后抽查土钉抗拔力

C. 同一分段喷射混凝土自上而下进行

D. 成孔注浆型钢筋土钉采用一次注浆工艺

【解析】

选项A正确。土钉墙施工原则："超前支护，分层分段，逐层施作，限时封闭，严禁超挖"。

选项B错误。每层土钉施工完成后，均应按规范要求抽查土钉的抗拔力。

选项C错误。同一分段内应自下而上喷射，一次喷射厚度不宜超过120mm。

选项D错误。成孔注浆型土钉采用"两次注浆工艺"。第一次注浆宜为"水泥砂浆"，注浆量不小于钻孔体积的1.2倍。第一次注浆初凝后方可进行第二次注浆；第二次注纯水泥浆，注浆量为第一次的30%~40%，注浆压力值为0.4~0.6MPa。

13. 下列土钉墙基坑支护的设计构造，正确的有（　　）。【2011年一建建筑】

A. 土钉墙墙面坡度 1∶0.2
B. 土钉长度为开挖深度的 0.8 倍
C. 喷射混凝土强度等级 C20
D. 土钉的间距为 2m
E. 坡面上下段钢筋网搭接长度为 250cm

【解析】

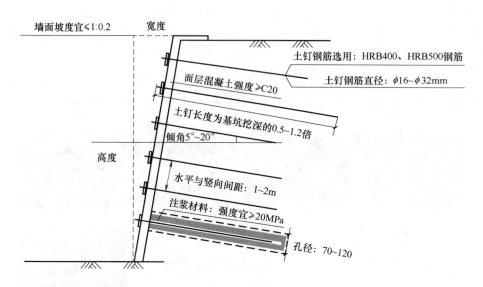

14. 工程基坑开挖采用井点回灌技术的主要目的是（　　）。【2011 年一建建筑】
A. 避免坑底土体回弹
B. 避免坑底出现管涌
C. 减少排水设施，降低施工成本
D. 防止降水井点对周围建筑物、地下管线的影响

【解析】 井点回灌是为防止降水危及基坑及周边环境安全而采取的平衡措施；通过地下水回灌，避免周边建筑的不均匀沉降。

15. 可以起到防止深基坑坑底突涌的措施有（　　）。【2016 年一建建筑】
A. 集水明排　　　　　　　　B. 水平封底隔渗
C. 井点降水　　　　　　　　D. 井点回灌
E. 钻孔减压

【解析】 "封底减压防突涌，案例考点要记牢"。这里所谓的钻孔减压，其实是降水的意思。

16. 针对渗透系数较大的土层，适宜采用的降水技术是（　　）。【2015 年一建建筑】
A. 真空井点　　　　　　　　B. 轻型井点
C. 喷射井点　　　　　　　　D. 管井井点

【解析】 "轻射管井三降水，尤其管井兴奋点，5 年 3 考主客观，轻松拿分笑开颜"。

17. 不以降低基坑内地下水位为目的的井是（　　）。【2017 年二建建筑】
A. 集水井　　　　　　　　　B. 减压井

C. 回灌井　　　　　　　　　　　D. 降水井

18. 适合挖掘地下水中土方的机械有（　　）。【2017年一建建筑】
   A. 正铲挖掘机　　　　　　　　B. 反铲挖掘机
   C. 抓铲挖掘机　　　　　　　　D. 铲运机
   E. 拉铲挖掘机

【解析】"7年3考主客观，反拉抓铲三挖掘"。

19. 下列土方机械设备中，最适宜用于水下挖土作业的是（　　）。【2013年一建建筑】
   A. 抓铲挖掘机　　　　　　　　B. 正铲挖掘机
   C. 反铲挖掘机　　　　　　　　D. 铲运机

20. 浅基坑土方开挖中，基坑边缘堆置土方和建筑材料，最大堆置高度不应超过（　　）m。【2009年二建建筑】
   A. 1.2　　　　　　　　　　　　B. 1.5
   C. 1.8　　　　　　　　　　　　D. 2.0

【解析】案例考点：①基坑周边严禁超载；②土质良好时，荷载距坑边1m开外，堆放高度≤1.5m。

21. 当回填土含水量测试样本质量为142g、烘干后质量为121g时，其含水量是（　　）。【2017年一建建筑】
   A. 8.0%　　　　　　　　　　　B. 14.8%
   C. 16.0%　　　　　　　　　　 D. 17.4%

【解析】(142−121)/121×100% = 17.4%

22. 关于土方回填施工工艺的说法，错误的是（　　）。【2016年一建建筑】
   A. 土料应尽量采用同类土　　　B. 应从场地最低处开始回填
   C. 应在相对两侧对称回填　　　D. 虚铺厚度根据含水量确定

【解析】"3年2考主客观"：设计无要求时，土方回填的虚铺厚度应根据夯实机械确定。

23. 基坑土方填筑应（　　）进行回填和夯实。【2010年二建建筑】
   A. 从一侧向另一侧平推　　　　B. 在相对两侧或周围同时
   C. 由近到远　　　　　　　　　D. 在基坑卸土方便处

【解析】土方回填时，两侧或四周应同时回填，防止基础、埋管中心线偏移。

24. 在进行土方平衡调配时，需要重点考虑的性能参数是土的（　　）。【2015年一建建筑】
   A. 密实度　　　　　　　　　　B. 天然含水量
   C. 可松性　　　　　　　　　　D. 天然密度

【解析】土的可松性是计算："两土两平一运输"的重要参数，即①土方机械生产率，②回填土方量，③运输机具数量，④进行场地平整规划竖向设计，⑤土方平衡调配的重要参数。

25. 反映土体抵抗剪切破坏极限强度的指标是（　　）。【2021年一建建筑】
   A. 内聚力　　　　　　　　　　B. 内摩擦角
   C. 黏聚力　　　　　　　　　　D. 土的可松性

【解析】

1. 内摩擦角	(1) 是工程设计的重要参数 (2) 是土的抗剪强度指标 (3) 反映了土的摩擦性	
2. 抗剪强度	(1) 土体抵抗剪切破坏的极限强度 (2) 包括：内摩擦力、内聚力	
3. 黏聚力	分子接近至10^{-6}cm时，显示黏聚力	
4. 土的天然密度	土在自然状态下单位体积的质量	
5. 土天然含水量	(1) 水的质量/固体颗粒质量×100% (2) 影响：挖土难易、边坡稳定、土方回填	
6. 土的干密度	(1) 土的固体颗粒质量/总体积 (2) 干密度越大，土越坚实 (3) 是控制土的夯实标准	
7. 土的密实度	(1) 被土体颗粒填充的程度 (2) 反应土体的紧密程度	
8. 土的可松性	(1) 计算土方机械生产率 (3) 运输机具数量 (5) 进行场地平整竖向规划	(2) 回填土方量 (4) 土方平衡调配

岩土的工程性能

26. 关于岩土工程性能的说法，正确的是（　　）。【2014 年一建建筑】

A. 内摩擦角不是土体的抗剪强度指标

B. 土体的抗剪强度指标包含有内摩擦力和内聚力

C. 在土方填筑时，常以土的天然密度控制土的夯实标准

D. 土的天然含水量对土体边坡稳定没有影响

【解析】 A 错误，内摩擦角是土体的抗剪强度指标；C 错误，在土方填筑时，以土的"干密度"控制土的夯实标准；D 错误，土的天然含水量是决定边坡稳定性的因素之一。

27. 根据《建筑地基基础工程施工质量验收规范》的规定，属于一级基坑的有（　　）。【2012 年一建建筑】

A. 重要工程的基坑

B. 开挖深度 8m 的基坑

C. 支护结构做主体结构一部分的基坑

D. 与邻近建筑物距离在开挖深度以外的基坑

E. 基坑范围内有历史文物需要严加保护的基坑

【解析】 基坑的分级以及每级的具体条件，属于地基基础工程的根本性认知，考不考都要掌握！

28. 基坑验槽中遇持力层明显不均匀时，应在基坑底普遍进行（　　）。【2012 年一建建筑】

A. 观察　　　　　　　　　　　　B. 轻型动力触探

C. 钎探　　　　　　　　　　　　D. 静载试验

29. 建筑物基坑采用钎探法验槽时，钎杆每打入土层（　　）mm，应记录一次锤击数。【2010 年一建建筑】

A. 200 B. 250
C. 300 D. 350

【解析】 钎探通常为2.1m,每打入300mm记录一次锤击数。该考点新版教材已经删除,但作为现场实操常识点和重要出题点,考生必须掌握。

30. 混凝土灌注桩质量检查项目中,在混凝土浇筑前进行检查的有( )。【2014年一建建筑】

A. 孔深 B. 桩身完整性
C. 孔径 D. 承载力
E. 沉渣厚度

【解析】 桩身完整性和承载力是成桩后的检测项目。需注意,沉渣厚度的检测结果应是二次清孔后的结果。第一次清孔在成孔之后进行,第二次清孔是在钢筋笼下放之后进行。

31. 采用锤击沉桩法施工的摩擦桩,主要以( )控制其入土深度。【2013年一建建筑】

A. 贯入度 B. 持力层
C. 锤击数 D. 标高

【解析】
(1)摩擦桩:其荷载主要是桩侧土与桩间土的摩擦力来承受,桩端无持力层。因此,摩擦桩是以设计单位计算好的设计标高为主要依据。
(2)端承型桩:是指桩顶荷载主要由桩端阻力承受,桩侧阻力相对桩端阻力而言可忽略不计。因此端承桩以贯入度控制其入土深度。
(3)所谓贯入度,就是桩身进入土体的深度,桩端到达了持力层时,贯入度为0。

32. 下列预应力混凝土管桩压桩的施工顺序中,正确的是( )。【2013年二建建筑】

A. 先深后浅 B. 先小后大
C. 先短后长 D. 自四周向中间进行

【解析】 预制桩的沉桩顺序总体上为:"顺口施打"。即:先深后浅(深浅)、先大后小(大小)、先长后短(长短)、先密后疏("秘书");密集桩群宜从中间向四周或两边对称施打;当一侧毗邻建筑物时,由毗邻建筑物处向外施打。

注意,砂石地基是例外。由于砂石地基本身比较松散,由内向外施打起不到加固地基的作用,因此砂石地基预制桩应由外向内施打。

33. 锤击沉桩法施工程序:确定桩位和沉桩顺序→桩机就位→吊桩喂桩→( )→锤击沉桩→接桩→再锤击沉桩→送桩→收锤→切割桩头。【2007年二建建筑】

A. 检查验收 B. 校正
C. 静力压桩 D. 送桩

【解析】 锤击沉桩与静力压桩核心流程相同,只是说法略有差异,考点要求考生按简答题掌握。

34. 为设计提供依据的试验桩检测,主要确定( )。【2018年一建建筑】

A. 单桩承载力 B. 桩身混凝土强度
C. 桩身完整性 D. 单桩极限承载力

35. 判定或鉴别桩端持力层岩土性状的检测方法是( )。【2021年一建建筑】

A. 低应变法 B. 钻芯法
C. 高应变法 D. 声波透射法

【解析】《建筑桩基检测技术规范》2.1.5 钻芯法，是用钻机钻取芯样，检测桩长、桩身缺陷、桩底沉渣厚度以及桩身混凝土的强度，判定或鉴别桩端岩土性状的方法。

36. 采用锤击法进行混凝土预制桩施工时，宜采用（　　）。【2017 年一建建筑】
A. 低锤轻打 B. 重锤低击
C. 重锤高击 D. 低锤重打
E. 高锤重打

【解析】 考常识，实操题，建议考生掌握。

37. 关于钢筋混凝土预制桩的沉桩顺序说法，正确的有（　　）。【2015 年一建建筑】
A. 对于密集桩群，从中间开始分头向四周或两边对称施打
B. 当一侧毗邻建筑物时，由毗邻建筑物处向另一方向施打
C. 对基础标高不一的桩，宜先浅后深
D. 基坑不大时，打桩可逐排打设
E. 对不同规格的桩，宜先小后大

【解析】 预制桩的沉桩顺序把握一个核心逻辑——"应力外扩"；只有砂石地基反其道而行。

38. 采用插入式振动器振捣本工程底板混凝土时，其操作应（　　）。【2007 年二建建筑】
A. 慢插慢拔 B. 慢插快拔
C. 快插慢拔 D. 快插快拔

【解析】 快插，是为了防止混凝土拌合物振捣不均匀，导致分层离析；慢拔，是为了让混凝土拌合物充分填补振捣器拔出的缺口。

39. 工程底板的混凝土养护时间最低不少于（　　）天。【2007 年二建建筑】
A. 7 B. 14
C. 21 D. 28

40. 砌体基础必须采用（　　）砂浆砌筑。【2013 年一建建筑】
A. 防水 B. 水泥混合
C. 水泥 D. 石灰

41. 砌体结构墙体出现裂缝，主因不是地基不均匀下沉引起的是（　　）。【2016 年一建建筑】
A. 纵墙两端出现斜裂缝 B. 裂缝通过窗口两个对角
C. 窗间墙出现水平裂缝 D. 窗间墙出现竖向裂缝

42. 造成挖方边坡大面积塌方的原因可能有（　　）。【2010 年一建建筑】
A. 土方施工机械配置不合理 B. 基坑开挖坡度不够
C. 未采取有效的降排水措施 D. 边坡顶部堆载过大
E. 开挖次序、方法不当

【解析】 边坡大面积塌方的核心原因可总结为：①外侧应力过大，②内侧支撑不足。本考点按简答题掌握。

43. 不宜用于填土土质的降水方法是（　　）。【2019年一建建筑】
   A. 轻型井点 B. 降水管井
   C. 喷射井点 D. 电渗井点

【解析】　此题可使用排除法。轻型、喷射、电渗井点的适用范围都差不多；只有管井井点无论降深还是降速都比前三类大，本题为单选题，所以选最特殊的那个。

44. 水泥粉煤灰碎石桩（CFG桩）的成桩工艺有（　　）。【2021年一建建筑】
   A. 长螺旋钻孔灌注成桩 B. 振动沉管灌注成桩
   C. 洛阳铲人工成桩 D. 长螺旋钻中心压灌成桩
   E. 三管法旋喷成桩

【解析】
水泥粉煤灰碎石桩，也叫CFG桩，是用地地基处理的一种素混凝土桩。按成桩工艺划分为"护管双钻四成桩"——长螺旋钻孔灌注成桩、长螺旋钻中心压灌成桩、振动沉管灌注成桩和泥浆护壁成孔灌注成桩。

【参考答案】

1. C	2. ABCD	3. A	4. D	5. C	6. A	7. D	8. C	9. D	10. A
11. D	12. A	13. ABCD	14. D	15. BE	16. D	17. C	18. BCE	19. A	20. B
21. D	22. D	23. B	24. C	25. B	26. B	27. ACE	28. B	29. C	30. ACE
31. D	32. A	33. B	34. D	35. B	36. BD	37. ABD	38. C	39. B	40. C
41. D	42. BCDE	43. B	44. ABD						

考点二：主体结构

1. 跨度8m的钢筋混凝土梁，当设计无要求时，其底模及支架拆除时的混凝土强度应大于或等于设计混凝土立方体抗压强度标准值的（　　）。【2011年一建建筑】
   A. 50% B. 75%
   C. 85% D. 100%

【解析】
（1）混凝土构件底模拆除条件："板梁拱壳悬臂件，2857510"。
（2）混凝土构件侧模拆除条件："侧模拆除较宽松，只需构件不破损，墙体大模板例外，拆除强度1MPa"。

2. 拆除跨度为7m的现浇钢筋混凝土梁的底模及支架时，其混凝土强度至少是混凝土设计抗压强度标准值的（　　）。【2017年一建建筑】
   A. 50% B. 75%
   C. 85% D. 100%

3. 某跨度8m的混凝土楼板，设计强度等级C30，模板采用快拆支架体系，支架立杆间距2m，拆模时混凝土的最低强度是（　　）MPa。【2015年一建建筑】
   A. 15 B. 22.5
   C. 30 D. 25.5

【解析】　本题的重点在于"快拆体系"，快拆支架体系的支架立杆间距不应大于2m，对应"板跨≤2m"时的拆模强度。因此混凝土的最低强度是15MPa（50%）。

4. 跨度为8m，混凝土设计强度等级为C40的钢筋混凝土简支梁，混凝土强度最少达到（　　）N/mm² 时才能拆除底模。【2013年一建建筑】
   A. 28　　　　　　　　　　　　　B. 30
   C. 32　　　　　　　　　　　　　D. 34

5. 模板工程设计的主要原则下列说法正确的是（　　）。
   A. 安全性　　　　　　　　　　　B. 实用性
   C. 经济性　　　　　　　　　　　D. 耐久性
   E. 普遍性

【解析】　模板设计原则包括："安全实用经济性"三个方面。
① 安全性：满足刚度、强度、稳定性。
② 实用性：满足构造合理、安拆方便、表面平整、接缝严密等特性。
③ 经济性：确保永久工程质量、安全的前提下，尽量减少投入量、增加周转率。

6. 某跨度6m、设计强度C30的钢筋混凝土梁，其同条件养护试件（150mm）抗压强度见表3-2，则可拆除该梁底模的最早时间是（　　）。【2013年二建建筑】

表　3-2

时间/天	7	9	11	13
强度/MPa	16.5	20.8	23.1	25

   A. 7天　　　　　　　　　　　　　B. 9天
   C. 11天　　　　　　　　　　　　D. 13天

7. 跨度6m、设计混凝土强度等级C30的板，拆除底模时的同条件养护标准立方体试块抗压强度值至少应达到（　　）。【2021年一建建筑】
   A. 15N/mm²　　　　　　　　　　B. 18N/mm²
   C. 22.5N/mm²　　　　　　　　　D. 30N/mm²

【解析】　跨度为6m且不采用快拆体系的模板，其混凝土强度达到设计强度值的75%时方可拆除底模。即30×0.75=22.5MPa。

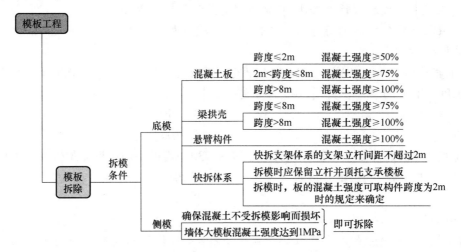

8. 在常温条件下一般墙体大模板,拆除时混凝土强度最少要达到( )。
   A. 0.5N/mm² B. 1.0N/mm²
   C. 1.5N/mm² D. 2.0N/mm²
9. 常用模板中,具有轻便灵活、拆装方便、通用性强、周转率高、接缝多且严密性差、混凝土成型后外观质量差等特点的是( )。【2009年二建建筑】
   A. 木模板 B. 组合钢模板
   C. 钢框木胶合板模板 D. 钢大模板
   【解析】 未来可能作为"冷门考点"出现在一建卷面上,建议适当关注。
10. 关于钢筋加工的说法,正确的是( )。【2015年一建建筑】
    A. 不得采用冷拉调直 B. 不得采用手动液压切断下料
    C. 不得采用喷砂除锈 D. 不得反复弯折
    【解析】 A错误,尽管很多地区都明文规定不允许施工现场使用经冷拉调直过的钢筋,但国家规范并未完全禁止对钢筋的冷拉调直,只是对钢筋的冷拉调直率做出明确规定(一级钢光圆钢筋≤4%,二级钢及以上带肋钢筋≤1%)因此A选项暂时认为是错的。
    D正确,钢筋受到交变荷载(反复弯折)作用会导致脆断,故不得反复弯折。
11. 钢筋配料时,弯起钢筋(不含搭接)的下料长度是( )。【2012年一建建筑】
    A. 直段长度+弯钩增加长度
    B. 直段长度+斜段长度+弯钩增加长度
    C. 直段长度+斜段长度-弯曲调整值+弯钩增加长度
    D. 直段长度+斜段长度+弯曲调整值+弯钩增加长度
    【解析】 2018年11月24日广东、海南补考实操题,2021年适当关注。
12. 框架结构的主、次梁与板交叉处,上部钢筋从上往下顺序为( )。【2016年一建建筑】
    A. 板、主梁、次梁 B. 板、次梁、主梁
    C. 次梁、板、主梁 D. 主梁、次梁、板
    【解析】 框架结构主次梁与板交接处的传力顺序为:板→次梁→主梁。
13. 关于基础钢筋施工的说法,正确的是( )。
    A. 钢筋网绑扎时,必须将全部钢筋相交点扎牢,不可漏绑
    B. 底板双层钢筋,上层钢筋弯钩朝下,下层可朝上或水平
    C. 纵向受力钢筋混凝土保护层不应小于40mm,无垫层时不应小于70mm
    D. 独立柱基础为双向钢筋时,其底面长边钢筋应放在短边钢筋的上面
14. 受力钢筋代换应征得( )同意。【2017年一建建筑】
    A. 监理单位 B. 施工单位
    C. 设计单位 D. 勘察单位
    【解析】 钢筋代换属于"设计变更",故应征得设计单位同意。2021年警惕钢筋代换与设计变更程序相结合的作文题。
15. 关于钢筋代换的说法,正确的有( )。【2011年一建建筑】
    A. 钢筋代换时应征得设计单位的同意
    B. 同钢号之间的代换按钢筋代换前后用钢量相等的原则代换

C. 当构件配筋受强度控制时，按钢筋代换前后强度相等的原则代换

D. 当构件受裂缝宽度控制时，代换前后应进行裂缝宽度和挠度验算

E. 当构件按最小配筋率配筋时，按钢筋代换前后截面面积相等的原则代换

【解析】 传统案例题考点，未来可能演变为实操题，要求重点掌握。

16. 当受拉钢筋直径最小大于（　　）mm 时，不宜采用绑扎搭接接头。【2009 年二建建筑】

A. 22　　　　　　　　　　　　B. 25

C. 28　　　　　　　　　　　　D. 32

【解析】 "拉25，压28，钢筋连接不绑扎"，即：①受拉钢筋>25mm，②受压钢筋>28mm，不宜绑扎搭接。

17. HRB400E 钢筋应满足最大力下总伸长率不小于（　　）。【2018 年一建建筑】

A. 6%　　　　　B. 7%　　　　　C. 8%　　　　　D. 9%

18. 有关梁、板钢筋的绑扎要求，规范的做法是（　　）。

A. 连续梁、板上部钢筋接头宜设在跨中 1/3 范围内，下部接头宜设在梁端 1/3 范围内

B. 梁采用双层受力筋时，双排钢筋之间应垫不小于 $\phi 25mm$ 的短钢筋

C. 梁的箍筋接头应交错布置

D. 板、次梁与主梁交叉处板钢筋在上，次梁居中，主梁在下

E. 框架节点处钢筋十分稠密时，梁顶面主筋间的净距要有 25mm

【解析】

（1）A 正确，钢筋接头的设置原则："设在弯矩较小处"。连续梁板上部受"负弯矩"影响，梁端弯矩最大，因此接头设在跨中 1/3 处；下部钢筋受正弯矩影响，跨中弯矩最大，所以设在梁端部 1/3 处。之所以设在"端部 1/3"而非端部，是为了避开箍筋加密区。

（2）E 错误，框架节点处钢筋十分稠密时，梁顶面主筋间的净距不小于 30mm。

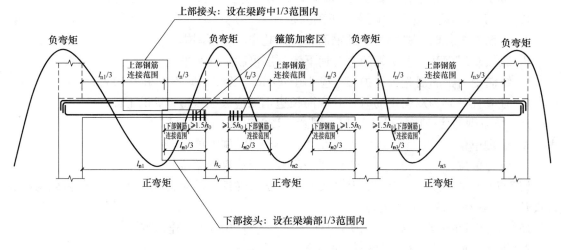

连续梁钢筋接头位置

19. 冬期浇筑有抗冻耐久性能要求的 C50 混凝土，其混凝土受冻临界强度不宜低于设计强度等级的（　　）。【2015 年一建建筑】
   A. 20% B. 30% C. 40% D. 50%

【解析】

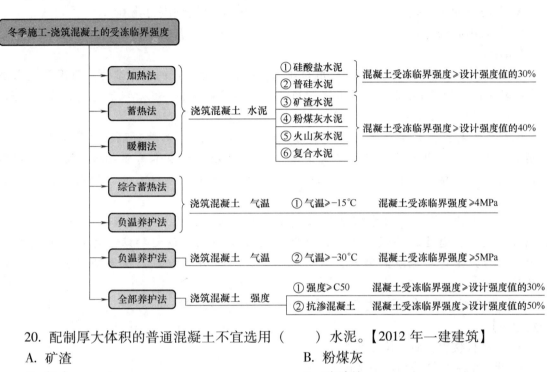

20. 配制厚大体积的普通混凝土不宜选用（　　）水泥。【2012 年一建建筑】
   A. 矿渣   B. 粉煤灰
   C. 复合   D. 硅酸盐

21. 大体积混凝土养护的温控过程中，其降温速率一般不宜大于（　　）。【2017 年一建建筑】
   A. 1℃/天   B. 1.5℃/天
   C. 2℃/天   D. 2.5℃/天

【解析】 大体积混凝土降温速率一般不大于 2℃/天。

22. 大体积混凝土拆除保温覆盖时，浇筑体表面与大气温差不应大于（　　）。
   A. 15℃   B. 20℃
   C. 25℃   D. 28℃

【解析】

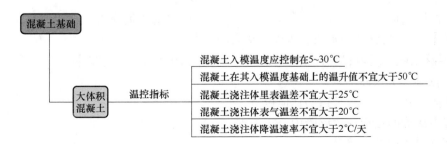

23. 关于大体积混凝土浇筑的说法，正确的是（   ）。【2018 年一建建筑】
   A. 宜沿短边方向进行　　　　　　B. 可多点同时浇筑
   C. 宜从高处开始浇筑　　　　　　D. 应采用平板振捣器振捣

24. 关于预应力工程施工的方法，正确的是（   ）。【2018 年一建建筑】
   A. 都必须使用台座　　　　　　　B. 都预留预应力孔道
   C. 都采用放张工艺　　　　　　　D. 都使用张拉设备

【解析】

（1）A 不对：①先张法才需要利用台座来承受预应力钢筋的张拉应力。原因是先张法是先张拉钢筋，后浇筑混凝土，因此必须用两个台座固定钢筋。②后张法是先浇筑混凝土，后张拉钢筋，张拉设备顶在梁体端部，因此不需要台座。

（2）B 不对：①无黏结预应力筋不需预留孔道和灌浆。无黏结预应力筋是带防腐隔离层和外护套的专用预应力筋，不与混凝土直接接触，所以不需要孔道灌浆。②有黏结预应力筋才需要在张拉后应尽早孔道灌浆，目的是保护预应力筋，防止预应力筋氧化锈蚀。

（3）C 不对：①先张法才需要放张，后张法不需要放张。②先张法是先张拉钢筋，后浇筑混凝土，通过放松预应力筋，借助混凝土与预应力筋的黏结，对混凝土施加预应力。③后张法是先浇筑混凝土，后张拉钢筋，预应力是靠锚具传递给混凝土，不需要放张。

25. 肋梁楼盖无黏结预应力筋的张拉顺序，设计无要求时，通常是（   ）。【2011 年一建建筑】
   A. 先张拉楼板，后张拉楼面梁
   B. 板中的无黏结筋须集中张拉
   C. 梁中的无黏结筋须同时张拉
   D. 先张拉楼面梁，后张拉楼板

26. 设计无要求时，无黏接预应力筋张拉施工的做法，正确的是（   ）。【2010 年一建建筑】
   A. 先张拉楼面梁，后张拉楼板
   B. 梁中的无黏接筋可按顺序张拉
   C. 板中的无黏接筋可按顺序张拉
   D. 当曲线无黏接预应力筋长度超过 30m 时宜采用两端张拉

27. 下列预应力损失中，属于长期损失的是（   ）。【2017 年一建建筑】
   A. 孔道摩擦损失　　　　　　　　B. 锚固损失
   C. 弹性压缩损失　　　　　　　　D. 预应力筋应力松弛损失

【解析】"长期损失两形态，松弛徐变老弱态"。

28. 混凝土施工缝留置位置正确的有（   ）。【2021 年一建建筑】
   A. 柱在梁、板顶面
   B. 单向板在平行于板长边的任何位置
   C. 有主次梁的楼板在次梁跨中 1/3 范围内
   D. 墙在纵横墙的交接处

E. 双向受力板按设计要求确定

【解析】

29. 建筑信息模型（BIM）元素信息中属于几何信息的有（   ）。【2021 年一建建筑】

A. 材料和材质
B. 尺寸
C. 规格型号
D. 施工段
E. 空间拓扑关系

【解析】 模型元素信息包括几何信息和非几何信息。几何信息包括：尺寸、定位、空间拓扑关系等；非几何信息包括：名称、规格型号、材料和材质、生产厂商、功能与性能技术参数，以及系统类型、施工段、施工方式、工程逻辑关系等。

30. 对已浇筑完毕的混凝土采用自然养护，应在混凝土（   ）开始。【2012 年一建建筑】

A. 初凝前
B. 终凝前
C. 终凝后
D. 强度达到 1.2N/mm²

【解析】 混凝土的养护原则：普通混凝土终凝前养护，防水混凝土终凝后养护。

31. 大体积混凝土应分层浇筑，上层混凝土应在下层混凝土（   ）浇筑。【2012 年二建建筑】

A. 初凝前
B. 初凝后
C. 终凝前
D. 终凝后

【解析】 若在下层混凝土初凝后浇筑，就容易形成冷缝，不利于上下层混凝土的紧密粘接。

32. 下列混凝土外加剂中，不能显著改善混凝土拌合物流变性能的是（   ）。【2015 年一建建筑】

A. 减水剂
B. 引气剂
C. 膨胀剂
D. 泵送剂

33. 混凝土的非荷载型变形有（　　）。【2021年一建建筑】
   A. 化学收缩
   B. 碳化收缩
   C. 温度变形
   D. 徐变
   E. 干湿变形

【解析】　混凝土变形按原因划分为荷载变形和非荷载变形。非荷载变形指物理化学因素引起的变形，包括化学收缩、碳化收缩、干湿变形、温度变形。荷载作用变形又可分为在短期荷载作用下的变形和长期荷载作用下的徐变。

34. 有关掺合料的作用说法正确的是（　　）。
   A. 降低温升，改善和易性，增进后期强度
   B. 改善混凝土内部结构，提高耐久性
   C. 可代替部分水泥，节约资源等作用
   D. 抑制碱-骨料反应的作用
   E. 增加混凝土的早期强度

【解析】　E错误。应该是增强混凝土的后期强度。混凝土掺合料的主要作用是对冲水泥水化热大、水化速率快等副作用，顺便也为工业废渣找到一个良好的归宿。

35. 关于混凝土梁板浇筑的说法，下列错误的是（　　）。
   A. 梁和板宜同时浇筑混凝土
   B. 有主次梁的楼板宜顺着主梁方向浇筑
   C. 单向板宜沿板的长边方向浇筑
   D. 拱和高度>1m时的梁等结构，可单独浇筑混凝土

【解析】　B错误。有主次梁的楼板，应顺着次梁方向浇筑。这主要是考虑到施工缝的留置。施工缝（即施工断面）的存在不利于结构的整体性，沿次梁浇筑是个两害相权取其轻的办法，施工缝留在次梁跨中1/3部位，这样既避开箍筋加密区，又避开了主梁。

36. 浇筑竖向构件时，应先在底部填以不超过（　　）厚与混凝土内砂浆成分相同的水泥砂浆。
   A. 20mm
   B. 30mm
   C. 40mm
   D. 50mm

【解析】　这么做的目的是防止混凝土中的石子过度下沉堆积。但接浆层（无石子）多少会影响混凝土的实际强度，而商混厂配置选用的粗骨料最大粒径一般不超过25mm，因此规范规定：混凝土浇筑前的接浆层厚度应控制在30mm以下。

37. 浇筑与柱和墙连成整体的梁和板时，应在柱和墙浇筑完毕后停歇（　　）h，再继续浇筑
   A. 0.5～1.0
   B. 1.0～1.5
   C. 1.5～2.0
   D. 2.0～2.5

【解析】　竖向构件（柱、墙）浇筑完毕后，停歇1～1.5h，让混凝土拌合物初步沉实并清除浮浆杂物后，再进行后续施工。

38. 大体积混凝土施工中，减少或防止出现裂缝的技术措施有（　　）。【2014年一建建筑】

A. 保温保湿养护

B. 控制混凝土内部温度的降温速率

C. 二次表面抹压

D. 尽快降低混凝土表面温度

E. 二次振捣

【解析】 本考点按简答题准备。

39. 混凝土的优点包括（　　）。【2017年二建建筑】

A. 耐久性好 B. 自重轻
C. 耐火性好 D. 抗裂性好
E. 可模性好

【解析】

（1）混凝土结构优点："可模高强耐磨好，延性抗震防辐射，就地取材适用广，耐火耐久费用低。"

（2）混凝土结构缺点："裂差重杂工期长"。

40. 为了防止外加剂对混凝土中钢筋锈蚀产生不良影响，应控制外加剂中氯离子含量限制应满足下列要求（　　）。

A. 预应力混凝不超过 0.02kg/m³

B. 无筋混凝土氯离子含量为 0.2~0.6kg/m³

C. 普通钢筋混凝土 0.02~0.2kg/m³

D. 普通通钢筋混凝土 0.2~2kg/m³

E. 预应力混凝土为 0.02~0.2kg/m³

【解析】

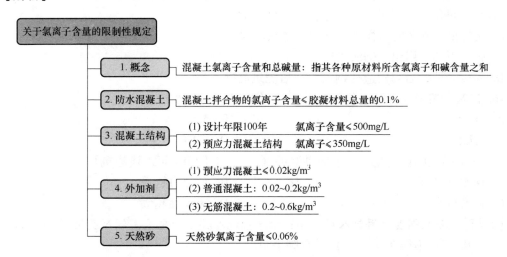

41. 关于后张预应力混凝土梁模板拆除的说法，正确的有（　　）。【2013年一建建筑】

A. 梁侧模应在预应力张拉前拆除 B. 梁底模应在预应力张拉前拆除
C. 梁侧模应在预应力张拉后拆除 D. 梁侧模达到拆除条件即可拆除
E. 梁底模应在预应力张拉后拆除

42. 预应力楼盖的预应力筋张拉顺序是（　　）。【2021年一建建筑】

A. 主梁→次梁→板　　　　　　　　B. 板→次梁→主梁
C. 次梁→主梁→板　　　　　　　　D. 次梁→板→主梁

【解析】 采用后张法预应力时，张拉程序通常为：先楼板、再次梁，最后主梁。

43. 关于钢筋混凝土工程雨期施工的说法，正确的有（　　）。【2014年二建建筑】
A. 对水泥和掺合料应采取防水和防潮措施
B. 对粗、细骨料含水率进行实时监测
C. 浇筑板、墙、柱混凝土时，可适当减小坍落度
D. 应选用具有防雨水冲刷性能的模板脱模剂
E. 钢筋焊接接头可采用雨水急速降温

【解析】 本题更加侧重于施工管理，要求考生按实操题准备。

44. 关于后浇带防水混凝土施工的说法，正确的有（　　）。【2011年一建建筑】
A. 两侧混凝土龄期达到28天再施工
B. 混凝土养护时间不得小于28天
C. 混凝土强度等级不得低于两侧混凝土
D. 混凝土采用补偿收缩混凝土
E. 混凝土必须采用普通硅酸盐水泥

【解析】
（1）2018年案例题，毫无争议的重要考点。
（2）A错误。后浇带混凝土的浇筑时间应根据设计要求确定；设计无要求时，默认为两侧混凝土至少保留14天，才可浇筑后浇带混凝土。
（3）E错误。没有硬性规定必须采用硅酸盐水泥。

45. 关于砌体结构施工说法，正确的是（　　）。【2018年一建建筑】
A. 在干热条件砌筑时，应选用较小稠度值的砂浆
B. 机械搅拌砂浆时，搅拌时间自开始投料时算起
C. 砖柱不得采用包心砌法砌筑
D. 先砌砖墙，后绑构造柱钢筋，最后浇筑混凝土

46. 砌筑砂浆强度等级不包括（　　）。【2017年一建建筑】
A. M2.5　　　　　　　　　　　　B. M5
C. M7.5　　　　　　　　　　　　D. M10

47. 普通砂浆的稠度越大，说明砂浆的（　　）。【2016年二建建筑】
A. 保水性越好　　　　　　　　　　B. 粘结力越强
C. 强度越小　　　　　　　　　　　D. 流动性越大

【解析】 砂浆稠度值用针入度表示；检测针进入拌合物越多，针入度越大，砂浆越稀。

48. 砌体工程不得在（　　）设置脚手眼。
A. 120mm厚墙、料石墙、清水墙、独立柱、附墙柱
B. 240mm厚墙
C. 宽度为2m的窗间墙
D. 过梁上与过梁成60°的三角形范围，以及过梁净跨度1/2的高度范围内
E. 梁或梁垫下及其左右500mm范围内

【解析】 脚手眼不得设置在"轻薄窄近过难看"的部位。

砌体结构不得设置脚手眼的部位

(1) 宽度<1m的窗间墙
(2) 轻质墙体
(3) 夹心复合墙外叶墙
(4) 梁或梁垫下及左右500mm范围内
(5) 120mm厚墙、清水墙、料石墙、独立柱和附墙柱
(6) 设计不允许设置脚手眼的部位

(7) 过梁上方成60°的三角形范围及过梁净跨度1/2的高度范围内
(8) 门窗洞口两侧石砌体300mm，其他砌体200mm范围；转角处石砌体600mm，其他砌体450mm范围内

49. 关于砌筑砂浆的说法，正确的有（　　）。【2016 年一建建筑】
A. 水泥粉煤灰砂浆搅拌时间不得小于 3min
B. 留置试块为边长 7.07cm 的正方体
C. 同盘砂浆应留置两组试件
D. 砂浆应采用机械搅拌
E. 六个试件为一组

50. 关于砖砌体施工要点的说法，正确的是（　　）。【2015 年一建建筑】
A. 半盲孔多孔砖的封底面应朝下砌筑
B. 多孔砖的孔洞应垂直于受压面砌筑
C. 马牙槎从每层柱脚开始应先进后退
D. 多孔砖应饱和吸水后进行砌筑

【解析】
A 错误。"盲孔封底朝上砌"。
C 错误。"先退后进马牙槎，确保柱脚足够大"。
D 错误。"饱和吸水易走浆，干砖上墙不提倡"。

51. 关于小型空心砌块砌筑工艺的说法，正确的是（　　）。【2014 年一建建筑】
A. 上下通缝砌筑
B. 不可采用铺浆法砌筑
C. 先绑扎构造柱钢筋后砌筑，最后浇筑混凝土
D. 防潮层以下的空心小砌块砌体，应用 C15 混凝土灌实砌体的孔洞

52. 砖砌体"三一"砌筑法的具体含义是指（　　）。【2014 年一建建筑】
A. 一个人　　　　　　　　　　B. 一铲灰
C. 一块砖　　　　　　　　　　D. 一挤揉
E. 一勾缝

53. 《砌体结构工程施工质量验收规范》（GB 50203—2002）规定，砌砖工程当采用铺浆法砌筑时，施工期间温度超过30℃时，铺浆长度最大不得超过（　　）mm。【2009年一建建筑】

　　A. 400　　　　　　　　　　　　　　　　B. 500
　　C. 600　　　　　　　　　　　　　　　　D. 700

54. 240mm厚砖砌体承重墙，每个楼层墙体上最上一皮砖的砌筑方式应采用（　　）。【2017年二建建筑】

　　A. 整砖斜砌　　　　　　　　　　　　　B. 整砖丁砌
　　C. 半砖斜砌　　　　　　　　　　　　　D. 整砖顺砌

55. 厕浴间蒸压加气混凝土砌块200mm高度范围内应做（　　）坎台。【2011年二建建筑】

　　A. 混凝土　　　　　　　　　　　　　　B. 普通透水墙
　　C. 多孔砖　　　　　　　　　　　　　　D. 混凝土小型空心砌块

56. 砖基础施工时，砖基础的转角处和交接处应同时砌筑，当不能同时砌筑时，应留置（　　）。【2009年二建建筑】

　　A. 直槎　　　　　　　　　　　　　　　B. 凸槎
　　C. 凹槎　　　　　　　　　　　　　　　D. 斜槎

57. 砌筑砂浆应随拌随用，当施工期间最高气温在30℃以内时，水泥混合砂浆最长应在（　　）h内使用完毕。【2009年二建建筑】

　　A. 2　　　　　B. 3　　　　　C. 4　　　　　D. 5

58. 某项目经理部质检员对正在施工的砖砌体进行了检查，并对水平灰缝厚度进行了统计，下列符合规范规定的数据有（　　）mm。【2009年二建建筑】

　　A. 7　　　　　B. 9　　　　　C. 10　　　　D. 12
　　E. 15

59. 浇筑混凝土时为避免发生离析现象，混凝土自高处倾落的自由高度应满足（　　）。

　　A. 粗骨料粒径未超过25mm时，浇筑高度不宜超过6m
　　B. 粗骨料粒径超过25mm时，浇筑高度不宜超过3m
　　C. 浇筑高度不能满足要求时，应加设串筒、溜管、溜槽等装置
　　D. 粗骨料粒径不超过25mm时，浇筑高度不宜超过3m
　　E. 浇筑混凝土时，必须加设串筒、溜槽等装置

【解析】　控制混凝土的浇筑高度，是为了防止混凝土拌合物产生过大的分层离析。

60. 混凝土结构子分部工程可划分为（　　）等分项工程。

　　A. 模板、钢筋　　　　　　　　　　　　B. 预应力
　　C. 混凝土　　　　　　　　　　　　　　D. 现浇结构、装配式结构
　　E. 基础混凝土

【解析】　2021年案例题考点。

61. 混凝土分项工程按（　　）划分为若干检验批。

　　A. 工作班　　　B. 楼层　　　C. 结构缝　　　D. 施工段
　　E. 楼号

【解析】

（1）检验批和分项没有本质性区别，只有批量大小之分。比如钢筋工程属于分项工程；具体到基础钢筋可单独作为一个检验批。

（2）本考点可考案例。

62. 关于混凝土浇水养护的施工要点，下列说法正确的是（　　）。
A. 采用硅酸盐水泥、普通水泥、矿渣硅酸盐水泥拌制的混凝土，养护时间应≥7天
B. 火山灰质水泥、粉煤灰水泥拌制的混凝土，养护时间应≥14天
C. 对掺缓凝剂、掺合料或有抗渗性要求的混凝土，养护时间应≥14天
D. 混凝土养护用水应与拌制用水应相同，浇水次数应能保持混凝土处于润湿状态
E. 在已浇筑的混凝土强度达到1.0MPa以前，不得在其上踩踏或安装模板及支架等

【解析】 E错误。应该是达到1.2MPa之前，不得在其上踩踏或安装模板及支架。

63. 有关混凝土的浇筑与养护下列说法正确的是（　　）。
A. 混凝土的养护方法有自然养护和加热养护两类
B. 现场施工一般为自然养护
C. 自然养护又包括浇水覆盖养护、薄膜养护、养生液养护
D. 已浇筑完毕的混凝土，应在混凝土终凝前养护
E. 已浇筑完毕的混凝土通常在混凝土终凝后8～12h内养护

【解析】 E错误。混凝土的养护时间通常是在浇筑完毕后的8～12h内养护，换句话说，是在终凝前养护。防水混凝土才是在终凝后养护。

64. 混凝土施工缝宜留在结构受（　　）较小且便于施工的部位。
A. 荷载　　　　B. 弯矩　　　　C. 剪力　　　　D. 压力

【解析】 钢筋接头是留在承受弯矩较小处，施工缝则应留在受剪力较小处。

65. 冬期拌制混凝土需采用加热原材料时，应优先采用加热（　　）的方法。
A. 水泥　　　　B. 砂　　　　C. 石子　　　　D. 水

【解析】 冬期施工，一般优先加热水。这个不用解释，单凭语感也能答对。

66. 下列有关石灰的熟化下列说法正确的是（　　）。
A. 生石灰熟化期不得少于7天
B. 磨细生石灰粉熟化期不少于2天
C. 抹灰用的石灰膏的熟化期应不少于15天
D. 配置水泥石灰砂浆时，不得采用脱水硬化的石灰膏
E. 消石灰粉可直接用于砌筑砂浆中

【解析】 "2715粉灰膏"。E错误。消石灰粉不得直接用于砌筑砂浆中。消石灰粉是未完全熟化的石灰，起不到塑化作用，同时又影响砂浆强度，故不应使用。

67. 下列砌筑工程，应当在1～2天前浇水湿润的砌体是（　　）。
A. 烧结普通砖　　　　　　　　B. 烧结多孔砖
C. 蒸压灰砂砖　　　　　　　　D. 蒸压粉煤灰砖
E. 薄灰法砌筑的蒸压加气块

68. 关于砌筑空心砖墙的说法，正确的是（　　）。
A. 空心砖墙底部宜砌2皮烧结普通砖

B. 空心砖孔洞应沿墙呈垂直方向

C. 拉结钢筋在空心砖墙中的长度不小于空心砖长加200mm

D. 空心砖墙的转角、交接处应同时砌筑，不得留直槎

E. 空心砖墙的转角、交接处留斜槎时，高度不大于1.2m

【解析】

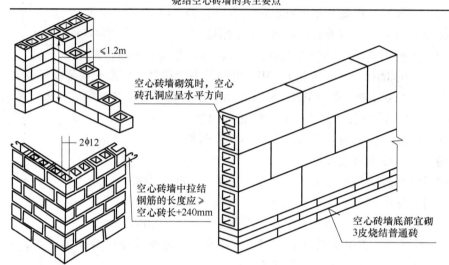

69. 施工时所用的小型空心砌块的产品龄期最小值是（ ）。

A. 12天
B. 24天
C. 28天
D. 36天

【解析】 只要涉及"混凝土"的龄期，无论是混凝土试块，还是混凝土小砌块均首选"28天"。

70. 高强度螺栓按连接形式通常分为（ ）。

A. 摩擦连接
B. 张拉连接
C. 承压连接
D. 焊接连接
E. 机械连接

【解析】 "张承有度摩擦力"。摩擦连接是目前钢结构中高强度螺栓广泛采用的基本连接形式。

71. 有关高强螺栓的安装要点说法正确的是（ ）。

A. 扩孔数量应征得设计同意

B. 修整后或扩孔后的孔径应≤1.2倍螺栓直径

C. 高强螺栓超拧应更换，废弃的螺栓可用作普通螺栓

D. 高强度螺栓长度应以螺栓连接副终拧后外露1~2扣螺纹为标准计算

E. 高强度螺栓长度应以螺栓连接副终拧后外露2~3扣螺纹为标准计算

【解析】

（1）B 正确。就是说这个孔不能太大，否则会影响到密贴和紧固效果。

（2）C 不正确。高强螺栓一般是一次性的，超拧就报废了，不得重复使用。

（3）E 正确。终拧后外露 2～3 扣螺纹是最合理的。拧得太紧（4 扣及以上）超过了螺栓本身扭矩力，容易导致滑扣；太松显然更不行。

72. 有关高强螺栓的施拧方法，下列说法正确的是（　　）。
A. 高强螺栓连接副施拧可采用扭矩法或转角法
B. 高强螺栓连接副的初拧、复拧、终拧应在 20h 内完成
C. 高强螺栓群应从四周向中央进行
D. 宜按先焊接后螺栓紧固的施工顺序

【解析】
（1）B 错误。高强螺栓连接副的初拧、复拧、终拧应在 24h 内完成。
（2）C 错误。高强螺栓群应从中央向四周进行，应力外扩。
（3）D 错误。宜按先螺栓紧固后焊接的施工顺序。

73. 钢结构涂装施工正确的是（　　）。
A. 施工环境温度宜为 5～30℃ 之间，相对湿度不大于 80%
B. 涂装时构件表面不应有结露，涂装后 4h 内应保护免受雨淋
C. 厚涂型防火涂料 80% 及以上面积应符合耐火极限要求
D. 厚涂型防火涂料最薄处厚度应不小于设计要求的 85%
E. 薄型涂层表面裂纹宽度不应大于 0.5mm；厚涂型防火涂料涂层不应大于 1.0mm

【解析】
（1）A 错误。结构涂装的施工环境温度为 5～38℃。
（2）B 正确。钢结构涂装至少得 4h 才能晾干，性能才能逐渐趋于稳定。
（3）C、D 正确。这叫"面积厚度两维度，8085 双标控"。

74. 钢结构普通螺栓作为永久性连接螺栓施工，其做法错误的是（　　）。【2014 年一建建筑】
A. 在螺栓一端垫两个垫圈来调节螺栓紧固度
B. 螺母应和结构构件表面的垫圈密贴
C. 因承受动荷载而设计要求放置的弹簧垫圈必须设置在螺母一侧
D. 螺栓紧固度可采用锤击法检查

【解析】A 错误。螺母垫圈最多一个，太多了影响紧固质量。

75. 关于钢结构高强度螺栓安装的说法，正确的有（　　）。【2013 年一建建筑】
A. 应从螺栓群中部开始向四周扩展逐个拧紧
B. 应从螺栓群四周开始向中部集中逐个拧紧
C. 应从刚度大的部位向不受约束的自由端进行
D. 应从不受约束的自由端向刚度大的部位进行
E. 同一个接头中高强度螺栓初拧、复拧、终拧应在 24h 内完成

76. 易产生焊缝固体夹渣缺陷的原因是（　　）。【2021 年一建建筑】
A. 焊缝布置不当　　　　　　　　B. 焊前未加热
C. 焊接电流太小　　　　　　　　D. 焊后冷却快

【解析】
类别：固体夹杂分为夹渣和夹钨两种缺陷。

主因：①焊接材料质量不好；②焊接电流太小；③焊接速度太快；④熔渣密度太大；⑤阻碍熔渣上浮；⑥多层焊时焊渣未清除干净。

处理：铲除夹渣或夹钨处的焊缝金属，然后补焊。

77. 建筑工业化主要标志是（　　）。
    A. 建筑设计标准化　　　　　　　　B. 构配件生产工厂化
    C. 施工机械化　　　　　　　　　　D. 组织管理科学化
    E. 建筑设计个性化

【解析】 ABCD 正确，E 错误。有了标准化设计，才能批量（工厂）化生产。既然是工业化，那么自然是以机械施工为主，因此有了"施工机械化"。最后施工现场组织科学化的管理。

78. 预制构件吊装、运输要求：吊索水平夹角不宜小于（　　），不应小于（　　）。
    A. 70°；45°　　　　　　　　　　　B. 60°；45°
    C. 70°；50°　　　　　　　　　　　D. 65°；40°

【解析】

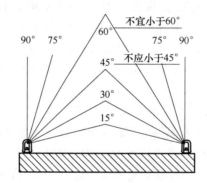

79. 装配式混凝土建筑是（　　）最重要的方式。
    A. 建筑工业化　　　　　　　　　　B. 建筑标准化
    C. 建筑个性化　　　　　　　　　　D. 建筑推广化

【解析】 装配式混凝土结构至少对应了"标准化设计、工厂化生产、机械化施工"。至于"科学化的管理"这个在于企业管理模式、管理理念是否科学。

80. 建筑装饰工业化的基础是（　　）。【2021 年一建建筑】
    A. 批量化生产　　　　　　　　　　B. 整体化安装
    C. 标准化制作　　　　　　　　　　D. 模块化设计

【解析】 建筑装配式装饰装修工程的四大特征包括：模块化设计、标准化制作、批量化生产和整体化安装。其顺序为：设计→制作→生产→施工。

所谓工业化，主要体现在"标准化制作"和"批量化生产"环节。所以"模块化设计"是建筑装饰工业化的基础；"标准化制作"是实现批量化生产和整体化安装的前提。

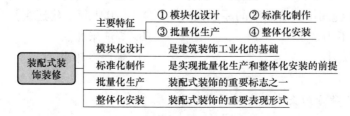

81. 与传统建筑相比，装配式混凝土建筑呈现出如下优势（　　）。

A. 保证工程质量，降低安全隐患　　　　B. 降低人力成本，提高生产效率

C. 节能环保，减少污染　　　　　　　　D. 模数化设计，延长建筑寿命

E. 降低生产成本

【解析】 2018年一建案例简答题考点。

82. 全预制装配式结构通常采用（　　）。

A. 刚性连接　　　　　　　　　　　　　B. 柔性连接

C. 半刚性连接　　　　　　　　　　　　D. 焊接

83. 预制构件钢筋可以采用（　　）等连接方式。

A. 套筒灌浆连接　　　　　　　　　　　B. 浆锚搭接连接

C. 焊接或螺栓连接　　　　　　　　　　D. 机械连接

E. 绑扎搭接

【解析】 "机械套筒焊螺锚"。

84. 混凝土预制柱适宜的安装顺序是（　　）。【2021年一建建筑】

A. 角柱→边柱→中柱　　　　　　　　　B. 角柱→中柱→边柱

C. 边柱→中柱→角柱　　　　　　　　　D. 边柱→角柱→中柱

【解析】

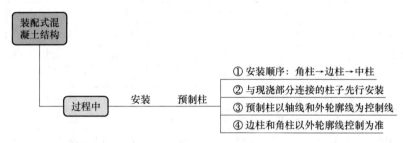

85. 关于钢框架-支撑结构体系特点的说法，正确的有（　　）。【2019年一建建筑】

A. 属于双重抗侧力结构体系

B. 钢框架部分是剪切型结构

C. 支撑部分是弯曲型的结构

D. 两者并联将增大结构底部层间位移

E. 支撑斜杆破坏后，将危及建筑物基本安全

【解析】 本题考核钢框架-支撑结构体系的力学特点；具有一定的出题偶然性，建议考生跟着老师的节奏，掌握核心点。

86. 关于型钢混凝土结构施工做法，正确的有（　　）。【2021年一建建筑】

A. 柱的纵向钢筋设在柱截面四角　　　　B. 柱的箍筋穿过钢梁腹板

C. 柱的箍筋焊在钢梁腹板上　　　　　　D. 梁模板可以固定在型钢梁上

E. 梁柱节点处留设排气孔

【解析】

型钢与钢筋混凝土结构钢筋绑扎方法基本相同。柱的纵筋不能穿过梁翼缘，所以只能设在柱截面四角或无梁部位。

梁柱节点部位，柱箍筋要在型钢梁腹板上预留孔洞中穿过。整根箍筋无法穿过的时候，只能将箍筋分段焊接。节点处受力较复杂，所以不宜将箍筋焊在梁的腹板上。

型钢混凝土结构

【参考答案】

1. B	2. B	3. A	4. B	5. ABC	6. C	7. C	8. B	9. B	10. D
11. C	12. B	13. C	14. C	15. ACDE	16. B	17. D	18. ABCD	19. B	20. D
21. C	22. B	23. B	24. D	25. A	26. C	27. D	28. ACDE	29. BE	30. B
31. A	32. C	33. ABCE	34. ABCD	35. B	36. B	37. B	38. ABCE	39. ACE	40. ABC
41. ADE	42. B	43. ABCD	44. BCD	45. C	46. A	47. D	48. ADE	49. ABD	50. B
51. C	52. BCD	53. B	54. B	55. A	56. D	57. B	58. BCD	59. ABC	60. ABCD
61. ABCD	62. ABCD	63. ABCD	64. C	65. D	66. ABCD	67. ABCD	68. DE	69. C	70. ABC
71. ABE	72. A	73. BCDE	74. A	75. ACE	76. C	77. ABCD	78. B	79. A	80. D
81. ABCD	82. B	83. ABCD	84. A	85. ABC	86. ABDE				

考点三：装饰装修工程

1. 关于抹灰工程的施工做法，正确的有（　　）。【2010 年一建建筑】

A. 对不同材料基体交接处的加强措施进行隐蔽验收

B. 抹灰用的石灰膏的熟化期不少于 7 天

C. 设计无要求时，室内墙、柱面的阳角用 1：2 水泥砂浆做暗护角

D. 水泥砂浆抹灰层在干燥条件下养护

E. 当抹灰总厚度大于 35mm 时，采取加强网措施

【解析】

（1）B 错误。抹灰用的石灰膏的熟化期不应少于 15 天。

（2）D 错误。水泥砂浆抹灰层应在湿润条件下养护，一般应在抹灰 24h 后进行养护。

2. 下列关于抹灰工程的说法符合《建筑装修工程质量验收规范》规定的是（　　）。【2009 年一建建筑】

A. 当抹灰总厚度大于 25cm 时，应采取加强措施
B. 不同材料基体交接处表面的抹灰，采用加强网防裂时，加强网与各基层搭接宽度不应小于 50mm
C. 室内抹灰、柱面和门洞口的阳角，当设计无要求时，应做 1:2 水泥砂浆护角
D. 抹灰工程应对水泥的抗压强度进行复验

3. 下列抹灰工程的功能中，属于防护功能的有（　　）。【2012 年一建建筑】
A. 改善室内卫生条件
B. 增强墙体防潮、防风化能力
C. 提高墙面隔热能力
D. 保护墙体不受风雨侵蚀
E. 提高居住舒适度

4. 下列板材内隔墙施工工艺顺序中，正确的是（　　）。【2018 年一建建筑】
A. 基层处理→放线→安装卡件→安装隔墙板→板缝处理
B. 放线→基层处理→安装卡件→安装隔墙板→板缝处理
C. 基层处理→放线→安装隔墙板→安装卡件→板缝处理
D. 放线→基层处理→安装隔墙板→安装卡件→板缝处理

5. 用水泥砂浆铺贴花岗岩地面前，应对花岗岩板的背面和侧面进行的处理是（　　）。【2017 年一建建筑】
A. 防碱
B. 防酸
C. 防辐射
D. 钻孔、剔槽

【解析】　石材铺贴前应进行防碱背涂处理，否则碱太大了很难看。

6. 饰面板（砖）材料进场时，现场应验收的项目有（　　）。【2013 年一建建筑】
A. 品种
B. 规格
C. 强度
D. 尺寸
E. 外观

【解析】　"进场检查无强度"。

7. 关于墙体瓷砖饰面施工工艺顺序的说法，正确的是（　　）。【2011 年一建建筑】
A. 排砖及弹线→基层处理→抹底层砂浆→浸砖→镶贴面砖→清理
B. 基层处理→抹底层砂浆→排砖及弹线→浸砖→镶贴面砖→清理
C. 抹底层砂浆→排砖及弹线→抹结合层砂浆→浸砖→镶贴面砖→清理
D. 基层处理→抹底层砂浆→排砖及弹线→湿润基层→镶贴面砖→清理

8. 采用湿作业法施工的饰面板工程中，应进行防碱背涂处理的是（　　）。【2007 年二建建筑】
A. 人造石
B. 天然石材
C. 抛光砖
D. 陶瓷锦砖

9. 关于板材隔墙施工工艺的说法，正确的是（　　）。
A. 板缝用 10~40mm 宽的玻纤布条，阴阳转角用 200mm 宽布条处理
B. 第一层采用 60mm 宽的玻璃纤维网格条贴缝
C. 待胶黏剂稍干后，粘贴宽度为 150mm 的玻璃纤维网格条
D. 隔墙板安装应从门洞口处向两端依次进行；无门洞墙体，自一端向另一端依次安装
E. 胶黏剂要随配随用，并应在 30min 内用完

【解析】 A错误。应该采用50~60mm的纤维网格布条，转角处用200mm宽的布条处。这是板缝抗裂处理的重要手段。

10. 暗龙骨吊顶工序中：①安装主龙骨，②安装副龙骨，③安装水电管线，④安装压条，⑤安装罩面板，正确的排序是（　　）。【2016年一建建筑】
   A. ①③②④⑤   B. ①②③④⑤
   C. ③①②⑤④   D. ③②①④⑤

【解析】 注意，一定是先安装水电管线，再安装主、副龙骨。

11. 符合吊顶纸面石膏板安装技术要求的是（　　）。【2009年二建建筑】
   A. 从板的两边向中间固定   B. 长边（纸包边）垂直于主龙骨安装
   C. 短边平行于主龙骨安装   D. 从板的中间向板的四周固定

12. 建筑工程中常用的软木材有（　　）。【2021年一建建筑】
   A. 松树   B. 榆树
   C. 杉树   D. 桦树
   E. 柏树

【解析】 凡是针叶状的树，通常都是软木，比如松树、杉树和柏树等；阔叶状的木通常为硬木材，比如榆树、桦树、水曲柳等。

13. 下列地面面层中，属于整体面层的是（　　）。【2011年一建建筑】
   A. 水磨石面层   B. 花岗石面层
   C. 大理石面层   D. 木地板面层

14. 厕浴间楼板周边上翻混凝土的强度等级最低应为（　　）。【2014年一建建筑】
   A. C15   B. C20
   C. C25   D. C30

15. 室内地面的水泥混凝土垫层，应设置纵向缩缝和横向缩缝，纵向缩缝间距不得大于6m，横向缩缝最大间距不得大于（　　）m。【2009年二建建筑】
   A. 3   B. 6   C. 9   D. 12

【解析】 "纵横间距均6m"。

16. 地面水泥砂浆整体面层施工后，养护时间最少不应小于（　　）天。【2009年二建建筑】
   A. 3   B. 7   C. 14   D. 28

17. 关于建筑幕墙施工的说法，正确的是（　　）。【2017年一建建筑】
   A. 槽型预埋件应用最为广泛
   B. 平板式预埋件的直锚筋与锚板不宜采用T形焊接
   C. 对于工程量大、工期紧的幕墙工程，宜采用双组分硅酮结构密封胶
   D. 幕墙防火层可采用铝板

18. 通常情况下，玻璃幕墙上悬开启窗最大的开启角度是（　　）。【2015年一建建筑】
   A. 30°   B. 40°
   C. 50°   D. 60°

【解析】 这主要是出于安全考量，防止坠落事故。

19. 关于构件式玻璃幕墙开启窗的说法，正确的是（　　）。
   A. 开启角度不宜大于 40°，开启距离不宜大于 300mm
   B. 开启角度不宜大于 40°，开启距离不宜大于 400mm
   C. 开启角度不宜大于 30°，开启距离不宜大于 300mm
   D. 开启角度不宜大于 30°，开启距离不宜大于 400mm

【解析】 "幕墙角距 33 制"。

20. 采用玻璃肋支承的点支承玻璃幕墙，其玻璃应是（　　）。【2009 年二建建筑】
   A. 钢化玻璃　　　　　　　　　　　B. 夹层玻璃
   C. 净片玻璃　　　　　　　　　　　D. 钢化夹层玻璃

21. 下列用于建筑幕墙的材料或构配件中，通常无须考虑承载能力要求的是（　　）。【2017 年二建建筑】
   A. 连接角码　　　　　　　　　　　B. 硅酮结构胶
   C. 不锈钢螺栓　　　　　　　　　　D. 防火密封胶

【解析】 防火密封胶区别于结构胶，只是起到密封作用。

22. 关于玻璃幕墙的说法，正确的是（　　）。【2012 年二建建筑】
   A. 防火层可以与幕墙玻璃直接接触
   B. 同一玻璃幕墙单元可以跨越两个防火分区
   C. 幕墙金属框架应与主体结构的防雷体系可靠连接
   D. 防火层承托板可以采用铝板

23. 关于建筑幕墙防雷构造要求的说法，错误的是（　　）。【2011 年二建建筑】
   A. 幕墙的铝合金立柱采用柔性导线连通上、下柱
   B. 幕墙压顶板与主体结构屋顶的防雷系统有效连接
   C. 在有镀膜层的构件上进行防雷连接应保护好所有的镀膜层
   D. 幕墙立柱预埋件用圆钢或扁钢与主体结构的均压环焊接连通

24. 根据《民用建筑工程室内环境污染控制规范》（GB 50325），室内环境污染控制要求属于 I 类的是（　　）。【2012 年一建建筑】
   A. 办公楼　　　　　　　　　　　　B. 图书馆
   C. 体育馆　　　　　　　　　　　　D. 学校教室

25. 建筑高度 110m 的外墙保温材料的燃烧性能等级应为（　　）。【2017 年一建建筑】
   A. A 级　　　　　　　　　　　　　B. A 或 B1 级
   C. B1 级　　　　　　　　　　　　　D. B2 级

【解析】 超高层建筑（高度>100m）燃烧性能等级均为 A 级。

26. 属于难燃性建筑材料的是（　　）。
   A. 铝合金制品　　　　　　　　　　B. 纸面石膏板
   C. 木制人造板　　　　　　　　　　D. 赛璐珞

【解析】 石膏板是 A 级材料，纸面石膏板属于 B1 级。赛璐珞是"遇热变软，冷却变硬"的塑料，属于易燃材料。

27. 下列应使用 A 级材料的部位是（　　）。【2021 年一建建筑】
   A. 疏散楼梯间顶棚　　　　　　　　B. 消防控制室地面

C. 展览性场所展台　　　　　　　　　　　D. 厨房内固定橱柜

【解析】 火势是向上走的，所以顶棚必然是 A 级材料。

28. 燃烧性能等级为 B1 级的装修材料，其燃烧性能为（　　）。【2015年一建建筑】

A. 不燃　　　　　　　　　　　　　　　　B. 难燃
C. 可燃　　　　　　　　　　　　　　　　D. 易燃

29. 民用建筑工程室内装修所用水性涂料必须检测合格的项目是（　　）。【2021年一建建筑】

A. 苯 + VOC　　　　　　　　　　　　　B. 甲苯 + 游离甲醛
C. 游离甲醛 + VOC　　　　　　　　　　D. 游离甲苯二异氰酸酯（TDI）

【解析】
《民用建筑工程室内环境污染控制规范》5.2.5 民用建筑工程室内装修中所采用的水性涂料、水性胶黏剂、水性处理剂必须有同批次产品的挥发性有机化合物（VOC）和游离甲醛含量检测报告；溶剂型涂料、溶剂型胶黏剂必须有同批次产品的挥发性有机化合物（VOC）、苯、甲苯+二甲苯、游离甲苯二异氰酸酯（TDI）含量检测报告，并应符合设计要求和本规范的有关规定。

30. 疏散楼梯前室顶棚的装修材料燃烧性能等级应是（　　）。【2019年一建建筑】

A. A 级　　　　　　　　　　　　　　　　B. B1 级
C. B2 级　　　　　　　　　　　　　　　D. B3 级

【解析】 这属于常识性考点，绝大多数民用建筑的疏散楼梯间和前室的顶棚、墙面和地面，都是混凝土+砂浆抹面。这两者都属于 A 级材料。

【参考答案】

1. ACE	2. C	3. BCD	4. A	5. A	6. ABDE	7. B	8. B	9. BCDE	10. C
11. D	12. ACE	13. A	14. B	15. B	16. B	17. C	18. A	19. C	20. D
21. D	22. C	23. C	24. D	25. A	26. B	27. A	28. B	29. C	30. A

考点四：防水工程

1. 地下工程的防水等级分为（　　）。【2019年一建建筑】

A. 二级　　　　　　　　　　　　　　　　B. 三级
C. 四级　　　　　　　　　　　　　　　　D. 五级

【解析】 地下工程四级防水：
（1）一级防水：不许渗水，结构表面无湿渍；
（2）二级防水：不许漏水，结构表面少量湿渍；
（3）三级防水：少量漏水，无线流和漏泥沙；
（4）四级防水：有漏水点，无线流和漏泥沙。

2. 地下室外墙卷材防水层施工做法中，正确的是（　　）。【2018年一建建筑】

A. 卷材防水层铺设在外墙的迎水面上
B. 卷材防水层铺设在外墙的背水面上
C. 外墙外侧卷材采用空铺法

D. 铺贴双层卷材时，两层卷材相互垂直

【解析】 "无机背水，有机迎水"。

3. 防水砂浆施工时，其环境温度最低限值为（   ）。【2015年一建建筑】

A. 0℃ B. 5℃
C. 10℃ D. 15℃

【解析】 防水施工环境温度下限通常"不低于5℃"，个别例外：
(1) 涂膜防水施工：溶剂型："0～35℃"，水乳型：5～35℃。
(2) 卷材铺贴施工：冷粘法≥5℃，热熔法≥-10℃。
(3) 喷涂硬泡聚氨酯：15～35℃，空气相对湿度宜小于85%。

4. 地下工程水泥砂浆防水层的养护时间至少应为（   ）。【2014年一建建筑】

A. 7天 B. 14天
C. 21天 D. 28天

【解析】 除屋面防水找平层砂浆养护时间不小于7天以外，地面、室内防水砂浆、防水混凝土以及屋面防水混凝土养护时间均不小于14天。

5. 可以进行防水工程防水层施工的环境是（   ）。

A. 雨天 B. 夜间
C. 雪天 D. 六级大风

【解析】 5级风和6级风对应"质量"和"安全"两个方面。如：地下水泥砂浆防水层不得在5级大风条件下施工；起吊作业不得在6级大风下作业。这是很重要的选择题技巧。

6. 铺贴厚度小于3mm的地下工程改性沥青卷材时，严禁采用的施工方法是（   ）。

A. 冷粘法 B. 热熔法
C. 满粘法 D. 空铺法

【解析】 铺贴厚度小于3mm改性沥青卷材，采用热熔法很容易就焊透了。

7. 关于防水混凝土施工缝留置技术要求的说法中，正确的有（   ）。【2009年一建建筑】

A. 墙体水平施工缝应留在高出底板表面不小于300mm的墙体上
B. 拱（板）墙结合的水平施工缝，宜留在拱（板）墙接缝线以下150～300mm处
C. 墙体有预留洞时，施工缝距孔洞边缘不应小于300mm
D. 垂直施工缝应避开变形缝
E. 垂直施工缝应避开地下水和裂隙水较多的地段

8. 关于防水卷材施工说法正确的有（   ）。【2017年二建建筑】

A. 地下室底板混凝土垫层上铺防水卷材采用满粘
B. 地下室外墙外防外贴卷材采用点粘法
C. 基层阴阳角做成圆弧后再铺贴
D. 铺贴双层卷材时，上下两层卷材应垂直铺贴
E. 铺贴双层卷材时，上下两层卷材接缝应错开

【解析】
(1) A、B说反了。底板混凝土卷材应采用空铺或点粘法，侧墙外防外贴法卷材、顶板卷材应满粘法施工。

底板采用满粘法，卷材与结构变形速率不同，卷材可能被拉裂；所以要空铺或点粘，为的是留有更多的自由变形空间。而顶板和墙面的卷材，必须满粘，否则很容易掉下来。

（2）卷材铺贴必须平行，严禁垂直。

9. 防水混凝土试配时的抗渗等级应比设计要求提高（　　）MPa。【2016年二建建筑】
A. 0.1
B. 0.2
C. 0.3
D. 0.4

10. 倒置式屋面基本构造自下而上顺序（　　）。
①结构层、②保温层、③保护层、④找坡层、⑤找平层、⑥防水层
A. ①②③④⑤⑥
B. ①④⑤⑥②③
C. ①②④⑤⑥③
D. ①④⑤②③⑥

【解析】"结构找坡再找平，防水保温后保护"。

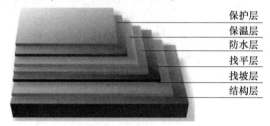

倒置式屋面基本构造

11. 关于屋面涂膜防水层施工工艺的说法，正确的是（　　）。【2018年一建建筑】
A. 水乳型防水涂料宜选用刮涂施工
B. 热熔型防水涂料宜选用喷涂施工
C. 反应固化型防水涂料宜选用喷涂施工
D. 聚合物水泥防水涂料宜选用滚涂施工

12. 关于屋面卷材防水施工要求的说法，正确的有（　　）。【2016年一建建筑】
A. 先施工细部，再施工大面
B. 平行屋脊搭接缝应顺流水方向
C. 大坡面铺贴应采用满粘法
D. 上下两层卷材长边搭接缝错开
E. 上下两层卷材应垂直铺贴

13. 有关屋面防水层施工坡度的基本要求下列说法正确的是（　　）。
A. 防水应以防为主，以排为辅
B. 混凝土结构层宜采用结构找坡，坡度不应小3%
C. 混凝土结构层采用材料找坡时，坡度宜为2%
D. 檐沟、天沟纵向找坡不应大于1%
E. 找坡层最薄处厚度宜≥40mm

【解析】

A正确。这个主要是针对平屋面。平屋面排水坡度不大，屋面排水过程中容易产生爬水和尿墙现象。

B正确。这个主要是针对坡屋面。坡屋面就是坡度≥3%的屋面。

C正确。材料找坡2%最合适；太小影响排水效果，太大可能影响节能效果。

D 错误。檐沟、天沟纵向找坡不应小于1%，坡度太小容易积水。

E 错误。找坡层最薄处厚度宜≥20mm。

14. 立面铺贴防水卷材适宜采用（　　）。【2011年二建建筑】
A. 空铺法　　　　　　　　　　B. 点粘法
C. 条粘法　　　　　　　　　　D. 满粘法

15. 卷材防水施工中，厚度小于3mm的高聚物改性沥青防水卷材，严禁采用（　　）施工。【2009年二建建筑】
A. 热熔法　　　　　　　　　　B. 自粘法
C. 冷黏法　　　　　　　　　　D. 机械固定法

【解析】"厚度3毫禁热熔"。

16. 屋面防水设防要求为一道防水设防的建筑，其防水等级为（　　）。
A. Ⅰ级　　　B. Ⅱ级　　　C. Ⅲ级　　　D. Ⅴ级

17. 关于屋面防水水落口做法的说法，正确的是（　　）。
A. 防水层贴入水落口杯内不应小于30mm，周围直径500mm范围内的坡度不应小于3%
B. 防水层贴入水落口杯内不应小于30mm，周围直径500mm范围内的坡度不应小于5%
C. 防水层贴入水落口杯内不应小于50mm，周围直径500mm范围内的坡度不应小于3%
D. 防水层贴入水落口杯内不应小于50mm，周围直径500mm范围内的坡度不应小于5%

【解析】"水落防水555"。

18. 屋面改性沥青防水卷材的常用铺贴方法有（　　）。
A. 热熔法　　　　　　　　　　B. 热黏结剂法
C. 冷粘法　　　　　　　　　　D. 自粘法
E. 热风焊接法

【解析】"冷热自粘三铺贴"。

19. 屋面卷材铺贴施工环境温度，下列说法（　　）。
A. 采用冷粘法施工不应低于5℃，热熔法施工不应低于-10℃
B. 采用冷粘法施工不应低于10℃，热熔法施工不应低于-10℃
C. 采用冷粘法施工不应低于5℃，热熔法施工不应低于10℃
D. 采用冷粘法施工不应低于-5℃，热熔法施工不应低于-10℃

【解析】"热熔-10冷粘5"。

20. 关于防水混凝土施工的说法，正确的有（　　）。【2015年一建建筑】
A. 宜采用高频机械分层振捣密实，振捣时间为10~30s
B. 应连续浇筑，少留施工缝
C. 施工缝宜留在受剪力较大部位
D. 养护时间不得少于7天
E. 冬期施工入模温度不应低于5℃

【解析】

(1) C 错误。说反了，施工缝应留在受剪力较小的部位。

（2）D错误。室内防水混凝土养护时间不小于14天。

21. 室内防水工程施工环境温度应符合防水材料的技术要求，并宜在（　　）以上。【2010年二建建筑】

A. -5℃　　　　B. 5℃　　　　C. 10℃　　　　D. 15℃

【解析】"防水施工5度走，热熔例外-10度"。除此之外，室内防水工程，无论是施工温度还是养护温度均不低于5℃。

22. 厨房、厕浴间防水一般采用（　　）做法。

A. 混凝土防水　　　　　　　B. 水泥砂浆防水

C. 沥青卷材防水　　　　　　D. 涂膜防水

【解析】卫生间用卷材，对于犄角旮旯不方便施工的地方，防水效果不如涂膜防水好。

23. 厕浴间、厨房防水层完工后，应做（　　）蓄水试验。

A. 8h　　　　B. 12h　　　　C. 24h　　　　D. 48h

【参考答案】

1. C	2. A	3. B	4. B	5. B	6. B	7. ABCE	8. CE	9. B	10. B
11. C	12. ABCD	13. ABC	14. D	15. A	16. B	17. D	18. ACD	19. A	20. ABE
21. B	22. D	23. C							

三、2022考点预测

1. 地基基础验收的程序和条件。

2. 变形观测的办法、条件、程序。

3. 桩基工程的验收标准。

4. 地下连续墙的施工要点及质量验收。

5. 混凝土浇筑、养护、验收的顺序及技术要点。

6. 简述全装配式和装配整体式混凝土的特点。

7. 装配式混凝土结构专项方案应包括的内容。

8. 装配式混凝土预制构件安装前，应做的准备工作。

9. 装配式混凝土结构的十大新技术。

10. 室内环境污染物的类别、检测方法及处理流程。

11. 节能工程施工要点及质量验收。

12. 看图找错（地基基础、主体结构、防水工程、节能工程……）。

附录 2022年全国一级建造师执业资格考试"建筑工程管理与实务"预测模拟试卷

附录A 预测模拟试卷（一）

一、单项选择题（共20题，每题1分，每题的备选项中，只有1个最符合题意）

1. 碳素结构钢牌号由（　　）4部分按顺序组成。
A. 质量等级符号→脱氧方法符号→屈服强度字母（Q）→屈服强度数值
B. 屈服强度数值→屈服强度字母（Q）→脱氧方法符号→质量等级符号
C. 屈服强度字母（Q）→屈服强度数值→脱氧方法符号→质量等级符号
D. 屈服强度字母（Q）→屈服强度数值→质量等级符号→脱氧方法符号

2. 有关轻钢龙骨的种类，下列说法错误的是（　　）。
A. 轻钢龙骨主要分为吊顶龙骨（D）和墙体龙骨（Q）两大类
B. 吊顶龙骨又分为主龙骨（承载龙骨）、次龙骨（覆面龙骨）
C. 墙体龙骨分为竖龙骨、横龙骨、通贯龙骨
D. 轻钢龙骨比木龙骨的造价低

3. 关于硅酸盐、普通硅酸盐水泥说法错误的是（　　）。
A. 硅酸盐水泥水化热大、耐蚀性和耐热性差
B. 硅酸盐水泥的早期强度高、凝结硬化快、抗冻性好
C. 普通硅酸盐水泥水化热较大、耐蚀性和耐热性较差
D. 普通硅酸盐水泥和硅酸盐水泥的干缩性都较大

4. 关于通用水泥说法正确的是（　　）。
A. 矿渣水泥和火山灰水泥的干缩性较小，粉煤灰水泥干缩性较大
B. 硅酸盐水泥的早期强度高、凝结硬化快，但抗冻性、耐蚀性、耐热性较差
C. 粉煤灰水泥的抗裂性较高
D. 矿渣水泥抗渗性较好、火山灰质水泥耐热性较好

5. 有关石子强度和坚固性的说法错误的是（　　）。
A. 碎石或卵石的强度指标包括"岩石抗压强度和压碎指标"
B. 当混凝土强度等级为C60及以上时，应进行岩石抗压强度检验
C. 对经常性的生产质量控制，则可用压碎指标值来检验
D. 用于制作粗骨料的岩石的抗压强度与混凝土强度等级之比不应小于1.0

6. 混凝土拌合及养护用水的水质应符合《混凝土用水标准》JGJ 63—2006的有关规定，

下列说法错误的是（　　）。

 A. 对于设计使用年限为 100 年的结构混凝土，氯离子含量≤500mg/L

 B. 对使用钢丝或经热处理钢筋的预应力混凝土，氯离子含量≤350mg/L

 C. 混凝土拌合用水的水质检验项目包括：pH 值、不溶物、可溶物、氯离子、硫酸根离子，采用碱活性骨料，需检验碱含量

 D. 海水不能用于钢筋混凝土和预应力混凝土，但可用于素混凝土和装饰混凝土

7. 关于混凝土流动性指标下列说法正确的是（　　）。

 A. 工地上常用混凝土拌合物的"坍落度和坍落扩展度"作为黏聚性指标

 B. 坍落度或坍落扩展度愈大，表示流动性愈小

 C. 坍落度＜10mm 的干硬性混凝土，用维勃稠度试验测定其稠度

 D. 用维勃稠度作为流动性指标时，稠度值愈大，表示流动性愈大

8. 有关混合砂浆性能及用途说法错误的是（　　）

 A. 混合砂浆分为水泥石灰砂浆、水泥黏土砂浆

 B. 水泥黏土砂浆是应用最广的混合砂浆

 C. 水泥石灰砂浆具有一定的强度和耐久性

 D. 水泥石灰砂浆的流动性、保水性均较好

9. 在建筑物的组成体系中，承受竖向和侧向荷载的是（　　）。

 A. 结构体系　　　　　　　　　　B. 设备体系

 C. 围护体系　　　　　　　　　　D. 支撑体系

10. 根据《建筑设计防火规范》，有关防火、防烟、疏散的要求说法错误的是（　　）。

 A. 楼梯间前室和封闭楼梯间内墙上，除了疏散门，不应有其他门窗洞口

 B. 楼梯间及其前室内不可设置可燃材料储藏室，垃圾道，可燃气体和液体的管道

 C. 楼梯间及其前室内不可附设烧水间

 D. 在住宅内，可燃气体管道穿过楼梯间时，应采取可靠的保护设施

11. 设计使用年限为 50 年，处于一般环境的大截面钢筋混凝土柱，其混凝土强度等级不应低于（　　）。

 A. C15　　　　　　　　　　　　B. C20

 C. C25　　　　　　　　　　　　D. C30

12. 有关框架-剪力墙的说法下列错误的是（　　）。

 A. 框架-剪力墙结构结合了框架结构的平面灵活、剪力墙结构的侧向刚度大两方面优点

 B. 剪力墙主要承受水平荷载

 C. 竖向荷载主要由框架承担

 D. 剪力墙和框架均主要承受竖向荷载

13. 关于岩土工程力学指标，下列说法错误的是（　　）。

 A. 内摩擦角，是土的抗剪强度指标，反映了土的摩擦特性

 B. 土抗剪强度，是指土体抵抗剪切破坏的极限强度，包括内摩擦力和内聚力

 C. 常以土的密实度控制土的夯实标准

 D. 土的可松性，是土方平衡调配的重要参数

14. 关于混凝土梁板浇筑，下列说法错误的是（　　）。

A. 梁和板宜同时浇筑混凝土
B. 有主次梁的楼板宜顺着主梁方向浇筑
C. 单向板宜沿着板的长边方向浇筑
D. 拱和高度大于1m的梁，可单独浇筑混凝土

15. 有关混凝土的浇筑与养护下列说法错误的是（　　）。
A. 混凝土的养护方法有自然养护和加热养护两类，现场施工一般为自然养护
B. 自然养护又包括浇水覆盖养护、薄膜养护、养生液养护
C. 已浇筑完毕的混凝土，应在混凝土终凝前养护
D. 已浇筑完毕的混凝土通常在混凝土终凝后8～12h内养护

16. 关于厨房、卫生间防水层蓄水试验，下列说法错误的是（　　）。
A. 厨房、厕浴间防水层完成后，应做24h蓄水试验，确认无渗漏时再做保护层和面层
B. 设备与饰面层施工完成后应做第二次24h蓄水试验，最终无渗漏和排水畅通为合格，方可进行正式验收
C. 墙面间歇淋水试验应达到30min以上不渗漏
D. 厨房、厕浴间防水层完成后，应立即施工保护层和面层

17. 关于构件式玻璃幕墙开启窗的说法，正确的是（　　）
A. 开启角度不宜大于40°，开启距离不宜大于300mm
B. 开启角度不宜大于40°，开启距离不宜大于400mm
C. 开启角度不宜大于30°，开启距离不宜大于300mm
D. 开启角度不宜大于30°，开启距离不宜大于400mm

18. 关于预应力筋张拉完毕后孔道灌浆，下列说法错误的是（　　）。
A. 后张法有粘结预应力筋张拉完毕并经检查合格后，应尽早进行孔道灌浆
B. 宜采用普通硅酸盐水泥或硅酸盐水泥
C. 宜采用低热矿渣水泥或粉煤灰水泥
D. 水灰比不应大于0.45，标准养护条件下的灌浆试块强度值不得低于30MPa

19. 装配式混凝土建筑应结合（　　）的原则整体策划，协同建筑、结构、机电、装饰装修等专业要求，制定施工组织设计。
A. 设计、生产、装配一体化　　　　B. 设计、生产、装配独立化
C. 设计、生产、装配标准化　　　　D. 设计、生产、装配模块化

20. 倒置式屋面基本构造自下而上宜由（　　）组成。
A. 结构层、找平层、找坡层、防水层、保温层及保护层
B. 结构层、防水层、保温层、找坡层、找平层及保护层
C. 结构层、找坡层、找平层、防水层、保温层及保护层
D. 结构层、保温层、找坡层、找平层、防水层及保护层

二、**多项选择题**（共10题，每题2分，每题的备选项中有2个或2个以上符合题意，至少有1个错项。错选，本题不得分；少选，所选的每个选项得0.5分）

21. 关于钢结构防火涂料的说法，下列正确的是（　　）。

A. 钢结构防火涂料的耐火极限从 0.50～2.50h 共 5 级
B. 钢结构防火涂料的产品代号以字母 GT 表示
C. 防火机理特征代号 P 和 F 分别代表膨胀型和非膨胀型
D. GT-NRP-F_p1.50-A，表示室内用溶剂性膨胀型普通钢结构防火涂料，耐火性能为 F_p1.50，自定义代号为 A
E. GT-WSF-F_t2.00-B，表示室外用水基性非膨胀型特种钢结构防火涂料，耐火性能为 F_t2.00，自定义代号为 B

考点：防火材料——防火涂料

22. 有关引气剂的说法正确的是（　　）。
A. 能改善混凝土拌合物的和易性，减少混凝土的泌水离析
B. 能提高混凝土的抗渗性、抗冻性以及抗裂性
C. 混凝土的抗压强度会大幅降低
D. 引气剂适用于有抗冻、抗渗、抗硫酸盐以及泌水严重的混凝土
E. 不适用于预应力混凝土和蒸汽养护混凝土

23. 关于楼梯空间尺度要求的说法，正确的有（　　）。
A. 应至少一侧设扶手
B. 梯段净宽达三股人流时两侧设扶手
C. 梯段净宽达四股人流时应加设中间扶手
D. 梯段净高不小于 2.0m
E. 踏步前缘部分宜有防滑措施

24. 关于地下连续墙支护优点的说法，正确的有（　　）。
A. 施工振动小
B. 噪声低
C. 承载力大
D. 成本低
E. 防渗性能好

25. 建筑工业化主要标志是（　　）。
A. 建筑设计标准化
B. 构配件生产工厂化
C. 施工机械化
D. 组织管理科学化
E. 建筑设计个性化

26. 有关钢筋接头施工下列说法正确的是（　　）。
A. 受压钢筋直径＞ϕ25mm 时，不宜采用绑扎搭接接头
B. 受拉钢筋直径＞ϕ28mm 时，不宜采用绑扎搭接接头
C. 受力钢筋接头位置宜设置在受力较小处
D. 同一纵向受力钢筋，不宜设置两个或两个以上的接头
E. 接头末端至钢筋弯起点的距离不应小于钢筋直径的 5 倍

27. 有关烧结普通砖等级及尺寸，下列说法正确的是（　　）。
A. 烧结普通砖按质量等级划分为优等品、一等品、合格品
B. 根据尺寸偏差、外观质量、泛霜、石灰爆裂，将烧结普通砖划分为三个等级

C. 优等品适用于混水墙

D. 一等品、合格品可用于清水墙

E. 公称尺寸为 240mm×115mm×53mm

28. 混凝土结构子分部工程可划分为（　　）等分项工程。

A. 模板、钢筋　　　　　　　　　B. 预应力

C. 混凝土　　　　　　　　　　　D. 现浇结构、装配式结构

E. 基础混凝土

29. 关于竹、木胶合板模板的优点，其说法正确的是（　　）。

A. 自重轻　　　　　　　　　　　B. 板幅大

C. 板面平整　　　　　　　　　　D. 施工安装方便

E. 造价较高

30. 衡量钢筋塑性的指标是（　　）。

A. 屈服强度　　　　　　　　　　B. 冷弯性能

C. 伸长率　　　　　　　　　　　D. 极限抗拉强度

E. 焊接性

三、实务操作和案例分析题（共 5 题，（一）、（二）、（三）题各 20 分，（四）、（五）题各 30 分）

（一）

某公司兴建一幢国贸大楼，建筑面积 $48000m^2$，框架-剪力墙结构，地下 2 层，地上 28 层，设计基础底标高为 -9.0m。土方开挖区域内为粉土，施工单位采用单一土钉墙支护、成孔注浆型土钉等方式。土钉墙具体构造如图 1 所示。

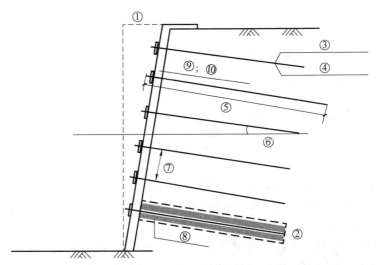

注：①墙面坡度；②成孔孔径；③土钉钢筋；④土钉直径；⑤土钉长度；
⑥土钉倾角；⑦土钉间距；⑧注浆强度；⑨面层厚度；⑩面层强度。

图 1　土钉墙设计及构造示意图

施工单位项目技术负责人组织编制了"土钉墙施工专项方案",部分内容如下:
(1) 基坑开挖后,48h 内完成土钉安放和喷射混凝土面层。
(2) 上层土钉注浆工作完成后立即开挖下层土方;全部土钉施工完成后,应对其抗拔力进行检验。
(3) 成孔土钉采用"二次注浆"法施工。第一次注浆量为钻孔体积的60%,终凝后进行二次注浆;二次注浆量为第一次注浆量的40%。注浆压力为0.4MPa。
(4) 面层应设置钢筋网和加强钢筋。钢筋网采用 HRB400 级 φ12mm 钢筋,上下段搭接长度为200mm;面层加强钢筋应通长设置,且应与土钉钢筋绑扎牢固。
(5) 面层混凝土应自上而下分段、分片喷射。

监理工程师审查"土钉墙专项施工方案"时,指出包括土钉施工、面层喷射、成孔注浆等在内的多处错误,要求施工单位改正后重新上报。

问题:
1. 土钉墙支护包括哪几类?
2. 写出图1编号"①~⑩"所对应的构造要求。
3. 请改正"土钉墙专项施工方案"中的错误之处。
4. 土钉墙施工过程中应检验哪些内容?

(二)

某工程项目合同工期为20个月,建设单位委托某监理公司承担施工阶段监理任务。经总监审核批准的施工进度计划如图2所示(时间单位:月),各工作匀速施工。

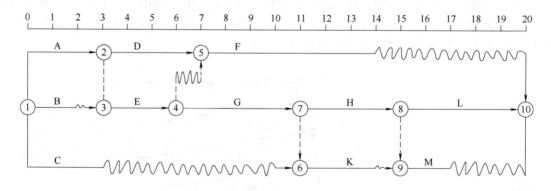

图2 施工进度计划

事件一: 由于建设单位负责的施工现场拆迁工作未能按时完成,总监理工程师口头指令承包单位开工日期推迟4个月,工期相应顺延4个月,鉴于工程未开工,因延期开工给承包单位造成的损失不予补偿。

事件二: 推迟4个月开工后,当工作G开始之时检查实际进度,发现此前施工进度正常。此时,建设单位要求仍按原竣工日期完成工程,承包单位提出如下赶工方案,得到总监理工程师的同意。

该方案将G、H、L三项工作均分成两个施工段组织流水施工,数据见表1。

表 1

流水节拍/月　施工段　工作	①	②
G	2	3
H	2	2
L	2	3

事件三：工作 G 经监理工程师核准每月实际完成工程量均为 400m³。承包单位在报价单中的工料单价为 50 元/m³，管理费费率为 15%，利润率为 5%，规费为 3.41%，增值税为 9%。

问题：

1. 如果工作 B、C、H 要由一个专业施工队顺序施工，在不改变原施工进度计划总工期和工作工艺关系的前提下，如何安排该三项工作最合理？此时该专业施工队最少的工作间断时间为多少？

2. 事件一中，指出总监理工程师做法的不妥之处，并写出相应的正确做法。

3. 事件二中，G、H、L 三项工作流水施工的工期为多少？此时工程总工期能否满足原竣工日期的要求？为什么？

4. 简述施工进度计划的调整内容。

（三）

某新建工程为 5 栋地下 1 层、地上 16 层的高层住宅，主楼为桩基承台梁和筏板基础。主体结构为装配整体式剪力墙结构，建筑面积为 10.33 万 m²。

事件一：施工过程中，项目经理组织相关人员编制"装配式混凝土预制构件安装工程专项施工方案"，并针对大型预制构件的运输和存放制定了质量保证措施。其专项方案部分重要内容如下：

（1）预制构件运输前，应先在阿里巴巴平台采购通用尺寸的靠放架、插放架和托架。

（2）装配式构件不得长期悬挂空中，吊索水平夹角不得超过 40°。

（3）外墙板采用靠放架立式运输，且应对称靠放，每层不大于 3 层。墙板面与车面倾角不大于 60°，为防止构件相互碰撞，构件之间应设置隔离垫块。

（4）预制梁、柱、板构件水平运输叠放，均不得超过 6 层。

事件二：6 号楼二次结构施工，填充墙砌筑用水泥砂浆，设计强度为 M10。项目部按要求留取了 16 组砂浆试块，前 15 组的统计情况：抗压强度平均值为 11.8MPa，其中最低的一组为 8.8MPa；最后一组的试验结果为 10.8MPa、12.6MPa、10.2MPa。

事件三：围护系统施工完成后，施工单位按照《建筑节能工程施工质量验收规范》的要求，对外墙节能构造采用"钻芯法"进行实体检验，第一次检验不满足规范要求，建设单位委托第三方检测机构对外墙节能进行了二次抽检，结果仍不满足规范要求。

问题：

1. 除工程概况、编制依据、施工计划以及施工工艺技术之外，危大工程专项方案还应包括哪些内容？

2. 指出事件一"装配式混凝土预制构件安装工程专项施工方案"中的不妥之处，并写出正确做法。

3. 装配式混凝土预制构件安装前，应做好哪些准备工作？

4. 6号楼填充墙砌体砌筑砂浆的抽样方法及数量应如何确定？分析说明验收批的砌筑砂浆抽样检测是否合格？

5. 根据《外墙节能构造钻芯检验方法》要求，外墙实体检验项目包括哪些？实体检验二次抽检仍不满足要求的，应如何处理？

（四）

某市政府投资一建设项目，经依法招标后，甲施工单位中标，发包方式采用可调单价合同，报价执行《建设工程工程量清单计价规范》（GB 50500—2013）。E单位中标后，与建设单位签订了施工合同，合同工期为2017年8月1日至2018年3月31日，预付款为20%。

事件一：E单位的投标报价构成如下：分部分项工程费为16100.00万元，措施项目费为1800.00万元，安全文明施工费为322.00万元，其他项目费为1200.00万元，暂列金额为1000.00万元，管理费为10%，利润为5%，规费为1%，增值税为9%。

事件二：建设单位按照合同约定支付了工程预付款，但合同中未约定安全文明施工费预支付比例，双方协商按《建设工程工程量清单计价规范》规定的最低预支付比例进行支付。

工程实施过程中，发生了如下事件：

事件1：投标截止日期前15天，该市工程造价管理部门发布了人工单价及规费调整的有关文件。

事件2：施工过程中，分部分项工程量清单中的天棚吊顶清单项目特征描述与设计图纸要求不一致。

事件3：按实际施工图纸施工的基础土方工程量与招标人提供的工程量清单表中挖基础土方工程量发生较大的偏差。

事件4：某工程在施工进展到第120天后，项目部对第110天前的部分工作进行了统计检查。统计数据见表2。

表 2

工 作 代 号	计划完成工作预算成本（BCWS）/万元	已完工作量（%）	实际发生成本（ACWP）/万元	挣得值（BCWP）
1	540	100	580	
2	820	70	600	
3	1620	80	840	
4	490	100	490	
5	240	0	0	
合计				

问题：（计算结果保留两位小数）

1. 说明编制招标控制价的主要依据。双方在工程量清单计价管理中应遵守的强制性规定还有哪些？

2. 事件一中，列式计算 E 单位的中标造价是多少万元？工程预付款为多少万元？

3. 事件二中，建设单位预支付的安全文明施工费最低是多少万元？并说明理由。事件二中，安全文明施工费包括哪些具体费用？

4. 根据《建设工程工程量清单计价规范》的规定，承包人对事件1、事件2、事件3提出的索赔，发包人分别应如何处理？并说明理由。

5. 列式计算截止到第 110 天的合计 BCWS、ACWP、BCWP。分别计算第 110 天的成本偏差 CV 值和 CPI 值以及 SV 和 SPI 值，并做出结论分析。

（五）

某工程开工前，因客观情况发生变化，建设单位函告甲施工单位："因本工程急于投入使用，要求你方提前 6 个月竣工，并依据施工总承包合同的约定给予 6 个月的工期提前奖。"

事件一： 五层某施工段的现浇结构尺寸检验批验收表（部分）见表3。

表 3

项 目			允许偏差/mm	检查结果/mm								
轴线位置	基础		15	10	2	5	7	16				
	独立基础		10									
	柱、梁、墙		8	6	5	7	8	3	9	5	9	1	10
	剪力墙		5	6	1	5	2	7	4	3	2	0	1
垂直度	层高	≤5m	8	8	5	8	11	5	9	6	12	7
		>5m										
	全高（H）		H/1000 且 ≤30									
标高	层高		±10	5	7	8	11	5	7	6	12	8	7
	全高		±30									

事件二： 施工总承包单位根据材料清单采购了一批装饰装修材料，并对进场的装修材料进行了包括材料凭证、数量、规格、外观的验收。经计算分析，各种材料价款占该批材料款及累计百分比见表4。

表 4

序 号	材料名称	材料单价/元	采购量/件	品种占比（%）
1	甲	1860	110	4
2	乙	1580	100	6
3	丙	156	320	11
4	丁	143	340	19
5	戊	11	2100	60

事件三：施工现场采用专用变压器和 TN-S 供电保护系统、三相五线制接线，其构造详图如图 3 所示。

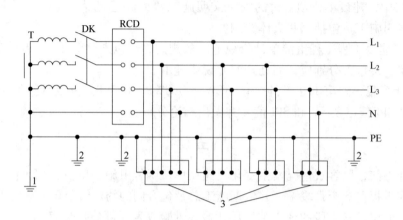

图 3　专用变压器供电时 TN-S 接零保护系统示意图

问题：

1. 事件一中，指出验收表中的错误，计算表中正确数据的允许偏差合格率。
2. 事件二中，根据"ABC 分类法"，计算每类材料的实际金额占总金额的比重，并分别指出主要管理、次要管理和一般管理的材料名称。（计算结果保留两位小数）
3. 材料进场验收过程中，关于凭证的验收内容包括哪些？
4. 写出事件三中"图 3"中各编号所对应的内容。

【参考答案】

一、单项选择题

题号	1	2	3	4	5	6	7	8	9	10
答案	D	D	D	C	D	D	C	B	A	A
题号	11	12	13	14	15	16	17	18	19	20
答案	C	D	C	B	D	D	C	C	A	C

二、多项选择题

题号	21	22	23	24	25	26	27	28	29	30
答案	BCDE	ABDE	ABCE	ABCE	ABCD	CD	ABE	ABCD	ABCD	BC

三、实务操作和案例分析题

（一）

1.（本小题 2.0 分）

（1）单一土钉墙；　　　　　　　　　　　　　　　　　　　　　　　　　　（0.5 分）

(2) 预应力锚杆土钉墙; (0.5分)
(3) 水泥土桩复合土钉墙; (0.5分)
(4) 微型桩复合土钉墙。 (0.5分)

2. (本小题6.0分)
(1) "①"墙面坡度不宜大于1:0.2; (1.0分)
(2) "②"钻孔孔径宜为70~120mm; (1.0分)
(3) "③"土钉宜选用HRB400、HRB500级钢筋; (1.0分)
(4) "④"土钉钢筋直径宜为16~32mm; (1.0分)
(5) "⑤"土钉长度宜为:4.5~10.8m; (1.0分)
(6) "⑥"土钉与水平面夹角宜为5°~20°; (1.0分)
(7) "⑦"土钉竖向间距宜为1~2m; (1.0分)
(8) "⑧"孔内注浆强度不宜小于20MPa; (1.0分)
(9) "⑨"面层喷射混凝土厚度宜为80~100mm,且一般不超过120mm; (1.0分)
(10) "⑩"面层喷射混凝土强度不低于C20。 (1.0分)
【评分准则:写出6项,即得6分】

3. (本小题7.0分)
(1) 错误之一:"基坑开挖后,48h内完成土钉安放和喷射混凝土面层"。 (0.5分)
改正:土钉安放和面层喷射工作应在24h内完成。 (0.5分)
(2) 错误之二:"上层土钉注浆工作完成后立即开挖下层土方"。 (0.5分)
改正:上层土钉注浆完成48h后才可开挖下层土方。 (0.5分)
(3) 错误之三:"全部土钉施工完成后,应对其抗拔力进行检验"。 (0.5分)
改正:每层土钉施工完成后,均应抽查土钉的抗拔力。 (0.5分)
(4) 错误之四:"第一次注浆量为钻孔体积的60%,终凝后进行二次注浆"。 (0.5分)
改正:第一次注浆量为钻孔体积的1.2倍,初凝后及时进行二次注浆。 (0.5分)
(5) 错误之五:"上下段搭接长度为200mm"。 (0.5分)
改正:面层钢筋网的上下段搭接长度不应小于300mm。 (0.5分)
(6) 错误之六:"且应与土钉钢筋绑扎牢固"。 (0.5分)
改正:面层加强钢筋应与土钉螺栓连接或钢筋焊接牢固。 (0.5分)
(7) 错误之七:"面层混凝土应自上而下分段、分片喷射"。 (0.5分)
改正:面层混凝土应自下而上分段、分片依次喷射。 (0.5分)

4. (本小题5.0分)
(1) 放坡系数; (1.0分)
(2) 土钉位置; (1.0分)
(3) 土钉插入长度; (1.0分)
(4) 土钉应力; (1.0分)
(5) 钻孔直径; (1.0分)
(6) 钻孔的深度及角度; (1.0分)
(7) 注浆配比; (1.0分)

(8) 注浆压力及注浆量； (1.0 分)
(9) 喷射混凝土厚度及强度。 (1.0 分)

【评分准则：写出 5 项，即得 5 分】

（二）

1．（本小题 5.0 分）

工作 B：第 2～3 月（表示第 2 月初开始，第 3 月底结束，下同）； (1.0 分)

工作 C：第 4～6 月、第 5～7 月、第 6～8 月、第 7～9 月、第 8～10 月、第 9～11 月； (2.0 分)

工作 H：第 12～15 月。 (1.0 分)

B、C、H 工作最合理，专业队最少的工作间断时间为 5 个月。 (1.0 分)

2．（本小题 4.0 分）

(1) "总监理工程师口头指令承包单位开工日期推迟"不妥。 (1.0 分)

正确做法：应以书面形式通知承包单位，推迟开工日期并顺延工期。 (1.0 分)

(2) "因延期开工给承包单位造成的损失不予补偿"不妥。 (1.0 分)

正确做法：因延期开工给承包单位造成的损失应予补偿。 (1.0 分)

3．（本小题 6.0 分）

(1) 流水工期

① G 与 H 的流水步距： (2.0 分)

```
      2  5
  -)     2  4
  ─────────────
      2  3  -4
```

$K_{G,H} = \max(2,3,-4) = 3(月)$

② H 与 L 之间的流水步距： (2.0 分)

```
      2  4
  -)     2  5
  ─────────────
      2  2  -5
```

$K_{H,L} = \max(2,2,-5) = 2(月)$

流水工期 $T = \sum K + D_h = 3 + 2 + 2 + 3 = 10(月)$ (1.0 分)

(2) 满足原竣工日期的要求，因赶工后的总工期为：$4 + 6 + 10 = 20(月)$ (1.0 分)

4．（本小题 5.0 分）

施工进度计划调整的内容：

(1) 工程量； (1.0 分)
(2) 起止时间； (1.0 分)
(3) 持续时间； (1.0 分)
(4) 工作关系； (1.0 分)
(5) 资源供应。 (1.0 分)

（三）

1．（本小题 2.5 分）

（1）施工安全保证措施。 (0.5 分)

（2）施工管理及作业人员配备和分工。 (0.5 分)

（3）计算书及相关图纸。 (0.5 分)

（4）验收要求。 (0.5 分)

（5）应急处置措施。 (0.5 分)

2．（本小题 6.0 分）

（1）不妥之一：项目经理组织相关人员编制《装配式混凝土预制构件安装工程专项施工方案》。 (0.5 分)

正确做法：装配式混凝土专项方案应在施工前，由项目技术负责人组织制定，并按规定报批。 (0.5 分)

（2）不妥之二：阿里巴巴平台采购通用尺寸的靠放架、插放架和托架。 (0.5 分)

正确做法：用于运输预制构件的靠放架、插放架和托架应进行专项设计。 (0.5 分)

（3）不妥之三：吊索水平夹角不得超过 40°。 (0.5 分)

正确做法：吊索水平夹角不宜小于 60°，不得小于 45°。 (0.5 分)

（4）不妥之四："构件应对称靠放，且每层不大于 3 层"。 (0.5 分)

正确做法：装配式预制构件采用靠放架靠放时，每层不得超过 2 层。 (0.5 分)

（5）不妥之五："墙板面与车面倾角不大于 60°"。 (0.5 分)

正确做法：预制构件采用靠放架放置时，与车面的倾角不应低于 80°。 (0.5 分)

（6）不妥之六"构件水平运输叠放，均不得超过 6 层"。 (0.5 分)

正确做法：梁板类预制构件叠放层数不超过 3 层，板类构件不超过 6 层。 (0.5 分)

3．（本小题 4.0 分）

（1）检查吊装设备及吊具是否处于安全状态。 (1.0 分)

（2）核实现场环境、天气、道路状况是否满足要求。 (1.0 分)

（3）合理规划构件运输通道、临时堆放场地和成品保护措施。 (1.0 分)

（4）进行测量放线、设置构件安装定位标识。 (1.0 分)

（5）核对预制构件的混凝土强度以及构配件的型号、规格、数量。 (1.0 分)

（6）核对已完结构的混凝土强度、外观质量、尺寸偏差。 (1.0 分)

（7）核对构件装配位置、节点连接构造及临时支撑方案。 (1.0 分)

【评分准则：写出 4 项，即得 4 分。】

4．（本小题 4.5 分）

（1）确定原则：

① 砌筑砂浆应在砂浆搅拌机出料口随机取样； (0.5 分)

② 每批次且 ≤250m³ 砌体的各类别、各强度等级、各台搅拌机至少抽样一次； (0.5 分)

③ 同强度、同类型砂浆试块每批 ≥3 组，每组 3 块，同盘砂浆只能取一组。 (0.5 分)

（2）该验收批砂浆试块合格。

理由：

① $10.8 - 10.2 = 0.6(\text{MPa}) < 10.8 \times 0.15 = 1.62(\text{MPa})$
② $12.6 - 10.8 = 1.8(\text{MPa}) > 10.8 \times 0.15 = 1.62(\text{MPa})$
故取 10.8MPa 作为最后一组试块代表值。 (1.0 分)
③ $(10.8 + 11.8 \times 15)/16 = 11.74(\text{MPa}) > 11\text{MPa}$ (1.0 分)
该组试块抗压强度平均值 > 设计强度值的 1.1 倍，且最小一组平均值 > 设计强度值的 0.85 倍。 (1.0 分)

5. (本小题 3.0 分)
（1）检验项目包括：
① 墙体保温材料的种类是否符合设计要求； (0.5 分)
② 保温层厚度是否符合设计要求； (0.5 分)
③ 保温层构造做法是否符合设计和施工方案要求。 (0.5 分)
（2）见证取样：
① 给出"不符合设计要求"的结论； (0.5 分)
② 查找原因，对造成的节能效果影响程度进行评估； (0.5 分)
③ 采取措施消除缺陷后，重新检验，合格后方可通过验收。 (0.5 分)

（四）

1. (本小题 11.0 分)
（1）编制依据：
① 工程量清单计价规范、计量规范； (1.0 分)
② 技术标准、技术文件； (1.0 分)
③ 设计文件、相关资料； (1.0 分)
④ 拟定的招标文件； (1.0 分)
⑤ 国家、行业发布的定额； (1.0 分)
⑥ 造价管理机构发布的造价信息。 (1.0 分)
（2）强制性规定：
① 工程量清单的使用范围； (1.0 分)
② 工程量计算规则； (1.0 分)
③ 计价方式； (1.0 分)
④ 风险处理； (1.0 分)
⑤ 竞争费用。 (1.0 分)

2. (本小题 2.0 分)
（1）中标造价：
$(16100 + 1800 + 1200) \times 1.01 \times 1.09 = 21027.19(\text{万元})$。 (1.0 分)
（2）预付款：
$(21027.19 - 1000) \times 20\% = 4005.44(\text{万元})$。 (1.0 分)
$(21027.19 - 1000 \times 1.01 \times 1.09) \times 20\% = 3985.26(\text{万元})$。

【解析】按照教材所述，计算预付款时应扣除暂列金额。考虑到规费的计算基数是"分部分项工程费 + 措施项目费 + 其他项目费"之和，税金的计算基数默认为"分部分项工程费+措施项目费+其他项目费+规费"之和，所以在扣除暂列金额时，应连同分摊其中的规费和税金一并扣除。一建考试遵循给分制原则，即写对了给分，写错了不会倒扣分。因此，遇到这种争议点，我们就采用"两头堵"的办法，写两个答案。

3．（本小题 7.0 分）

（1）安全文明施工预付款：

$322 \times (5/8) \times 60\% = 120.75$（万元）；

$120.75 \times 1.01 \times 1.09 = 132.93$（万元） (1.0 分)

理由：根据《建设工程工程量清单计价规范》的规定，安全文明施工费在开工后的 28 天内预付不低于当年施工进度计划的安全文明施工费总额的 60%，剩余部分随进度款按比例支付。 (2.0 分)

（2）安全文明施工费包括：

① 安全施工措施费； (1.0 分)

② 文明施工措施费； (1.0 分)

③ 环境保护措施费； (1.0 分)

④ 施工单位的临时设施费。 (1.0 分)

4．（本小题 4.5 分）

（1）事件 1 的处理：应批准承包方提出的索赔。 (0.5 分)

理由：投标截止日期前 28 天为基准日，其后的法律、法规、政策变化导致工程造价发生变化的应予以调整。 (1.0 分)

（2）事件 2 的处理：批准承包方提出的索赔。 (0.5 分)

理由：发包人应对项目特征描述的准确性负责，工程量清单中的项目特征描述与图纸不符应以设计图纸为准。 (1.0 分)

（3）事件 3 的处理：批准承包方提出的索赔。 (0.5 分)

理由：实际施工图纸工程量与清单中的工程量不一致时，以施工图为准。 (1.0 分)

5．（本小题 5.5 分）

（1）计算：

① $BCWS = 540 + 820 + 1620 + 490 + 240 = 3710$（万元）； (0.5 分)

② $ACWP = 580 + 600 + 840 + 490 = 2510$（万元）； (0.5 分)

③ $BCWP = 540 \times 100\% + 820 \times 70\% + 1620 \times 80\% + 490 \times 100\% + 240 \times 0 = 2900$（万元）。

(0.5 分)

（2）计算：

① $CV = BCWP - ACWP = 2900 - 2510 = 390$（万元）； (0.5 分)

结论：成本偏差为正，表示成本节约 390 万元。 (0.5 分)

② $CPI = BCWP/ACWP = 2900/2510 = 1.155$； (0.5 分)

结论：费用绩效指数 >1，故成本节约 $(1.155 - 1) \times 100\% = 15.5\%$。 (0.5 分)

③ $SV = BCWP - BCWS = 2900 - 3710 = -810$（万元）； (0.5 分)

结论：进度偏差为负，表示进度延误 810 万元。 (0.5 分)

④ $SPI = BCWP/BCWS = 2900/3710 = 0.782$； (0.5 分)

结论：费用绩效指数 <1，故成本节约 $(1 - 0.782) \times 100\% = 21.8\%$。 (0.5 分)

（五）

1. （本小题 4.0 分）

（1）验收表中的错误：第五层现浇混凝土的检查中出现了"基础"检查数据。　　　（2.0 分）

（2）允许偏差合格率：

① 柱、梁、墙的轴线位置：7/10×100% = 70%。　　　（0.5 分）

② 剪力墙的轴线位置：8/10×100% = 80%。　　　（0.5 分）

③ 层高的垂直度：7/10×100% = 70%。　　　（0.5 分）

④ 层高的标高：8/10×100% = 80%。　　　（0.5 分）

2. （本小题 14.0 分）

材料总金额：

1860×110 + 1580×100 + 156×320 + 143×340 + 11×2100 = 484240（元）。　　　（1.0 分）

（1）各类材料占比：

甲材料：

① 1860×110 = 204600（元）；　　　（1.0 分）

② 204600/484240 = 42.25%。　　　（1.0 分）

乙材料：

① 1580×100 = 158000（元）；　　　（1.0 分）

② 158000/484240 = 32.63%。　　　（1.0 分）

丙材料：

① 156×320 = 49920（元）；　　　（1.0 分）

② 49920/484240 = 10.31%。　　　（1.0 分）

丁材料：

① 143×340 = 48620（元）；　　　（1.0 分）

② 48620/484240 = 10.04%。　　　（1.0 分）

戊材料：

① 11×2100 = 23100（元）；　　　（1.0 分）

② 23100/484240 = 4.77%。　　　（1.0 分）

（2）各类材料名称：

① 主要管理材料：甲材料、乙材料；　　　（1.0 分）

② 次要管理材料：丙材料、丁材料。　　　（1.0 分）

③ 一般管理材料：戊材料。　　　（1.0 分）

3. （本小题 3.0 分）

（1）发货明细。　　　（1.0 分）

（2）材质证明或合格证。　　　（1.0 分）

（3）进口材料应具有国家商检局检验证明书。　　　（1.0 分）

4. （本小题 9.0 分）

① "T" 变压器；　　　（1.0 分）

② "DK" 总电源隔离开关；　　　（1.0 分）

③ "RCD" 总漏电保护器； (1.0分)
④ "L_1、L_2、L_3" 三根相线； (1.0分)
⑤ "N" 工作零线； (1.0分)
⑥ "PE" 保护零线； (1.0分)
⑦ "1" 工作接地； (1.0分)
⑧ "2" PE 线重复接地； (1.0分)
⑨ "3" 电气设备金属外壳。 (1.0分)

附录 B 预测模拟试卷（二）

一、**单项选择题**（共 20 题，每题 1 分，每题的备选项中，只有 1 个最符合题意）

1. 根据《建筑防火设计规范》规定，下列属于一类高层民用建筑的有（　　）。
   A. 建筑高度 45m 的居住建筑
   B. 商业建筑
   C. 建筑高度 60m 的公共建筑
   D. 藏书 80 万册的图书馆

2. 碳素结构钢牌号由（　　）4 部分按顺序组成。
   A. 质量等级符号→脱氧方法符号→屈服强度字母（Q）→屈服强度数值
   B. 屈服强度数值→屈服强度字母（Q）→脱氧方法符号→质量等级符号
   C. 屈服强度字母（Q）→屈服强度数值→脱氧方法符号→质量等级符号
   D. 屈服强度字母（Q）→屈服强度数值→质量等级符号→脱氧方法符号

3. 有关建筑高度计算，下列说法正确的是（　　）。
   A. 台阶式地坪应按建筑高度最大者确定该建筑的高度
   B. 室内顶板面高出室外设计地面的高度不大于 1.5m 的地下或半地下室，不计入建筑高度
   C. 住宅建筑，室内高度不大于 2.2m 的地下室，不计入建筑高度
   D. 建筑屋顶上突出的局部设备用房、出屋面的楼梯间，不计入建筑高度

4. 关于建筑设计要求，下列说法正确的是（　　）。
   A. 建筑设计除了应满足相关的建筑标准、规范等要求之外，原则上还应满足建筑功能、总体规划、技术措施、建筑美观和经济效益等方面的要求
   B. 满足建筑物功能要求，为人们的生产和生活活动规划出良好的空间环境，是规划设计的首要任务
   C. 建筑设计是有效控制城市发展的重要手段
   D. 学校建筑设计，要满足教学活动需要，教室设计应做到合理布局、动静分离、互不干扰，这体现了规划设计中对于空间规划的要求

5. 关于水泥的性能与技术要求，说法正确的是（　　）。
   A. 水泥的终凝时间是从水泥加水拌合起至水泥浆完全失去塑性并开始产生强度所需的时间
   B. 水泥的安定性和凝结时间不合格可降级使用
   C. 应采用胶砂法测定水泥 7 天和 28 天的抗压、抗折强度
   D. 普通硅酸盐水泥最高可达 62.5MPa

6. 配置混凝土时选砂，常用（　　）。
   A. 山砂   B. 混合砂
   C. 河砂   D. 机制砂

7. 砖是建筑用的人造小型块材，以（　　）块砖抗压强度的平均值确定其强度等级。

A. 5 B. 10
C. 15 D. 20

8. 有关天然石材的放射性，下列说法错误的是（ ）。
A. 装修材料中的石材按放射性限量分 A、B、C 三类
B. A 类产品的产销与适用范围不受限制
C. B 类产品只能用于 Ⅱ 类民用建筑的内外饰面
D. C 类产品只可用于一切建筑的外饰面

9. 阳光镀膜玻璃和低辐射镀膜玻璃可分为（ ）。
A. 优等品、一等品、合格品
B. 优等品、合格品
C. 优等品、一等品、二等品
D. 一等品、二等品、合格品

10. 根据《民用建筑设计统一标准》GB 50352—2019 的规定，下列关于楼梯踏步最小宽度和最大高度的说法，错误的是（ ）。
A. 幼儿园、小学楼梯的最小净宽 0.26m，最大高度 0.15m
B. 住宅楼梯的最小净宽 0.26m，最大高度 0.17m
C. 电影院、剧场、商场、医院、学校等人流密集的公共建筑，最小净宽 0.28m，最大高度 0.16m
D. 服务楼梯和套内楼梯的最小净宽 0.22m，最大高度 0.2m

11. 保温材料的保温性能指标的好坏是由（ ）决定的。
A. 材料性能 B. 温度湿度
C. 热流方向 D. 导热系数

12. 建筑物厕浴间楼板四周应做混凝土翻边，其强度不应低于（ ）。
A. C15 B. C20
C. C25 D. C30

13. 根据《混凝土结构耐久性设计标准》GB/T 50476—2019，处于流动水中或同时受水中泥沙冲刷的混凝土构件，其最小保护层厚度宜增加（ ）mm。
A. 5~10 B. 10~15
C. 10~20 D. 15~20

14. 工程现场仓库内等高堆满桶装油漆，按作用面划分，该荷载属于（ ）。
A. 分散荷载 B. 均布面荷载
C. 垂直荷载 D. 可变荷载

15. 在内外墙做各种连续整体装修时，主要解决（ ），防止脱落和表面的开裂。
A. 与主体结构的附着 B. 起皮、掉粉
C. 泛碱、咬色 D. 分缝和接缝设计

16. 可直接代替烧结普通砖、烧结多孔砖作为承重的建筑墙体结构的材料是（ ）。
A. 粉煤灰砖 B. 灰砂砖
C. 混凝土砖 D. 烧结空心砖

17. 关于岩土工程力学指标，下列说法错误的是（ ）。

A. 内摩擦角,是土的抗剪强度指标,反映了土的摩擦特性
B. 土抗剪强度,是指土体抵抗剪切破坏的极限强度,包括内摩擦力和内聚力
C. 常以土的密实度控制土的夯实标准
D. 土的可松性,是土方平衡调配的重要参数

18. 关于砖墙留置临时施工洞口的说法,正确的是（　　）。
A. 侧边离交接处墙面不应小于400mm,洞口净宽不应超过1.8m
B. 侧边离交接处墙面不应小于400mm,洞口净宽不应超过1.5m
C. 侧边离交接处墙面不应小于500mm,洞口净宽不应超过1.2m
D. 侧边离交接处墙面不应小于500mm,洞口净宽不应超过1.0m

19. 永久性普通螺栓紧固应牢固、可靠,外露丝扣不应少于（　　）。
A. 2扣
B. 3扣
C. 4扣
D. 1扣

20. 关于施工现场文明施工的说法,错误的是（　　）。
A. 现场宿舍必须设置开启式窗户
B. 现场食堂必须办理卫生许可证
C. 施工现场必须实行封闭管理
D. 施工现场办公区与生活区必须分开设置

二、**多项选择题**（共10题,每题2分,每题的备选项中有2个或2个以上符合题意,至少有1个错项。错选,本题不得分;少选,所选的每个选项得0.5分）

21. 关于砌体结构房屋的说法,下列正确的是（　　）。
A. 砌体结构墙体的构造措施主要包括伸缩缝、沉降缝、构造柱三个方面
B. 多层砌体房屋抗震措施主要有强柱弱梁、强节点、强锚固、加强短柱
C. 多层砌体房屋地震破坏部位主要是墙身和楼板
D. 砌体结构中,当设计无要求时,钢筋混凝土圈梁的纵向钢筋不应小于$4\phi10$
E. 圈梁宽度宜与墙厚相同,当墙厚$h\geqslant240mm$时,其宽度宜$\geqslant 2h/3$

22. 关于抗震设防思想下列说法正确的是（　　）。
A. 抗震设防的依据是抗震设防类别
B. 我国抗震设计规范适用于抗震设防烈度为5度、6度、7度、8度地区
C. 抗震设防的基本思想是"小震不坏、中震可修、大震不倒"
D. 建筑物的抗震设计分为甲、乙、丙、丁四个抗震设防类别
E. 大量的建筑物属于乙类

23. 关于施工项目平面控制测量的说法,正确的是（　　）。
A. 先建立建筑物施工控制网,再建立场区控制网
B. 以平面控制网的控制点测设建筑物的主轴线
C. 根据主轴线进行建筑物的细部放样
D. 规模小或精度高的项目可直接布设建筑物施工控制网
E. 高程控制测量宜采用水准测量

24. 下列不属于防水卷材柔韧性指标的是（　　）。

A. 断裂伸长率 B. 柔性
C. 柔度 D. 脆性温度
E. 低温弯折性

25. 影响砌体结构允许高厚比的主要因素有（　　）。
A. 砂浆强度
B. 构件类型、砌体种类
C. 截面形式、支承约束条件
D. 墙体开洞、承重和非承重
E. 砌体强度

26. 关于地下连续墙支护优点的说法，正确的有（　　）。
A. 施工振动小 B. 噪声低
C. 承载力大 D. 成本低
E. 防渗性能好

27. 下列水泥中，具有耐热性差（或较差）特点的有（　　）。
A. 硅酸盐水泥 B. 普通水泥
C. 矿渣水泥 D. 火山灰水泥
E. 粉煤灰水泥

28. 施工现场临时用电配电箱的电器安装的设置，应为（　　）。
A. N 线端子板必须与金属电器安装板绝缘
B. 必须分设 N 线端子板和 PE 线端子板
C. 正常不带电的金属底座、外壳等必须通过 N 线端子板 N 线做电气连接
D. PE 线端子板必须与金属电器安装板绝缘
E. PE 线端子板必须与金属电器安装板做电气连接

29. 关于钢结构涂装施工，下列说法正确的是（　　）。
A. 施工环境温度宜为 5~30℃ 之间，相对湿度应≤80%
B. 涂装时构件表面不应有结露，涂装后 4h 内应保护免受雨淋
C. 厚涂型防火涂料 80% 及以上面积应符合耐火极限要求
D. 厚型防火涂料最薄处厚度应不小于设计要求的 85%
E. 防火涂料最薄处厚度应不小于设计要求的 75%

30. 装配式混凝土钢筋连接可采用（　　）。
A. 套筒灌浆连接 B. 焊接
C. 机械连接 D. 预留孔洞搭接连接
E. 铆接

三、实务操作和案例分析题（共 5 题，（一）、（二）、（三）题各 20 分，（四）、（五）题各 30 分）

（一）

某建筑工程，建筑面积 35000m²；地下 2 层，筏板基础；地上 25 层，钢筋混凝土框架-

剪力墙结构。

事件一： 移动式操作平台施工前，施工单位组织编制了《移动式操作平台专项施工方案》，并绘制了移动式操作平台示意图（见图1）。

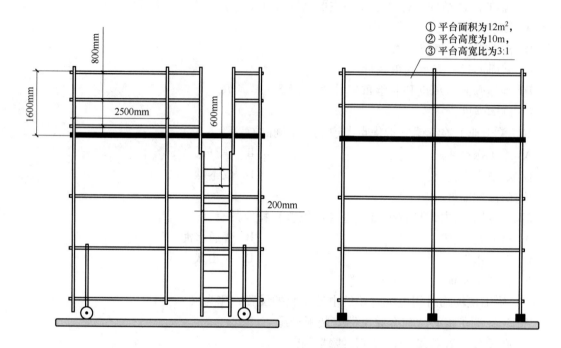

图1 移动式操作平台示意图

事件二： 监理人员现场对混凝土基础进行旁站时发现，台阶式混凝土浇筑过程中，基础出现吊脚现象。监理工程师向施工单位签发了整改通知单，要求其按要求整改。

事件三： 商品房基础大底板施工前，施工单位编制了《筏板基础大体积防水混凝土施工方案》。方案要求，筏板基础混凝土采用商品混凝土，强度等级为C40。混凝土浇筑从低处开始，沿长边方向分三段浇筑，各段浇筑量为4800m³、4390m³和6220m³。

事件四： 关于混凝土施工缝，施工单位单独编制了技术处理方案。方案中明确了各部位及各混凝土构件关于施工缝的留置位置。

问题：

1. 指出事件一中移动式操作平台示意图的不妥之处。
2. 台阶式基础施工，出现"吊脚现象"的原因是什么？为防止再次发生此类问题，施工单位应采取哪些技术性的预防措施？
3. 事件三中，基础筏板各段混凝土分别应留置多少组试块？
4. 结合事件四，简要说明柱、墙、单向板以及有主次梁楼板的施工缝留置位置的规定。

（二）

某施工单位承担了一项矿井工程的地面土建施工任务。工程开工前，项目经理部编制了项目管理实施规划并报监理单位审批，监理工程师审查后，建议施工单位通过调整个别工序作业时间的方法，将选矿厂房的施工进度计划（见图2）工期控制在210天。

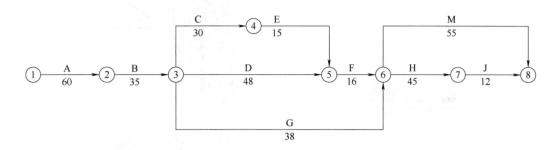

图2　施工进度计划

施工单位通过工序和成本分析，得出C、D、H三个工序的作业时间可通过增加投入的方法予以压缩，其余工序作业时间基本无压缩空间或赶工成本太高。其中C工序作业时间最多可缩短4天，每缩短1天增加施工成本6000元；D工序最多可缩短6天，每缩短1天增加施工成本4000元；H工序最多可缩短8天，每缩短1天，增加施工成本5000元。经调整，选矿厂房的施工进度计划满足了合同工期要求，并获得批准。

施工过程中，由于建设单位负责采购的设备不到位，使G工序比原计划推迟了25天才开始施工。

工程进行到第160天时，监理单位根据建设单位的要求下达了赶工指令，要求施工单位将后续工期缩短5天。施工单位改变了M工序的施工方案，使其作业时间压缩了5天，由此增加施工成本80000元。

工程按监理单位要求工期完工。

问题：

1. 根据工期-成本优化原理，施工单位应如何调整进度计划使工期控制在210天？调整工期所增加的最低成本为多少元？

2. 对于G工序的延误，施工单位可提出多长时间的工期索赔？说明理由。

3. 监理单位下达赶工指令后，施工单位应如何调整后续三个工序的作业时间？针对监理单位的赶工指令，施工单位可提出多少费用索赔？

4. 简述费用优化和资源优化的前提条件。

（二）

某建筑工程建筑面积65000m²，现浇混凝土结构，筏板式基础，地下3层，地上26层，基坑开挖深度15.5m，地下水水位在地表以下5.5m。深基坑采用"内撑-锚拉式钻孔灌注桩支护+悬挂式截水帷幕+喷射井点降水"方案，支护桩共500根，桩径为1200mm，采用"桩墙合一"的方式施工，如图3所示。

事件一： 截水帷幕完工后，施工单位直接在其外侧0.2m的位置，采用间隔成桩的顺序施工排桩，按设计强度要求，排桩桩体均采用C30混凝土水下间断灌注成型，泛浆高度为350mm。已浇筑混凝土的桩与邻桩的间距为1.8m。

事件二： 本工程截水、降水构造如图4所示。

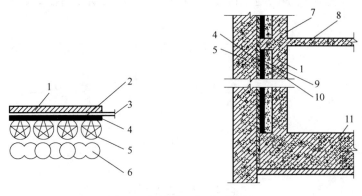

图3 "桩墙合一"构造节点

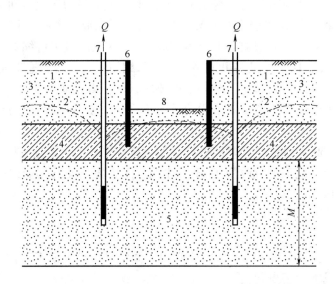

图4 降水结构图
1—潜水位 2—承压水位 3—潜水含水层 4—弱透水层（半隔水层）
5—承压含水层 6—截水帷幕 7—减压井 8—基坑底面

事件三： 2号楼施工前，项目部技术负责人组织编写了项目检测试验计划，并拟定了检测计划的实施流程，报监理工程师审批通过。其后，主体结构施工过程中，发生了3次设计变更，施工单位按要求对原检测试验计划进行了调整。

事件四： 进场后，施工单位采购了一批外围护部品。其中，1号楼外墙采用预制外墙，墙面为仿石纹瓷砖；3号楼采用现场组装骨架外墙，其保温层采用玻璃棉，填充材料为A级防火材料；6号楼墙体接缝处采用透明防水胶。施工单位按规定对外围护部品进行抗风压性能、层间变形性能、耐撞击性能、耐火极限、连接件材性检测以及锚栓拉拔强度检测。经监理单位的确认后，对外围护部品进行了隐蔽验收。

问题：

1. 简述泥浆护壁钻孔灌注式排桩的适用范围。指出"桩墙合一"构造图中的编号所对应的内容。

2. 如图4所示，本工程采用的是哪种降水方式？说明采用这种方式的理由。

3. 事件三中，施工现场检测试验的技术管理程序是什么。还有哪些情况需要对材料检验试验计划进行调整？

4. 事件四中，现场外围护部品还应进行哪些现场检测试验和测试？

<h2 style="text-align:center">（四）</h2>

某大型综合商场，建筑面积48500m²；地下一层，地上四层；现浇钢筋混凝土框架结构。工期自2016年3月1日至2017年12月30日；采用清单计价模式，其报价执行《建设工程工程量清单计价规范》（GB 50500—2013）。

事件一： 中标人按照招标文件要求招标人提供履约保证金。随即双方签订了施工总承包合同。合同部分内容摘要如下：

（一）协议书

签约合同价：人民币（大写）壹亿肆仟玖佰万元（￥14900万元）。

承包人项目经理：在开工前由承包人采用内部竞聘方式确定。

工程质量：甲方规定的质量标准。

（二）专用条款

1. 合同价款及其调整

本合同价款采用总价合同方式确定，除如下约定外，不得调整：

（1）当清单项目的工程量变化幅度在15%以外时，合同价款可调。

（2）当材料价格上涨超过5%时，调整相应分项工程价款。

2. 合同价款的支付

（1）工程预付款：于开工之日支付合同总价的20%作为预付款；并从工程后期进度款中扣回。

（2）工程进度款：地基基础和主体结构三层完成以及主体封顶后，分别支付合同总价的10%、20%、30%；工程基本竣工时，支付合同总价的20%。为确保如期竣工，乙方不得因甲方资金暂时不到位而停工或拖延工期。

（3）竣工结算：工程竣工验收后，进行竣工结算。结算时，按实际工程造价的3%扣留工程质量保证金；并于保修期（50年）满后，将质量保证金剩余金额及其利息一并退还给乙方。

（三）补充协议条款

继上述条款后，甲乙双方又签订了二项补充协议：补1. 木门窗均用水曲柳板包门窗套；补2. 铝合金窗90系列改用42型系列某铝合金厂产品；补3. 悬挑阳台均采用42型系列某铝合金厂铝合金窗封闭。

事件二： 合同中约定，根据人工费和三项材料的价格指数对总造价按调值公式法进行调整。其中，固定权重为0.2，可调权重及基准和现行价格指数见表1。

表1 可调权重及基准和现行价格指数

项目	占可调权重的比例	基准日期价格指数	合同签订价格指数	结算时的价格指数
人工费	30%	101	103	106
钢筋	20%	101	110	105

(续)

项　目	占可调权重的比例	基准日期价格指数	合同签订价格指数	结算时的价格指数
水泥	25%	105	109	115
混凝土	25%	102	102	105

问题：

1. 工程量清单计价的规范性体现在哪些方面？
2. 该合同签订的条款有哪些不妥之处？应如何修改？
3. 工程合同实施过程中，出现哪些情况可以调整合同价款？简述出现合同价款调增事项后，承发包双方的处理程序。
4. 列式计算经调整后的实际结算款应为多少万元？（精确到小数点后2位）

（五）

某高校校区新建3幢学生宿舍。该宿舍地上6层，地下1层，层高均为3.3m，建筑檐口高度19.8m。

事件一： 项目部在编制的"项目环境管理规划"中，提出了包括现场文化建设、保障职工安全等文明施工的工作内容。并在已经完成了现场围挡、封闭管理、材料堆放、现场防火、施工现场标牌的基础上，对其他未完成的文明施工项目要求尽快完善。

事件二： 1号楼施工前，总承包单位将工程主体劳务分包给某无资质的包工队，双方未签订书面合同，只有口头约定。劳务分包单位进场后，总承包单位要求将劳务施工人员的身份证等资料的复印件上报备案。某月总承包单位将劳务款拨付给包工头，要求包工头自行发放工资。包工头拿到钱后下落不明。

经过"包工头拿到钱后下落不明"事件后，总承包单位吸取了教训，后续施工过程中，甲施工单位加强对劳务分包单位的日常管理，坚持开展劳务实名制管理工作。

事件三： 工程验收前，相关单位对一间240m^2的公共教室选取4个检测点，进行了室内环境污染物浓度的测试，其中四个主要指标的检测数据见表2。

表2　教学楼工程室内环境污染物浓度限量

检测点数	1	2	3	4
苯/(mg/m^3)	0.08	0.09	0.09	0.06
氨/(mg/m^3)	0.22	0.16	0.24	0.18
甲醛/(mg/m^3)	0.09	0.12	0.07	0.08
TOVC/(mg/m^3)	0.65	0.58	0.55	0.42

问题：

1. 现场文明施工还应包含哪些工作内容？未完成的文明施工检查项目还有哪些？
2. 指出事件二中的不妥之处，并说明正确做法。劳务公司还应该将哪些资料的复印件报总承包单位备案？

3. 为进一步做好劳务实名制管理，承包商应按月归集哪些资料？
4. 事件三中的四项指标检测值分别是多少？四项检测指标是否合格？对室内环境污染物浓度检测结果不合格的房间，应如何处理？

【参考答案】

一、单项选择题

题号	1	2	3	4	5	6	7	8	9	10
答案	C	D	C	A	A	C	B	C	B	B
题号	11	12	13	14	15	16	17	18	19	20
答案	D	B	C	B	A	C	C	D	A	D

二、多项选择题

题号	21	22	23	24	25	26	27	28	29	30
答案	DE	CD	BCDE	AD	ABCD	ABCE	ABDE	ABE	BCD	ABCD

三、实务操作和案例分析题

（一）

1. （本小题9.0分）

(1) 不妥之一：立柱悬空设置。 (1.0分)
(2) 不妥之二：未设置剪刀撑。 (1.0分)
(3) 不妥之三：梯子的净宽为200mm。 (1.0分)
(4) 不妥之四：扶梯踏步间距为600mm。 (1.0分)
(5) 不妥之五：防护栏杆未设置挡脚板。 (1.0分)
(6) 不妥之六：横杆间距为800mm。 (1.0分)
(7) 不妥之七：立杆间距为2500mm。 (1.0分)
(8) 不妥之八：防护栏杆开口处未设置活动防护绳。 (1.0分)
(9) 不妥之九：平台面积为12m²，高度为10m，高宽比为3∶1。 (1.0分)

2. （本小题4.0分）

(1) 原因：漏振或振捣不密实。 (1.0分)
(2) 采取的措施：
① 浇筑完第一级混凝土并振捣密实后，暂停0.5~1h，继续浇筑第二级； (1.0分)
② 先用铁锹沿第二级模板底圈做成内外坡，然后再分层浇筑； (1.0分)
③ 待第二级混凝土浇筑后，再将第一级混凝土齐模板顶边拍实抹平。 (1.0分)

3. （本小题3.0分）

(1) 第一段应留置18组试块。 (1.0分)
(2) 第二段应留置17组试块。 (1.0分)
(3) 第三段应留置20组试块。 (1.0分)

4. (本小题 4.0 分)

施工缝留置位置的规定:

① 柱:留在基础、楼板、梁顶面,梁和起重机梁牛腿、无梁楼板柱帽下面; (1.0 分)

② 墙:留置在门洞口过梁跨中 1/3 范围内,也可留在纵横墙的交接处; (1.0 分)

③ 单向板:留置在平行于板的短边的任何位置; (1.0 分)

④ 有主次梁的楼板,施工缝应留置在次梁跨中 1/3 范围内。 (1.0 分)

(二)

1. (本小题 8.0 分)

调整目标:216 – 210 = 6(天)。

(1) D 压缩 3 天,工期缩短至 216 – 3 = 213(天),增加用费 4000 × 3 = 12000(元)。

(2.0 分)

(2) H 压缩 2 天,工期缩短至 213 – 2 = 211(天),增加费用 5000 × 2 = 10000(元);

(2.0 分)

(3) 同时压缩 D 工作和 C 工作各 1 天,工期可缩短至 211 – 1 = 210(天),增加费用 4000 + 6000 = 10000(元)。 (2.0 分)

调整方案:压缩 D 工作 4 天,压缩 C 工作 1 天,压缩 H 工作 2 天; (1.0 分)

调整工期所增加的最低成本:12000 + 10000 + 10000 = 32000(元)。 (1.0 分)

2. (本小题 2.0 分)

可以提出 3 天工期索赔。 (0.5 分)

理由:建设单位负责采购的设备不到位是建设单位应承担的责任,并且 G 工作的总时差为 22 天,推迟 25 天影响工期 25 – 22 = 3(天)。 (1.5 分)

3. (本小题 2.0 分)

(1) 压缩方案:

① M 工作压缩 5 天,增费 80000 元; (0.5 分)

② H 工作压缩 5 天,增费 5000 × 5 = 25000(元); (0.5 分)

③ J 工作无须压缩。 (0.5 分)

(2) 费用索赔:80000 + 25000 = 105000(元)。 (0.5 分)

4. (本小题 8.0 分)

(1) 费用优化:

① 不改变网络计划各工作之间的逻辑关系; (1.0 分)

② 考虑费用总额最低时的最佳工期安排; (1.0 分)

③ 考虑投入一定的费用可以缩短多少工期; (1.0 分)

④ 考虑如何使工期缩短时的费用增加最少。 (1.0 分)

(2) 资源优化:

① 不改变网络计划各工作之间的逻辑关系; (1.0 分)

② 不改变网络计划各工作的持续时间; (1.0 分)

③ 除明确可中断的工作外,资源优化一般不允许中断工作; (1.0 分)

④ 各工作所需单位时间内的资源量为合理常量。 (1.0 分)

（三）

1. （本小题 8.0 分）

（1）适用范围：

① 基坑侧壁安全等级为一级、二级、三级。 (1.0 分)

② 可采取降水或截水帷幕的基坑。 (1.0 分)

③ 悬臂式排桩在软土场地中宜≤5m。 (1.0 分)

（2）对应内容：

"1"：地下室外墙。 (1.0 分)

"2"：防水保温层。 (1.0 分)

"3"：预留施工偏差与围护变形空间。 (1.0 分)

"4"：挂网喷浆。 (1.0 分)

"5"：围护桩。 (1.0 分)

"6"：截水帷幕。 (1.0 分)

"7"：传力板带。 (1.0 分)

"8"：地下室楼板。 (1.0 分)

"9"：防水层。 (1.0 分)

"10"：保温层。 (1.0 分)

"11"：基础楼板。 (1.0 分)

【评分准则：写出 5 项，即得 5 分。】

2. （本小题 3.0 分）

本工程采用的是坑外降水。 (1.0 分)

理由：

截水帷幕未插入下部降水目的承压含水层，或截水帷幕伸入降水目的承压含水层的长度较小，无法对承压水形成有效阻隔时，应采用坑外降水的方式，降低承压水水位，防止坑底突涌。 (2.0 分)

3. （本小题 5.0 分）

（1）管理程序：制定检测试验计划→制取试样→登记台账→送检→检测试验→检测试验报告管理。 (3.5 分)

（2）计划调整：

① 施工工艺改变； (0.5 分)

② 施工进度调整； (0.5 分)

③ 材料、设备的规格、型号或数量变化。 (0.5 分)

4. （本小题 4.0 分）

（1）饰面砖（板）的粘结强度测试。 (1.0 分)

（2）墙板接缝及外门窗安装部位的现场淋水试验。 (1.0 分)

（3）现场隔声测试。 (1.0 分)

（4）现场传热系数测试。 (1.0 分)

（四）

1. （本小题 4.0 分）

① 计价方式； (0.5 分)
② 计价风险； (0.5 分)
③ 清单编制； (0.5 分)
④ 分部分项工程量清单编制； (0.5 分)
⑤ 招标控制价的编制与复核； (0.5 分)
⑥ 投标报价的编制与复核； (0.5 分)
⑦ 合同价款调整； (0.5 分)
⑧ 工程计价表的格式。 (0.5 分)

2. （本小题 14.0 分）

（1）不妥之一："项目经理的确定方式"。 (0.5 分)
修改：按中标人的投标文件中填报的人选确定项目经理。 (0.5 分)
（2）不妥之二："甲方规定的质量标准"。 (0.5 分)
修改：明确具体的质量标准或规范，如《施工质量验收统一标准》。 (0.5 分)
（3）不妥之三："本合同价款采用总价合同方式确定"。 (0.5 分)
修改：本工程应采用单价合同。 (0.5 分)
（4）不妥之四："除如下约定外，不得调整"。 (0.5 分)
修改：除合同约定外，还应执行清单计价规范中关于价款调整的其他规定。 (0.5 分)
（5）不妥之五："工程量变化幅度在 15% 以外时，合同价款可调"。 (0.5 分)
修改：明确具体的价款调整方法或调价系数。 (0.5 分)
（6）不妥之六："材料价格上涨超过 5% 时，调整相应分项工程价款"。 (0.5 分)
修改：约定具体的调价方法，如按价格指数调整法或按造价信息调整法调价。 (0.5 分)
（7）不妥之七："开工之日支付合同总价的 20% 作为预付款"。 (0.5 分)
修改：约定预付款支付的具体时间，如开工前 7 天支付。 (0.5 分)
（8）不妥之八："从工程后期进度款中扣回"。 (0.5 分)
修改：约定预付款具体的扣回时间和扣回方式。 (0.5 分)
（9）不妥之九："工程基本竣工时，支付合同总价的 20%"。 (0.5 分)
修改：约定工程基本竣工的具体条件，如供水、供气、供电。 (0.5 分)
（10）不妥之十："结算时，按实际工程造价的 3% 扣留工程质量保证金"。 (0.5 分)
修改：乙方已经缴纳履约保证金的，甲方不得同时扣留工程质量保证金。 (0.5 分)
（11）不妥十一："乙方不得因甲方资金暂时不到位而停工或拖延工期"。 (0.5 分)
修改：约定具体的资金宽限期以及相应利息的支付方式。 (0.5 分)
（12）不妥十二："保修期（50 年）"。 (0.5 分)
修改：执行法律法规规定的工程质量最低保修期限。 (0.5 分)
（13）不妥十三："质量保证金的返还时间"。 (0.5 分)
修改：约定具体的缺陷责任期，最长不得超过 24 个月；甲方应在缺陷责任期满后的 14 天内退还乙方剩余的质量保证金及相应利息。 (0.5 分)

(14) 不妥十四："补充协议"。 (0.5分)
修改：详细约定各项变更内容的工程量计算方法和综合单价的确定方法。 (0.5分)

3. （本小题8.0分）
(1) 出现下列情况可以调整合同价款：
① 法律法规变化； (1.0分)
② 工程变更； (1.0分)
③ 项目特征不符； (1.0分)
④ 工程量清单缺项； (1.0分)
⑤ 工程量偏差； (1.0分)
⑥ 计日工； (1.0分)
⑦ 物价变化； (1.0分)
⑧ 暂估价； (1.0分)
⑨ 不可抗力； (1.0分)
⑩ 工期提前奖或赶工补偿； (1.0分)
⑪ 误期赔偿； (1.0分)
⑫ 索赔； (1.0分)
⑬ 现场签证； (1.0分)
⑭ 暂列金额。 (1.0分)
【评分准则：写出4项，即得4分】

(2) 处理程序：
① 价款调增事项发生后的14天内，承包人应向发包人提交《合同价款调增报告》，并附相关资料；逾期则视为承包人无价款调整请求。 (1.0分)
② 发包人自收到《合同价款调增报告》起的14天内书面确认或提出疑问；逾期则视为已经认可。 (1.0分)
③ 发包人提出协商意见的，承包人自收到协商意见后的14天内书面确认或提出异议；逾期则视为已经认可。 (1.0分)
④ 经双方确认调增款项应随工程进度款或结算款同期支付。 (1.0分)

4. （本小题4.0分）
$14900 \times [0.2 + 0.8 \times (0.30 \times 106/101 + 0.2 \times 105/101 + 0.25 \times 115/105 + 0.25 \times 105/102)] = 15542.80(万元)$。 (4.0分)

（五）

1. （本小题8.0分）
(1) 现场文明施工还应包括下列内容：
① 规范场容，保持作业环境整洁卫生； (1.0分)
② 创造文明有序的安全生产条件； (1.0分)
③ 减少对居民和环境的不利影响。 (1.0分)

(2) 未完成的文明施工检查项目还有：
① 施工场地； (1.0分)

② 办公与住宿； (1.0分)
③ 综合治理； (1.0分)
④ 生活设施； (1.0分)
⑤ 社区服务。 (1.0分)

2. （本小题6.0分）

(1) 不妥之处：

① "总承包单位将工程主体劳务分包给某无资质的包工队，双方未签订书面合同，只有口头约定"。 (0.5分)

正确做法：总承包单位应当将主体劳务分包给具备相应资质的劳务分包单位，且双方应依法签订劳务分包合同。 (1.0分)

② "劳务分包单位进场后，总承包单位要求将劳务施工人员的身份证等资料的复印件上报备案。" (0.5分)

正确做法：应在进场施工前要求劳务分包人按规定进行备案。 (1.0分)

③ "总承包单位将劳务款拨付给包工头，要求包工头自行发放工人工资"。 (0.5分)

正确做法：总承包单位支付劳务企业分包款时，应责成专人现场监督劳务企业将工资直接发放给劳务工本人，严禁发放给包工头或由包工头替多名工人代领工资。 (1.0分)

(2) 需报给总承包单位备案的资料复印件还有：

① 施工人员花名册； (0.5分)
② 劳动合同文本； (0.5分)
③ 岗位技能证书复印件。 (0.5分)

3. （本小题5.0分）

承包商应按月归集如下资料：

① 劳动合同； (1.0分)
② 考勤表； (1.0分)
③ 工作量完成登记表； (1.0分)
④ 工资发放表； (1.0分)
⑤ 班组工资结清证明。 (1.0分)

4. （本小题11.0分）

(1) 检测值如下：

① 苯：$(0.08+0.09+0.09+0.06)/4=0.08(mg/m^3)$； (0.5分)
② 氨：$(0.22+0.16+0.24+0.18)/4=0.2(mg/m^3)$； (0.5分)
③ 甲醛：$(0.09+0.12+0.07+0.08)/4=0.09(mg/m^3)$； (0.5分)
④ TOVC：$(0.65+0.58+0.55+0.42)/4=0.55(mg/m^3)$。 (0.5分)

(2) 判断：

① 苯浓度不合格；
理由：Ⅰ类民用建筑工程苯浓度限量≤0.06mg/m³。 (1.0分)
② 氨浓度不合格；
理由：Ⅰ类民用建筑工程氨浓度限量应≤0.15mg/m³。 (1.0分)
③ 甲醛浓度不合格；

理由：Ⅰ类民用建筑工程甲醛浓度限量应≤0.07mg/m³。　　　　　　　　（1.0分）

④ TOVC浓度不合格；

理由：Ⅰ类民用建筑工程TOVC浓度限量应≤0.45mg/m³。　　　　　　（1.0分）

（3）处理方法：

① 查找原因并采取措施进行处理；　　　　　　　　　　　　　　　　（1.0分）

② 处理后的工程，对不合格项进行再次检测；　　　　　　　　　　　（1.0分）

③ 再次检测，抽检量应增加1倍，包含同类型房间及原不合格房间；　（1.0分）

④ 再次检测结果全部符合要求时，应判定为室内环境质量合格；　　　（1.0分）

⑤ 室内环境质量验收不合格的民用建筑工程，严禁投入使用。　　　　（1.0分）

附录 C 预测模拟试卷（三）

一、**单项选择题**（共 20 题，每题 1 分，每题的备选项中，只有 1 个最符合题意）

1. 连续梁的内力计算中，在框架结构的框架内力计算中都要考虑活荷载作用位置的（　　）。
   A. 不利组合　　　　　　　　　　　B. 有利组合
   C. 最大荷载　　　　　　　　　　　D. 最小荷载

2. 下列关于有明显流幅与无明显流幅钢筋的特性说法错误的是（　　）。
   A. 有明显流幅钢筋的含碳量高、塑性好、延伸率大
   B. 无明显流幅钢筋含碳量低、塑性差、延伸率小
   C. 无明显流幅钢筋强度高、脆性破坏、无屈服台阶
   D. 有明显流幅钢筋的含碳量高、强度高、延伸率小

3. 关于六大常用水泥特性的说法正确的是（　　）。
   A. 硅酸盐水泥水化热大、耐蚀性和耐热性差
   B. 粉煤灰水泥的抗裂性好，矿渣水泥不耐热
   C. 硅酸盐水泥和普通水泥的通性是干缩性较大
   D. 矿渣水泥耐蚀性、抗冻性较好

4. 有关混凝土和易性下列说法错误的是（　　）。
   A. 混凝土的工作性就是混凝土的和易性
   B. 流动性是指混凝土能产生流动，并均匀密实地填满模板的性能
   C. 保水性是指混凝土施工过程中不致发生泌水现象的性能
   D. 保水性是指混凝土在施工过程中不致产生严重分层离析现象的性能

5. 根据《建筑工程施工质量验收统一标准》，具备独立施工条件并能形成独立使用功能的建筑物或构筑物可划分为一个（　　）。
   A. 单项工程
   B. 分部工程
   C. 单位工程
   D. 子分部工程

6. 下列施工总平面图设计程序及设计要点，说法正确的是（　　）。
   A. 先布设大型设备，再据此布置材料加工厂，最后布置仓库、堆场
   B. 先布置临时性房屋和动力实施，再布置场内道路
   C. 施工现场应仅设置一个出入口
   D. 应尽量减少材料、设备运输量，避免或减少二次搬运

7. 有关墙身细部构造的做法错误的是（　　）。
   A. 窗洞过梁和外窗台要做好滴水，滴水凸出墙身不小于 60mm
   B. 女儿墙与屋顶交接处应做泛水，高度不小于 250mm
   C. 女儿墙压檐板上表面应向屋顶方向倾斜 10%，并出挑不小于 60mm

D. 墙体与窗框连接处，必须用塑性材料嵌缝

8. 根据《安全事故管理条例》规定，重大事故、较大事故、一般事故，负责事故调查的人民政府应当自收到事故调查报告之日起（ ）天内做出批复。
   A. 15 B. 30
   C. 45 D. 60

9. 关于连续梁、板的受力特点说法正确的是（ ）。
   A. 主梁按塑性理论计算
   B. 次梁和板可考虑按弹性变形内力重分布的方法计算
   C. 连续梁、板的受力特点是跨中有负弯矩，支座有正弯矩
   D. 连续梁、板的受力特点是跨中有正弯矩，支座有负弯矩

10. 对于高层建筑，其主要荷载为（ ）。
    A. 结构自重 B. 水平荷载
    C. 活荷载 D. 雪荷载

11. 在软土地区基坑开挖深度超过（ ）时，一般就要用井点降水。
    A. 3m B. 5m
    C. 8m D. 10m

12. 预制构件采用靠放架立式运输时，构件与地面倾斜角应大于（ ），每层不大于（ ）层；构件应对称靠放。
    A. 80°；2层 B. 85°；2层
    C. 80°；3层 D. 85°；3层

13. 水泥砂浆抹灰层应在湿润条件下养护，一般应在抹灰（ ）后进行养护。
    A. 24h B. 36h
    C. 48h D. 72h

14. 可安装在吊顶龙骨上的是（ ）。
    A. 烟感器 B. 大型吊灯
    C. 电扇 D. 投影仪

15. 幕墙的填充材料可采用岩棉或矿棉，其厚度不应小于（ ）。
    A. 20mm B. 50mm
    C. 100mm D. 200mm

16. 钢筋工程机械连接接头试验时发现有1个试件的抗拉强度不符合要求，这时应再取（ ）个试件进行复检。
    A. 3 B. 4
    C. 5 D. 6

17. 建设工程组织流水施工时，某施工过程（专业工作队）在单位时间内完成的工程量为（ ）。
    A. 流水节拍 B. 流水步距
    C. 流水节奏 D. 流水强度

18. 关于工作总时差、自由时差及相邻两工作间的间隔时间关系的说法，正确的为（ ）。

A. 工作的自由时差一定不超过其相应的总时差
B. 工作的自由时差一定不超过其紧后工作的总时差
C. 工作的总时差一定不超过其紧后工作的自由时差
D. 工作的总时差一定不超过其与紧后工作之间的间隔时间

19. 预制采用桩静力法压桩施工时，其接桩桩头宜高出地面（　　）m。
A. 0.5～1.0　　　　　　　　　　　B. 0.8～1.5
C. 1.0～2.0　　　　　　　　　　　D. 0.5～2.0

20. 关于施工缝处继续浇筑混凝土的说法，正确的是（　　）。
A. 已浇筑的混凝土，其抗压强度不应小于 $1.0N/mm^2$
B. 清除硬化混凝土表面水泥薄膜和松动石子以及软弱混凝土层
C. 硬化混凝土表面应干燥，无积水
D. 浇筑混凝土前，宜先在施工缝铺一层混合砂浆

二、**多项选择题**（共10题，每题2分，每题的备选项中，有2个或2个以上符合题意，至少有1个错项。错选，本题不得分；少选，所选的每个选项得0.5分）

21. 有关钢材元素对其本身性能的影响，下列说法正确的是（　　）。
A. 碳含量超过 0.8% 时，钢材的可焊性显著降低
B. 碳会增加钢筋抵抗大气锈蚀的性能
C. 锰能消减硫和氧引起的热脆性，改善钢材的加工性能
D. 磷可提高钢材的塑形、韧性、抗蚀性以及耐磨性
E. 硫会让钢材在焊接时产生热裂纹，形成热脆现象

22. 有抗渗要求的混凝土，应优先选用（　　）。
A. 矿渣水泥　　　　　　　　　　　B. 火山灰水泥
C. 普通水泥　　　　　　　　　　　D. 复合水泥
E. 硅酸盐水泥

23. 根据《建筑工程施工质量验收统一标准》，分项工程可按（　　）划分。
A. 施工工艺　　　　　　　　　　　B. 设备类别
C. 专业性质　　　　　　　　　　　D. 施工程序
E. 主要工种

24. 有关防火玻璃说法正确的是（　　）。
A. 防火玻璃分隔热型以及非隔热型
B. 防火玻璃耐火极限为 0.5～3.0h
C. 非隔热型防火玻璃也叫耐火玻璃
D. 耐火玻璃有良好的隔热效果
E. 灌浆型防火玻璃为我国首创

25. 下列哪些工程施工在遇到六级大风时才需停止施工（　　）。
A. 卷材防水作业施工
B. 屋面泡沫混凝土保温层作业施工
C. 高处作业

D. 起重吊装作业

E. 室外装修工程作业

26. 软土场地可采用（　　）等方法对局部或整个基坑底土进行加固，或采用降水措施提高基坑内侧被动抗力。

A. 深层搅拌
B. 注浆
C. 间隔加固
D. 全部加固
E. 打桩

27. 有关纵向受力钢筋的弯折的弯弧内径的规范性做法，下列说法正确的是（　　）。

A. 光圆钢筋的弯弧内径不应小于钢筋直径的 2.5 倍
B. 钢筋末端做 135°弯钩时，HRB335、HRB400 钢筋的弯弧内径不小于钢筋直径的 4 倍
C. 直径 <ϕ28mm 的 500MPa 级带肋钢筋，弯弧内径不小于钢筋直径的 6 倍
D. 直径 ≥ϕ28mm 的 500MPa 级带肋钢筋，弯弧内径不小于钢筋直径的 8 倍
E. 光圆钢筋末端做 180°弯钩，弯钩平直长度不小于钢筋直径的 3 倍

28. 框架结构的抗震措施包括（　　）。

A. 设计成延性框架
B. 强柱强梁、强节点、强锚固
C. 加强短柱、避免角柱
D. 控制最小配筋率，限制配筋最小直径
E. 节点处箍筋适当加密

29. 关于钢结构受拉、受压构件的受力特点，下列说法正确的是（　　）。

A. 受拉、受压构件均存在轴心、偏心两种形式
B. 通过限制长细比确保轴心受拉构件刚度
C. 偏心受拉构件应用较多
D. 受压构件有实腹式和格构式两种
E. 柱、桁架的压杆等都是常见的受压构件

30. 下列做法符合涂饰工程基层处理要求的是（　　）。

A. 新建筑物的混凝土基层在涂饰涂料后，涂刷抗碱封闭底漆
B. 旧墙面装修前应清除旧装饰层，涂刷界面剂
C. 混凝土基层采用溶剂型涂料时，含水率不大于 10%
D. 厨房、卫生间墙面必须使用耐水腻子
E. 水性涂料施工环境温度为 5～30℃

三、实务操作和案例分析题（共 5 题，（一）、（二）、（三）题各 20 分，（四）、（五）题各 30 分）

（一）

某高层钢结构工程，建筑面积 28000m²，地下 1 层，地上 20 层。地下室底板混凝土防水等级为 P6，采用外防外贴法铺贴高聚物改性沥青防水卷材。屋面为现浇混凝土板，防水

等级为Ⅰ级,采用卷材防水,如图1所示。室内防水工程采用涂膜防水。

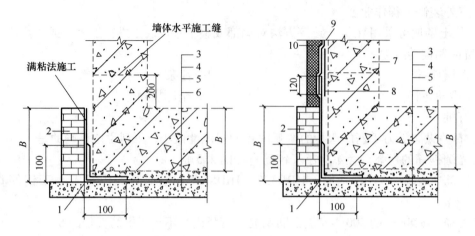

图1 卷材防水层构造

1—卷材加强层 2—永久保护墙 3—细石混凝土保护层 4—卷材防水层 5—水泥砂浆找平层
6—混凝土垫层 7—结构墙体 8—卷材加强层 9—卷材防水层 10—卷材保护层

地下室墙体防水混凝土拆模后,墙体表面存在轻微的蜂窝、麻面;墙底则存在比较严重的夹渣和烂根现象。施工缝处混凝土松散,骨料集中,接槎明显,沿缝隙处存在渗漏水现象。

主体结构、二次结构完工后,施工单位进行了室内防水工程,其水落口构造设计如图2所示。

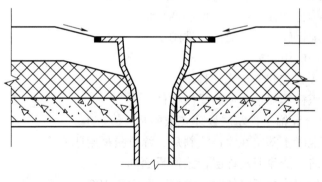

图2 水落口防水构造

问题:

1. 指出图1中存在的错误之处。
2. 引起地下室防水混凝土施工缝渗漏水的原因可能有哪些?应当如何治理?
3. 根据图2示,请简述水落口防水构造施工要点。
4. 厨房、厕浴防水工程防水验收应满足哪些要求?

（二）

某电子科技大学科研楼工程,地上6层,建筑高度22.8m,建筑面积约32000m²,型钢混凝土框筒结构。工程开工前,项目部编制了科研楼基础工程施工进度计划(见表1)以及相匹配的材料、机械以及劳动力配置计划。

表1 电子科技大学科研楼基础工程施工进度计划

工作内容	紧前工作	持续时间
施工准备	—	7
物资采购	—	20
科研楼地基基础	施工准备	25
塔式起重机基础	施工准备	10
主体结构	物资采购、科研楼基础	45
市政基础设施	物资采购、科研楼基础	20
装饰装修	塔式起重机基础、主体结构	30
电气安装	主体结构、市政基础设施	15
竣工验收	装饰装修、电气安装	7

事件一:合同履行过程中:因主体结构设计变更,导致其持续时间拖后6天,费用增加40万元;因甲方采购的配电柜未按时到场导致电气安装工程持续时间拖后9天,费用增加16万元。施工总承包单位针对上述情况向建设单位提出工期及费用索赔。

事件二:总承包单位将工程主体劳务分包给当地某劳务公司,双方签订了劳务分包合同。劳务分包单位进场后,总承包单位要求劳务分包单位将劳务施工人员的身份证、花名册等资料的复印件上报备案;并对花名册上劳务人员采取了一系列劳务实名制管理措施。

事件三:监理工程师对钢柱进行质量检查时,发现对焊接缝存在焊瘤、夹渣、表面气孔、弧坑裂纹等质量缺陷,随即向施工总承包单位提出了整改要求。

问题:

1. 简述施工总进度计划的编制步骤。根据表1绘制本工程双代号网络进度计划,并计算总工期。

2. 事件一中,施工单位提出的索赔是否成立?请说明理由。

3. 劳动力配置计划的编制方法有哪些?总包单位可采取哪些实名制管理措施?施工劳动力结构的特点有哪些?

4. 钢柱焊缝应满足几级焊缝质量等级要求?除上述质量缺陷外,钢柱拼接的焊缝质量还不得有哪些缺陷?

(三)

某地区体育馆工程,建筑高度19.6m,网架跨度为56m×58.8m。工程总工期为180天,用于篮球、手球训练和正式比赛场地使用。总承包单位甲通过招标将钢结构工程依法分包给乙施工单位。

事件一:钢结构网架构件加工前,施工单位进行了施工图详图设计、审查施工图纸等工作。高层钢结构构件安装前,监理工程师检查发现现场堆放应具备的基本条件不够完善,劳动力进场情况不符合要求，责令施工单位进行整改。

事件二：项目开工一个月后，施工总承包单位根据"三定"原则对现场人员安全思想、安全责任、安全制度、安全措施、安全防护、查设备设施等内容进行了查验。

事件三：为了满足体育馆工程吊装施工的需要，甲施工单位租用了一台大型起重塔式起重机，委托了一家具有相应资质的安装单位进行塔式起重机安装，安装完成后，由甲、乙施工单位对该塔式起重机共同进行了验收，合格后投入使用，并在3个月后到有关部门进行了登记。

塔式起重机安装前，相关人员编制了《塔式起重机安装工程专项施工方案》，并按规定进行了审批。其中，部分内容如下：

（1）特种人员必须参加工程所在地县级人民政府相关主管部门组织的特种作业人员安全教育培训和考试，并考核合格，取得《特种作业人员操作资格证书》。

（2）特种人员上岗前应先体检；作业时佩戴安全帽，高处作业应系安全带。

（3）塔式起重机安装应满足设计要求，无荷载情况下，塔式起重机的垂直度偏差不得超过1/100。

（4）塔式起重机金属结构、轨道、设备外壳的接地装置电阻不得大于10Ω。

（5）遭遇大雪、大雾、大雨和6级以上大风时应暂停吊装作业；雨雪过后，应尽快恢复起吊，不得拖延。

问题：

1. 事件一中，钢结构网架构件加工前，施工单位还应进行哪些准备工作？高层钢结构安装前现场的施工准备还应检查哪些工作？

2. 事件二中，在安全检查的内容中，关于查设备设施的安全检查环节包括哪些？对于安全装置的要求包括哪些？

3. 指出事件三中存在的不妥之处，并写出正确做法。

4. 现场布置塔式起重机时，应考虑哪些方面？

（四）

某工程施工合同约定：签约合同价为3000万元，工期6个月。工程预付款为签约合同价的15%，在开工后第3、4、5月等额扣回。工程进度款按月结算，每月实际付款金额按承包人实际结算款的90%支付。竣工结算时，发包人按结算总价的5%扣留质量保证金。

在施工过程中，发生了如下事件：

事件一：经项目监理机构审定的1~6月实际结算款（含设计变更和索赔费用）见表2。

表2 1~6月实际结算款

月份	1	2	3	4	5	6
实际结算款/万元	400	550	500	450	400	460

事件二：基坑施工时正值雨季，连续降雨导致停工6天，造成人员窝工损失2.2万元。一周后出现了罕见特大暴雨，造成停工2天，人员窝工损失1.4万元。针对上述情况，施工单位分别向监理单位上报了这四项索赔申请。

事件三： 在施工进展到第 120 天后，项目部对第 110 天前的部分工作进行了统计检查。统计数据见表3。

表 3

工作代号	计划完成工作预算成本（BCWS）/万元	已完工作量（%）	实际发生成本（ACWP）/万元	挣得值（BCWP）
1	540	100	580	
2	820	70	600	
3	1620	80	840	
4	490	100	490	
5	240	0	0	
合计				

问题：

1. 工程预付款及第3、4、5个月应扣回的工程款各是多少？依据表2，项目监理机构 1~5 月应签发的实际付款金额分别是多少？6月份办理的竣工结算款是多少？

2. 事件二中，分别判断四项索赔是否成立？

3. 承包人向发包人提出的索赔，应满足哪些基本条件。承包人在向发包人提供索赔证据的基本要求包括哪些？

4. 简述合同变更的程序，以及工程变更的范围。

5. 根据事件三，列式计算截止到第 110 天的合计 BCWS、ACWP、BCWP。分别计算第 110 天的成本偏差 CV 值和 CPI 值以及 SV 值和 SPI 值，并做出结论分析。

（五）

某商业综合体工程，建筑面积 225000m²，共包含 12 栋单体建筑，现浇钢筋混凝土结构，筏板式基础。整个项目分为三个地块分区：南区（A1、B1 区域分坑）、北区（A2、B2 区域分坑）以及东区（A3、B3 区域分坑）。基坑土质状况从地面向下依次为：素填土 0~2m，黏性土 2~5m。南区为水泥土搅拌桩复合地基，北区和东区采用水泥粉煤灰碎石桩（CFG 桩）复合地基，桩身混凝土强度均为 C20，共计 950 根桩，桩长为 12~18m，桩径 600mm。

事件一： 施工单位项目部在施工前，由项目技术负责人组织相关人员依据法律法规、标准规范、操作规程等编制了项目质量计划，经项目经理审批后报送监理单位。随后，施工单位按照监理意见补充修改完善了质量计划，并按照质量管理 PDCA 循环工作方法持续改进质量工作。

进场后，施工单位成立了试验室，并建立、健全了检测试验管理制度；并安排质量管理人员对各项制度的落实进行监督。

事件二： 北区 CFG 桩采用长螺旋钻孔灌注成桩工艺。施工单位按要求进场一批 C20 商品混凝土，实测坍落度为 200mm。商品混凝土每 3h 供应一次，因此施工单位采用间隔浇筑法，平均间歇时间为半小时。

事件三： 东区采用振动沉管灌注成桩工艺，混凝土坍落度为50mm，拔管速度控制在1.5～2.0m/min。成桩后桩顶浮浆厚度为300mm左右，混凝土桩顶标高比设计标高高出300mm，桩顶和基础之间应设置褥垫层，厚度为150mm。

事件四： 6号楼采用胶粉EPS颗粒保温浆料外墙外保温系统，厚度为80mm。按照《建筑外墙外保温防火隔离带技术规程（JGJ 289—2012）》设置防火岩棉隔离带，其构造如图3、图4所示。

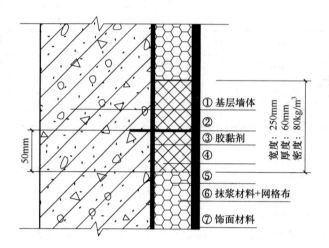

图3 防火隔离带垂直方向防火构造

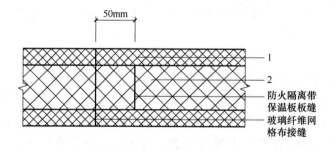

图4 防火隔离带水平方向防火构造
1—底层玻纤网格布　2—防火隔离带保温板

问题：

1. 简述质量管理应遵循的管理程序。
2. 事件二中，现场试验室的检测试验管理制度具体包括哪些？
3. 水泥粉煤灰碎石桩（CFG）成桩工艺包括哪些？纠正事件二、事件三中的不妥之处。
4. 桩顶褥垫层可采用哪些材料。混凝土进场后北区和东区的CFG桩施工完成后应检测哪些项目，其地基承载力检测数量为多少？
5. 写出"图3"编号，纠正"图3和图4"中的错误之处。

【参考答案】
一、单项选择题

题号	1	2	3	4	5	6	7	8	9	10
答案	A	D	A	D	C	D	D	A	D	B
题号	11	12	13	14	15	16	17	18	19	20
答案	A	A	A	A	C	D	D	A	A	B

二、多项选择题

题号	21	22	23	24	25	26	27	28	29	30
答案	ACE	BC	ABE	ABCE	CD	ABCD	ABCE	ADE	ABDE	BD

三、实务操作和案例分析题

（一）

1．（本小题 5.0 分）
（1）未设置临时性保护墙，卷材顶端未用临时性保护墙固定。 (1.0 分)
（2）从底面折向立面、与永久性保护墙的接触部位，应采用空铺法施工。 (1.0 分)
（3）阴角处卷材加强层的宽度应为 500mm，且加强层应该设置成圆弧形。 (1.0 分)
（4）采用高聚物改性沥青防水卷材时，卷材接槎的搭接长度应为 150mm。 (1.0 分)
（5）墙体水平施工缝，应留在高出底板表面不小于 300mm 的墙体上。 (1.0 分)

2．（本小题 7.0 分）
（1）原因：
① 施工缝留的位置不当； (0.5 分)
② 未按规定处理施工缝，上、下层混凝土粘接不牢； (0.5 分)
③ 未及时清除模板内杂物，导致新旧混凝土之间形成夹层； (0.5 分)
④ 钢筋铁件过密，模板距离狭窄，混凝土浇捣困难； (0.5 分)
⑤ 混凝土下料方法不当，骨料集中于施工缝处； (0.5 分)
⑥ 混凝土新老接槎部位产生收缩裂缝。 (0.5 分)
（2）治理：
① 根据渗漏、水压大小情况，采用促凝胶浆或氰凝灌浆堵漏。 (1.0 分)
② 不渗漏的施工缝，可沿缝剔成八字形凹槽，将松散石子剔除，刷洗干净，用水泥素浆打底，抹 1:2.5 水泥砂浆找平压实。 (3.0 分)

3．（本小题 4.0 分）
① 水落口杯应牢固地固定在承重结构上； (1.0 分)
② 水落口周围直径 500mm 范围内坡度不应小于 5%； (1.0 分)
③ 水落口防水层下应增设涂膜附加层； (1.0 分)
④ 防水层和附加层伸入水落口杯内不应小于 50mm，并应粘结牢固。 (1.0 分)

4. （本小题 4.0 分）

① 厨房、厕浴间防水层完成后应做 24h 蓄水试验，确认无渗漏时再做保护层和面层； (1.0 分)

② 设备与饰面层施工完后还应在其上继续做第二次 24h 蓄水试验； (1.0 分)

③ 二次蓄水试验结果为无渗漏和排水畅通为合格，方可进行正式验收。 (1.0 分)

④ 墙面间歇淋水试验应达到 30min 以上不渗漏。 (1.0 分)

（二）

1. （本小题 8.0 分）

(1) 基本步骤：

① 根据独立交工系统的先后顺序，明确划分建设工程项目的施工阶段； (1.0 分)

② 分解单项工程，列出每个单项工程的单位工程及每个单位工程的分部工程； (1.0 分)

③ 计算每个单项工程、单位工程和分部工程的工程量； (1.0 分)

④ 确定单项工程、单位工程和分部工程的持续时间； (1.0 分)

⑤ 编制初始施工总进度计划； (1.0 分)

⑥ 进行综合平衡后，绘制正式施工总进度计划图。 (1.0 分)

【评分准则：写出 4 项，即得 4 分】

(2) 绘图： (3.0 分)

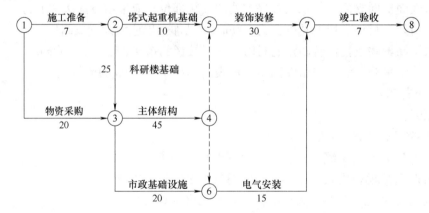

(3) 总工期：7 + 25 + 45 + 30 + 7 = 114（天）。 (1.0 分)

2. （本小题 2.0 分）

(1) "主体结构持续时间拖后 6 天" 工期及费用索赔均成立。 (0.5 分)

理由：设计变更导致施工单位工期拖延、费用损失是建设单位应承担的责任；且主体结构为关键工作。 (0.5 分)

(2) "电气安装工程持续时间拖后 9 天" 费用索赔成立，工期索赔不成立。 (0.5 分)

理由：甲方采购的配电柜未按时到场，导致施工总包单位费用增加是建设单位应承担的责任；但电气安装工程的总时差为 15 天，拖后 9 天未超出其总时差。 (0.5 分)

3. （本小题 7.0 分）

(1) 编制方法：

① 按设备计算定员； (0.5 分)

② 按劳动定额定员； (0.5 分)
③ 按岗位计算定员； (0.5 分)
④ 按劳动效率计算定员； (0.5 分)
⑤ 按组织机构职责范围； (0.5 分)
⑥ 按比例计算定员。 (0.5 分)
（2）实名制措施：
① 工资管理； (0.5 分)
② 考勤管理； (0.5 分)
③ 门禁管理； (0.5 分)
④ 售饭管理。 (0.5 分)
（3）劳动力特点：
① 女工人数少，男工人数多； (0.5 分)
② 技术工少，普通工多； (0.5 分)
③ 长工期少，短工期多； (0.5 分)
④ 青年工人少，中老工人多。 (0.5 分)
4.（本小题 3.0 分）
（1）应满足一级焊缝质量等级要求。 (0.5 分)
（2）还不得有：
① 裂纹； (0.5 分)
② 电弧擦伤； (0.5 分)
③ 咬边； (0.5 分)
④ 未焊满； (0.5 分)
⑤ 根部收缩。 (0.5 分)

（三）

1.（本小题 4.0 分）
（1）加工前，还应：
① 提料备料； (0.5 分)
② 进行工艺试验； (0.5 分)
③ 编制工艺规程； (0.5 分)
④ 进行技术交底。 (0.5 分)
（2）安装前，还应进行：
① 钢构件预检和配套； (0.5 分)
② 安装机械的选择； (0.5 分)
③ 定位轴线及标高和地脚螺栓的检查； (0.5 分)
④ 安装流水段的划分和安装顺序的确定。 (0.5 分)
2.（本小题 5.0 分）
（1）检查环节包括：购置、租赁、安装、验收、使用、过程维护保养。 (3.0 分)
（2）装置要求包括：齐全、灵敏、可靠、有无安全隐患。 (2.0 分)

3. （本小题 7.0 分）
(1) 不妥之一："塔式起重机安装完成之后即组织验收"。 (1.0 分)
(2) 不妥之二："甲、乙施工单位共同验收"。 (1.0 分)
(3) 不妥之三："3 个月后到有关部门进行了登记"。 (1.0 分)
(4) 不妥之四："县级人民政府相关主管部门组织特种作业人员安全教育培训和考试，并核发《特种作业人员操作资格证书》"。 (1.0 分)
(5) 不妥之五："无荷载情况下，塔式起重机的垂直度偏差不得超过 1/100"。 (1.0 分)
(6) 不妥之六："金属结构、轨道、设备外壳接地装置电阻不得大于 10Ω"。 (1.0 分)
(7) 不妥之七："雨雪过后，应尽快恢复起吊，不得拖延"。 (1.0 分)

4. （本小题 4.0 分）
设置塔式起重机应考虑：
(1) 周边环境。 (1.0 分)
(2) 覆盖范围。 (1.0 分)
(3) 构件重量及运输和堆放。 (1.0 分)
(4) 附墙杆件及使用后的拆除和运输。 (1.0 分)

（四）

1. （本小题 9.0 分）
(1) 预付款：$3000 \times 15\% = 450$（万元）。 (1.0 分)
(2) 第 3、4、5 个月，每月均扣回：$450/3 = 150$（万元）。 (1.0 分)
(3) 每月签发：
1 月：$400 \times (1-10\%) = 360$（万元）。 (1.0 分)
2 月：$550 \times (1-10\%) = 495$（万元）。 (1.0 分)
3 月：$500 \times (1-10\%) - 150 = 300$（万元）。 (1.0 分)
4 月：$450 \times (1-10\%) - 150 = 255$（万元）。 (1.0 分)
5 月：$400 \times (1-10\%) - 150 = 210$（万元）。 (1.0 分)
(4) 竣工结算款：
① 已完工程款：$400 + 550 + 500 + 450 + 400 + 460 = 2760$（万元）； (0.5 分)
② 已付工程款：$(2760 - 460) \times (1-10\%) = 2070$（万元）； (0.5 分)
③ 应付总款：$2760 \times (1-5\%) = 2622$（万元）； (0.5 分)
④ 应付尾款：$2622 - 2070 = 552$（万元）。 (0.5 分)

2. （本小题 2.0 分）
(1) "连续降雨致停工 6 天"的工期索赔不成立。 (0.5 分)
(2) "连续降雨致停工 6 天"的费用索赔不成立。 (0.5 分)
(3) "罕见特大暴雨，造成停工 2 天"的工期索赔成立。 (0.5 分)
(4) "罕见特大暴雨，造成停工 2 天"的费用索赔不成立。 (0.5 分)

3. （本小题 7.0 分）
(1) 索赔条件：客观性、合法性、合理性。 (3.0 分)
(2) 索赔证据：真实性、全面性、法律证明效力和及时性。 (4.0 分)

4. (本小题 7.0 分)
(1) 合同变更程序:
① 提出合同变更申请; (1.0 分)
② 报项目经理审查批准,重大合同变更,报企业负责人签认; (1.0 分)
③ 经业主签认,形成书面文件; (1.0 分)
④ 组织实施。 (1.0 分)
(2) 变更范围:
① 增加或减少合同内任何工作的工程量; (0.5 分)
② 增加合同约定之外的任何工作; (0.5 分)
③ 减少合同约定或图纸载明的任何工作,取消部分交由其他人完成除外; (0.5 分)
④ 改变工程质量标准; (0.5 分)
⑤ 改变位置、尺寸、基准、标高; (0.5 分)
⑥ 改变工作的实施方法、顺序、时间。 (0.5 分)

5. (本小题 5.0 分)
(1) 计算:
① $BCWS = 540 + 820 + 1620 + 490 + 240 = 3710$(万元); (1.0 分)
② $ACWP = 580 + 600 + 840 + 490 = 2510$(万元); (1.0 分)
③ $BCWP = 540 \times 100\% + 820 \times 70\% + 1620 \times 80\% + 490 \times 100\% + 240 \times 0 = 2900$(万元)。
(1.0 分)

(2) 计算:
① $CV = BCWP - ACWP = 2900 - 2510 = 390$(万元); (0.5 分)
结论:成本偏差为正,表示成本节约 390 万元。
② $CPI = BCWP/ACWP = 2900/2510 = 1.155$; (0.5 分)
结论:费用绩效指数 >1,故成本节约 $1.155 - 1 = 15.5\%$。
③ $SV = BCWP - BCWS = 2900 - 3710 = -810$(万元); (0.5 分)
结论:进度偏差为负,表示进度延误 810 万元。
④ $SPI = BCWP/BCWS = 2900/3710 = 0.782$; (0.5 分)
结论:费用绩效指数 <1,故成本节约 $1 - 0.782 = 21.8\%$。

(五)

1. (本小题 5.0 分)
① 明确质量目标; (1.0 分)
② 编制质量管理计划; (1.0 分)
③ 实施质量管理计划; (1.0 分)
④ 监督检查质量计划的执行情况; (1.0 分)
⑤ 反馈质量信息并持续改进。 (1.0 分)

2. (本小题 5.0 分)
① 岗位职责; (1.0 分)
② 仪器设备管理制度; (1.0 分)

③ 试样制取及养护管理制度； (1.0分)
④ 现场检测试验安全管理制度； (1.0分)
⑤ 检测报告管理制度。 (1.0分)

3. （本小题7.0分）
（1）成桩工艺：
① 长螺旋钻孔灌注成桩； (0.5分)
② 长螺旋钻中心压灌成桩； (0.5分)
③ 振动沉管灌注成桩； (0.5分)
④ 泥浆护壁成孔灌注成桩。 (0.5分)
（2）不妥之处：
① "施工单位采用间隔浇筑法，平均间歇时间为半小时"；
正确做法：采用长螺旋钻孔灌注成桩，混凝土泵送量应与拔管速度相配合，不得停泵待料。 (1.0分)
② "拔管速度控制在1.5～2.0m/min"；
正确做法：振动沉管灌注桩的拔管速度应控制在1.2～1.5m/min。 (1.0分)
③ "成桩后桩顶浮浆厚度为300mm左右"；
正确做法：成桩后桩顶浮浆厚度不宜超过200mm。 (1.0分)
④ "混凝土桩顶标高比设计标高高出300mm"；
正确做法：混凝土桩顶标高应比设计标高高出500mm。 (1.0分)
⑤ "桩顶和基础之间应设置褥垫层，厚度为150mm"；
正确做法：桩顶和基础之间设置的褥垫层厚度宜为桩径的0.4～0.6倍，即褥垫层厚度宜为240～360mm。 (1.0分)

4. （本小题5.0分）
（1）可选用：中砂、粗砂、级配砂石或碎石。 (1.5分)
（2）检测：
① 桩体强度； (1.0分)
② 桩体直径； (1.0分)
③ 单桩与复合地基承载力。 (1.0分)
（3）检测数量：复核地基承载力的检验数量不应少于总桩数的0.5%，且不应少于3点。即检测桩数不少于5根。 (0.5分)

5. （本小题8.0分）
（1）对应内容：
"②" 锚栓； (1.0分)
"④" 防火隔离带保温板； (1.0分)
"⑤" 外保温系统保温材料。 (1.0分)
（2）错误之处：
① 防火岩棉隔离带的宽度为250mm；
正确做法：防火隔离带宽度不应小于300mm。 (0.5分)
② 防火隔离带厚度为60mm； (0.5分)

正确做法：防火隔离带的厚度宜与外墙外保温系统厚度相同。　　　　　(0.5分)

③ 防火棉的密度为80kg/m³；　　　　　　　　　　　　　　　　　　(0.5分)

正确做法：防火棉的密度不应小于100kg/m³。　　　　　　　　　　　　(0.5分)

④ 锚栓距离保温板端部为50mm；　　　　　　　　　　　　　　　　　(0.5分)

正确做法：锚栓距离保温板端部不应小于100mm。　　　　　　　　　　(0.5分)

⑤ 玻璃纤维网布对接位置离防火隔离带保温板端部接缝位置仅为50mm；　(0.5分)

正确做法：玻璃纤维网格布接缝处距隔离带保温板端部接缝处不小于100mm。(0.5分)